한복 만들기

KB150532

한복만들기

홍나영 · 김남정 · 김정아 · 김지연

㈜ 教文社

머리말

한복은 우리 문화를 대표하는 것 중의 하나이지만, 사실상 우리의 생활과는 점점 멀어져가고 있다. 대부분의 사람들은 영상 매체나 박물관에서 한복을 본 일은 있어도 실제로 입은 것은 몇 차례 되지 않고, 더군다나 한복을 입고 온종일 생활한 경험은 거의 없다.

필자는 무엇이든 만들기를 좋아하는 어머니로 인해 어릴 때 명절을 맞아 한복을 바느질하는 모습을 종종 보곤 하였다. 그러나 그러한 기억도 필자보다 훨씬 윗세대의 일이다 보니, 오늘날 한복 만드는 과정에 대한 관심은 몇몇 한복 짓기를 업으로 삼고자 하는 사람들 이외에는 찾아보기 힘든 실정이다.

각 대학의 의류 및 의상계열학과에서는 한복구성을 교과과정으로 개설해 왔으며, 지금까지도 대부분의 대학에서 이를 지속적으로 운영하고 있다. 대학에서 한복구성을 가르치는 이유는 학생들을 한복 디자이너나 한국복식 전문가로 양성하려는 취지보다는, 한국인으로서 전통복식의 구성과정을 공부함으로써 우리의 복식문화를 보다 잘 이해하도록 하고 현대복식 디자인에 응용할 수 있는 바탕을 제공한다는 목적에서이다.

입체적인 서양의복과는 달리 한복은 평면적인 옷이며, 입고 난 후 의복의 선이나 주름의 아름다움이 살아나 그 형태가 완성되는 특성을 지니고 있다. 하지만 이러한 특성도 머릿속으로 이해하는 것과 직접 자신의 손으로 하나하나 만들어 보고, 또 만든 결과를 입고 느껴보는 것과는 큰 차이가 있다. 대부분의 학생들은 한복을 접할 기회가 적기 때문에 한복이 다른 나라의 복식에 비해 단조롭다고 느끼거나, 혹은 아름답다고 느끼더라도 그 만드는 과정이 어려울 것이라는 선입견으로 선뜻 다가서지 못하고 있다.

따라서 필자는 이 책을 통하여 대학에서 의류나 의상을 전공하는 학생은 물론 우리 옷을 만들어 보고자 하는 사람이라면 누구나 사용할 수 있도록 한복 만들기 과정의 아주 기초적인 내용부터 상세하게 설명하였다. 물론 이미 수많은 한복구성에 관한 저서가 출간되어 있으나 이 책에는 필자의 은사이신 유희경 선생님께 학부 때부터 배운 내용과 학위를 받은 이후 정정완 선생님께 얼마간 사사를 받으며 공부한 내용, 그리고 대학에서 20년 동안 강의를 하면서 알게 된 초보자가 저지르기 쉬운 실수 등을 염두에 두면서 내용을 저술하였다. 옷을 만드는 과정은 세월에 따라 변하는 것이 당연한 일이지만, 이 책에서는 가능하면 전통적인 방법을 따르거나 적어도 전통적인 방법에 대한 내용과 그에 담긴 뜻을 일부라도 언급하여 우리 전통 복식문화를 이해함에 있어서 소홀함이 없도록 하였다. 하지만 한편으로는 젊은 세대의 변화된 체형에 적합한 패턴의 필요성을 절감하여, 여자 저고리 패턴의 경우에는 1997년에 수행하였던 「한복의 표준치수 설정과 패턴 표준화를 위한 연구(연구책임자: 강순제, 1997)」에서 제시된 연구결과의 일부를 좀더 간편하게 수정하여 실었다.

이 책은 집필에서부터 하나하나 샘플로 만드는 작업 및 이를 다시 삽화로 옮기는 작업, 원형 제도를 일러스트레이터로 그리는 작업에 이르기까지 공동저자인 김남정, 김정아, 김지연 선생이 직접 처음부터 끝까지 함께 하였다. 이 책을 만드는 동안 기존의 한복구성 책을 출간하신 선배들이 얼마나 많은 어려움을 겪었는지 절감할 수 있었으며, 그러한 힘든 과정을 통해 완성한 책이지만 그럼에도 불구하고 많은 부족한 점이 이곳저곳에서 나타날까 두려움이 앞선다. 그러한 부분은 향후 지속적으로 연구하고 수정해 나가고자 하는 것이 부족한 책을 출간하면서 드리는 우리 집필진의 변명 아닌 변명이며, 미진한 부분에 대해서는 애정 어린 관심과 지적을 부탁드린다.

마지막으로 이 책이 출간되기까지 옆에서 지켜봐 준 이화여자대학교 의류직물학과 전통복식연구실 대학원생들과 바쁜 가운데에서도 도움을 준 최지희 선생에게 고마움을 전하며, 또한 이 책을 출간해 주신 (주)교문사 류제동 사장님을 비롯한 직원 여러분에게 진심으로 감사드린다.

2004년 4월

저자

차 례

韓服

제2장 한복 만들기의 실제 59

제3장 한복 입기와 관리 317

제 1 장

한복 만들기의 기초

韓

服

한복 만들기

1. 필요한 용구

옷을 만들기 위해서는 여러 가지 용구가 필요하다. 또한 옷을 만드는 과정이 효과적이고 능률적으로 진행되기 위해서는 적당한 용구를 선택하여 바르게 사용하는 것이 중요하다. 이 용구들은 사용 목적에 따라 본뜨기 용구, 재단 용구, 바느질 용구, 끝손질 용구 등으로 구분할 수 있다. 대부분의 용구가 서양복을 제작하는 용구이지만 한복 만들기에서도 적절하게 사용하면 보다 효과적이고 편리하게 한복을 제작할 수 있다.

1) 본뜨기 용구

- **연필, 지우개** : 연필은 HB를 사용하는 것이 무난하며, 지우개는 부드럽고 깨끗이 지워지는 것을 사용한다.
- **자** : 직선 길이를 재거나 직선을 긋는 데 사용되며, 실제 치수로 본을 뜰 때는 50cm, 1m 자가 편리하다.
- **방안자** : 0.5cm 간격으로 방안 눈금이 표시되어 있는 투명한 플라스틱 자이다. 치수 읽기에 편리하므로 일정한 분량의 시접선을 긋는 데 용이하다. 잘 구부러지는 방안자는 곡선 길이를 잴 때 줄자 대신 사용하기도 한다.
- **곡자** : 도련선, 배래선, 깃선, 그 외의 자연스러운 곡선을 긋는 데 사용한다.
- **직각자** : 직각선을 긋는 데에 사용하며, 직각이 정확하고 눈금이 확실한 자를 선택하는 것이 좋다.
- **줄자** : 인체의 치수를 재거나 곡선의 길이를 잴 때 사용한다. 눈금이 정확하고 표면이 매끄러운 것이 좋다.
- **축도자** : 축도 치수로 본을 뜰 때 사용되며, 실제 치수를 1/4, 1/5로 축도한 눈금이 있는 것이 좋다.
- **종이** : 본을 뜨는 데 필요하며 너무 얇지 않은 것이 좋다.
- **커브자** : 서양복 구성에서 진동둘레, 소매산 등 곡선이 심한 부분을 그릴 때 사용하며, 한복 만들기에서는 당의의 도련이나 색동저고리의 진동 등을 그릴 때 사용하면 편리하다.

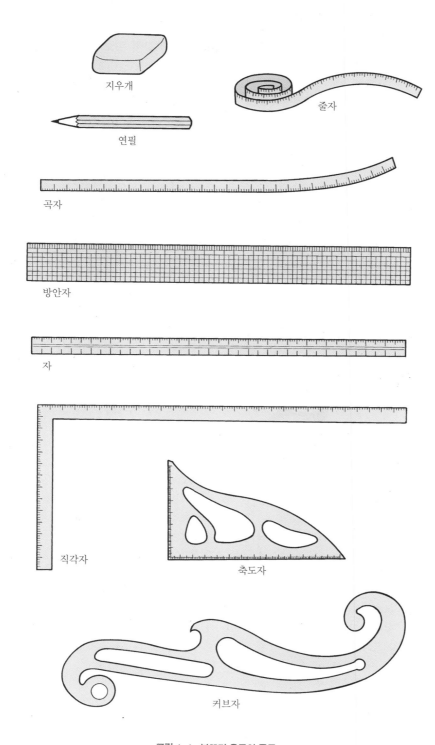

지우개

줄자

연필

곡자

방안자

자

직각자

축도자

커브자

그림 1-1 본뜨기 용구의 종류

2) 재단 용구

■ **재단대** : 본뜨기와 마름질, 그 밖에 옷 제작 전반에 걸쳐 필요한 작업대이다.

■ **재단가위, 종이가위** : 옷감을 자르는 가위와 종이를 자르는 가위는 반드시 구별하여 사용해야 한다. 재단가위는 날 끝이 예리한 것을 선택하고 가끔 재봉틀 기름으로 닦아 조심스럽게 사용하며 떨어뜨리지 않도록 주의한다.

■ **시침핀** : 옷감에 본을 고정시키거나 두 장 이상의 옷감을 서로 맞추어 고정시키는 데 사용한다. 옷감에 맞는 적당한 굵기의 핀을 선택하는데, 끝이 뾰족하고 핀의 굵기가 얇은 것이 좋다.

■ **핀쿠션** : 바늘이나 핀을 꽂아 두는 것이다. 예전에는 바늘이 녹스는 것을 방지하기 위해 그 속에 머리카락을 채워 넣어 만들었으나, 요즘에는 보통 솜을 넣은 것을 사용한다.

■ **초크** : 옷감에 선을 표시하는 데 사용하며 연필 초크, 파라핀(paraffin) 초크 등 다양한 종류가 있다. 파라핀 초크는 다림질하면 지워지는 특성이 있으며, 선이 가늘고 선명하게 그어지도록 잘 깎아서 사용한다.

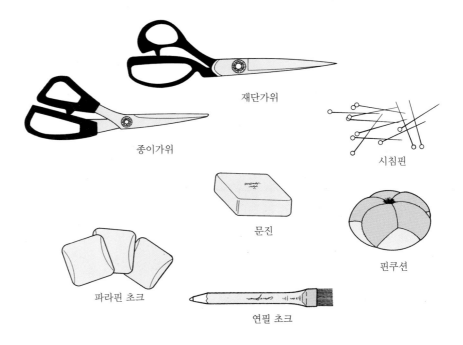

재단가위

종이가위

시침핀

문진

핀쿠션

파라핀 초크

연필 초크

그림 1-2 재단 용구의 종류

- **누름쇠(문진)** : 옷본이나 옷감이 서로 움직이지 않도록 눌러 고정시키는 데 사용하며, 표면이 매끄럽고 적당한 무게를 가진 것이 좋다.
- **룰렛** : 본을 다른 종이에 옮기거나 다른 옷감에 표시할 때 사용한다. 제도상에서는 먹지와 같이 사용하면 대칭 모양도 쉽게 뜰 수 있다.
- **먹지** : 제도한 것을 다른 종이에 옮길 때 룰렛과 함께 사용한다.

3) 바느질 용구

- **바늘** : 바늘에는 손바늘, 재봉틀 바늘 등이 있다. 바늘의 굵기는 호수로 나타내며, 손바늘은 호수가 클수록 가늘고 재봉틀 바늘은 호수가 클수록 굵어진다. 옷감과 실의 굵기에 따라 적당한 것을 선택하며, 바늘 끝이 가늘고 날카로워야 옷감이 상하지 않는다.
- **실** : 실은 면사, 견사, 폴리에스터사 등 다양한 종류가 있다. 옷감에 따라 실의 종류와 굵기를 맞추어 사용한다.
- **골무** : 바늘귀를 밀어넣는 데 사용되며 손바느질에 필요한 용구이다. 주로 감침질을 할 때나 바늘이 옷감에 힘들게 들어갈 때 사용한다.
- **쪽가위** : 바느질을 할 때 실을 끊거나 세밀한 부분을 자르는 데 사용되는 작은 가위이다. 가위 끝이 잘 맞물리고 탄력성이 있는 것이 좋다.
- **송곳** : 모난 부분을 밀어넣어 곱게 처리하거나 바느질이 잘못되었을 때 바늘땀을 뜯는 데 사용한다. 또한 두꺼운 솔기를 눌러 주면서 박거나, 치마의 주름을 잡을 때에도 사용한다. 용도에 따라 적당한 굵기의 것으로 끝이 뾰족하고 튼튼한 것을 사용한다.
- **리퍼(실뜯개)** : 바느질한 땀을 뜯을 때 사용하며, 옷감이 상하지 않도록 조심해야 한다.
- **족집게** : 작은 실밥을 뽑는 데 사용하며, 끝이 서로 잘 맞물리고 탄력성이 있는 것을 사용한다.
- **옷본** : 저고리의 도련본 · 깃본 · 배래본 · 버선본 등을 얇고 빳빳한 재료(주로 함석을 사용)로 만들어 완성선을 표시할 때나 솔기를 꺾어 다릴 때 끼워서 사용하면 편리하다.
- **재봉틀** : 주로 가정용과 공업용으로 대별된다. 가정용은 부피가 작고 사용법이 간단하며, 공업용은 큰 옷을 만들 때 사용하면 편리하다.

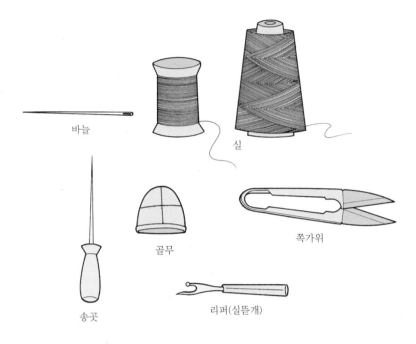

바늘

실

송곳

골무

쪽가위

리퍼(실뜯개)

그림 1-3 바느질 용구의 종류

4) 끝손질 용구

- **다리미** : 옷의 바른 모양을 만드는 데 사용하며, 항상 사용한 다음에는 플러그를 빼고 바닥은 깨끗하게 닦아 둔다. 옷감에 따라 적정 온도를 선택하여 다리미질을 한다. 소형 다리미는 깃, 솔기 등 작은 부분을 섬세하게 다리는 데 편리하다.
- **전기인두** : 완성선을 꺾어 표시하거나 박은 솔기를 꺾어 누르는 데 사용한다. 예전에는 인두를 사용했으나 근래에는 전기인두를 사용한다. 깃이나 섶 등의 섬세한 부분을 다리는 데 편리하다.
- **다리미대** : 다리미질을 할 때 사용한다.
- **덧헝겊** : 합성섬유나 모직물과 같이 다리미를 직접 댈 수 없는 경우에 사용하며, 풀기 없는 얇은 면직물을 사용하는 것이 좋다.
- **분무기** : 마름질하기 전 옷감 손질이나 바느질한 후 옷 모양 정리과정에서 옷감에 물을 뿌리기 위해 사용한다. 분무기는 수분이 골고루 분무되고 물방울이 떨어지지 않는 것을 사용한다. 옷감에서 최소 30cm 이상 떨어져서 분무해야 수분이 옷감에 골고루 분무된다.

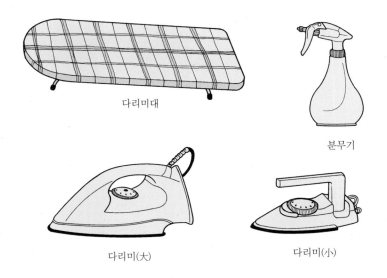

다리미대

분무기

다리미(大)

다리미(小)

그림 1-4 끝손질 용구의 종류

2. 치수 재기

입어서 아름다울 뿐만 아니라 몸에 잘 맞고 활동하기에 편한 옷을 만들기 위해서는 우선 치수를 정확하게 알아야 한다. 이를 위해서 인체의 구조와 체형을 잘 파악하고, 기준점과 기준선을 정확히 알고 치수를 재는 것이 중요하다. 한복을 만들 때는 본뜨기에 필요한 기본적인 치수(저고리 : 가슴둘레, 등길이, 화장)만 계측하고, 그 이외의 치수(저고리 : 앞길이, 앞품, 뒷품, 진동, 고대 등)는 기본치수를 가지고 산출하거나 참고 치수를 이용하기도 한다.

1) 필요한 용구 및 피계측자의 준비

치수를 잴 때에는 줄자(150~200cm), 허리 고무줄 또는 가는 끈, 표시용 볼펜이나 사인펜이 필요하다. 피계측자는 속옷을 갖추어 입고 허리둘레에 고무줄을 맨 다음 발 꿈치를 붙이고 똑바로 서서 시선을 앞으로 향하고 팔꿈치를 자연스럽게 내린 자세를 취한다.

2) 치수 재기

치수를 잴 때는 줄자를 지나치게 잡아당기거나 느슨하게 하지 않는다. 겉옷을 입은 상태에서 재는 경우에는 옷의 두께를 고려하여 치수를 정한다. 아래의 항목은 한복 만들기에서 기본적으로 다루는 치수를 열거한 것이다.

(1) 길이 항목

① 총길이

뒷목점부터 허리둘레선까지 수직으로 내리고 그 선을 눌러 엉덩이둘레선까지는 체형에 따라 재고, 그 아래는 수직으로 자연스럽게 늘어뜨려 바닥까지 잰다. 저고리길이, 치마길이, 바지길이, 두루마기길이 등을 정하는 데 참고가 되는 치수이다.

② 등길이

뒷목점부터 허리둘레선까지 수직으로 약간 여유 있게 내려서 잰다. 이때 뒷목 부근의 근육발달 상태나 등뼈의 모양 등을 잘 관찰해 둔다. 저고리길이를 정하는 데 참고가 되는 치수이다.

③ 남자 저고리길이

보통 등길이에 15~20cm 정도 더한 치수를 기준으로 하나, 유행에 따라서 변동될 수 있다. 저고리 위에 입는 조끼와 마고자의 길이는 저고리길이보다 약간씩 길어지게 되므로, 이를 고려하여 저고리의 길이는 기준보다 너무 길게 하지 않도록 한다.

④ 여자 저고리길이

보통 여자 저고리길이는 25~28cm 정도로 하지만, 체형·유행·연령·기호에 따라 변할 수 있다.

⑤ 화장

피계측자가 팔을 옆으로 45° 든 상태에서 뒷목점부터 어깨점을 지나 손목점까지 자연스럽게 잰다. 소매길이의 기준이 되는 치수이다.

⑥ 바지길이

남자 바지의 길이로, 옆 허리둘레선부터 발목점까지 수직으로 내려서 잰 치수에 부리 부분의 여유분량으로 4~5cm를 더한다. 이 길이는 바지의 허리너비를 포함하지 않은 것이다.

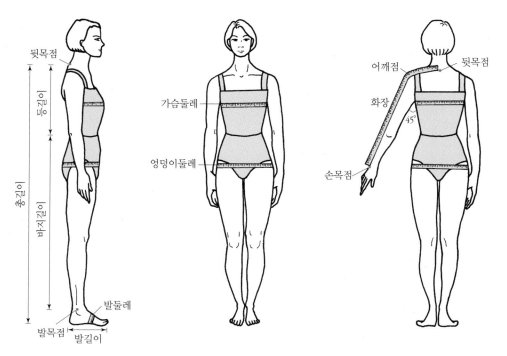

그림 1-5 한복 만들기의 기본 치수

⑦ 치마길이

한복을 착용할 때 신을 신발을 신고 가슴둘레선의 뒷중심점에서 바닥까지를 잰다. 이때 치마의 부피를 고려하여 발뒤꿈치에서 30cm 정도 떨어져 사선으로 재면 적당한 길이를 얻을 수 있다.

⑧ 두루마기길이

총길이에서 여자용은 20~25cm 정도를 빼고 남자용은 25~30cm 정도를 뺀 치수를 기준으로 하여 원하는 길이까지 잰다. 이 길이는 대략 무릎과 바닥의 중간 위치까지 내려오게 된다.

⑨ 발길이

평평한 바닥에 종이를 놓고 그 위에 발을 얹은 다음 제일 긴 발가락 끝에서부터 뒤꿈치까지 곧게 잰다. 버선을 만들 때 중요한 치수이다.

(2) 둘레 항목

① 가슴둘레

유두를 지나는 가슴의 수평 둘레로, 유방이 처진 경우에는 유두를 지나지 않더라도 유방의 제일 높은 곳을 돌려 잰다. 이때 줄자는 너무 잡아당기지 않도록 하며, 느슨하게 잡아서 뒷부분이 처지지 않도록 유의한다. 저고리의 품과 치마허리둘레를 산출하는 데 참고가 되는 치수이다.

② 허리둘레

허리에 고무줄 또는 가는 끈을 매고, 그 위를 수평으로 돌려 잰다. 이때 줄자의 뒤가 처지지 않도록 주의하여야 한다. 보편적으로 바지의 허리둘레 치수는 엉덩이둘레를 기준으로 하나 경우에 따라 허리둘레를 참고하여 정할 수도 있다.

③ 엉덩이둘레

엉덩이의 제일 굵은 부분을 지나도록 고무줄 또는 가는 끈을 매고, 그 위를 수평으로 돌려 잰다. 이 치수는 바지 허리둘레에 참고가 된다.

④ 발둘레

발의 제일 넓은 부분의 둘레를 돌려 재는데, 발을 바닥에 디딘 상태에서 재어야 신어서 편안한 버선을 만들 수 있다.

3. 한복용 옷감과 배색 그리고 디자인

1) 한복용 옷감

옷은 어떠한 옷감으로 만드느냐에 따라 옷의 모양과 느낌이 달라지며, 같은 섬유로 짠 것이라도 그 직조상태에 따라서 재질에 차이가 생긴다. 즉, 조밀도 · 직조법 · 광택의 유무 · 문양 · 가공 등에 의하여 외관이나 감촉에 변화를 가져오게 된다.

따라서 형태가 단순한 한복에서 옷감의 선택은 한복의 개성을 드러내는 커다란 요인으로 작용한다.

한복용 옷감은 그 종류가 다양하나 주로 많이 사용되는 것을 살펴보면, 단(緞)직물로는 공단 · 모본단 · 양단 등이 있고, 사(紗)직물로는 갑사 · 생고사 · 숙고사 · 옥사 ·

은조사 · 자미사 · 진주사 등이 있으며, 이 밖에 평직으로 짠 명주 · 노방 · 무명 · 모시 · 삼베 등이 있다.

(1) 옷감의 종류

① 면직물

- **무명** : 무늬가 없는 평직의 면직물로, 예전에는 주로 손으로 직조하였다. 목면포(木棉布), 면포(綿布), 백목(白木)이라고도 한다. 한복감 · 속옷류 · 침구류 등 여러 가지 용도로 폭넓게 사용된다.
- **광목** : 경 · 위사에 단사(單絲)의 면사를 사용하여 무늬 없이 평직으로 직조한 것으로, 옷감의 폭이 넓으며 속옷류 · 침구류 · 버선 등에 쓰인다.
- **옥양목** : 광목보다 촘촘하게 짠 평직의 면직물로 표면이 매끈하고 곱다. 일반적으로 직조 후 표백하여 하얗게 한다.
- **포플린** : 경사 밀도를 위사 밀도보다 크게 하거나, 경사에 위사보다 가는 실을 사용하여 위사 방향으로 약간의 두둑효과를 낸 평직물이다. 면 · 폴리에스터 혼방직물이 주로 사용된다.
- **면아사** : 면을 사용하여 리넨(linen)의 느낌이 나도록 직조한 것으로, 빳빳하며 주로 치마허리감으로 사용한다.

② 마직물

- **삼베** : 대마(大麻)를 사용하여 평직으로 제직한 것으로 손으로 직접 짜는 경우가 많다. 깔깔하고 시원하기 때문에 여름철 옷감이나 침구류로 많이 사용되며, 안동포가 유명하다.
- **모시** : 저마(苧麻)를 평직으로 짠 것으로 시원하고 까슬까슬하며 촉감과 습기의

무명

광목

옥양목

그림 1-6 면직물의 종류

삼베

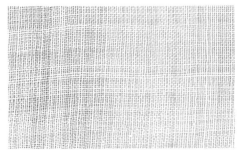
모시

그림 1-7 마직물의 종류

흡수와 발산이 빨라 여름철 고급 옷감으로 사용한다. 정련·표백하지 않은 생모
시는 연한 황갈색을 띠며 정련·표백을 하면 광택이 있는 흰모시가 된다. 한산모
시가 유명하다.

③ 견직물

■ **명주(明紬)** : 무늬 없이 평직으로 직조한 견직물로 전통적으로 가장 널리 사용되었
던 옷감 중의 하나이다. 경·위사에 생사(生絲)를 사용한 생명주와 숙사(熟絲)를
사용한 숙명주가 있다.

■ **노방주(老紡紬)** : 생사(生絲)를 사용해 평직으로 직조한 견직물로, 노방이라고도 한
다. 일반적으로 여름용으로 사용되는 얇고 비치는 소재이며 정련하지 않은 생사
를 사용하기 때문에 촉감이 빳빳하다.

■ **생고사(生庫紗)** : 경·위사를 모두 무연(無撚)의 생사를 사용하여 직조한 견직물이
다. 바탕은 사직, 무늬는 평직인데 사직 비율이 거의 80%를 차지하여 아주 투명
하다. 근래에는 견 외에 합성섬유로도 만든다.

■ **숙고사(熟庫紗)** : 무연의 연사를 사용하여 생고사와 반대로 바탕은 평직이고 무늬
는 사직으로 직조한 견직물이다. 바탕과 무늬의 비율은 거의 같다. 무늬는 여러
가지가 있는데 원형의 수자(壽子)와 표주박 무늬가 있는 것이 근래 생산되는 가장
전형적인 숙고사이다.

■ **국사(菊紗)** : 숙고사와 마찬가지로 무연의 연사를 사용하여 바닥은 평직, 무늬는
사직으로 직조하였으나, 바탕보다 무늬의 비율이 더 많은 것이 숙고사와 다르다.

■ **은조사(銀條紗, 銀造紗)** : 무늬 없는 견직물의 한 가지로 경사 두 올이 한 조를 이루
어 위사 한 올을 꼬아서 짠 견직물이다. 까슬까슬한 촉감으로 한여름 옷감으로

많이 사용된다.

- **갑사(甲紗)** : 경·위사 모두 생사를 사용하지만 특별히 연사를 사용한 숙갑사도 있다. 바탕은 사직과 평직이 상하 좌우 교대로 반복되는 변화사직으로 거북이 등껍질과 같은 외관이 작게 형성된다.

- **순인(純麟)** : 갑사 중에 무늬가 없는 것을 말한다. 일반적으로 경사는 생사, 위사는 연사의 무연사를 사용하여 직조한다. 근래에는 견 외에 합성섬유로 만들어진다.

- **자미사(紫薇紗)** : 경·위사에 연사를 사용한 견직물이다. 바탕은 평직, 무늬는 수자직과 능직을 사용하되 바탕과 무늬 어느 쪽에도 빈 공간이 없는 형태와 바탕과 무늬가 모두 평직이면서 빈 공간에 의해 무늬가 만들어져 숙고사와 유사해 보이는 형태 두 가지 유형이 있다.

- **진주사(眞珠紗)** : 경·위사 모두 생사를 사용하여 바탕은 사직으로 무늬는 평직과 사직이 혼합된 형태로 직조한 견직물이다. 마름모꼴의 무늬가 연속되며 문자·화문 등의 문양을 넣기도 한다.

- **옥사(玉紗)** : 둘 이상의 누에가 모여서 하나의 고치를 만든 옥견에서 뽑은 실을 사용하며, 실의 굵기가 고르지 않기 때문에 직물의 표면이 매끈하지 않고 중간중간에 도드라진 가로선이 나타난다.

- **항라(亢羅)** : 평직과 사직이 일정한 간격으로 배합되어 가로선이 나타나는 견직물로 평직 부분의 위사 올 수에 따라 3·5·7족 등으로 나뉜다. 항라에 무늬가 있는 것은 '문항라' 라고 하고, 생사로 짠 것은 '당항라' 라고 한다.

- **공단(貢緞)** : 무늬가 없는 수자직물(需子織物)로 두꺼우면서 표면이 매끄럽고 광택이 있는 소재이다. 견(絹) 이외에 아세테이트, 나일론, 폴리에스터 등의 인조섬유로도 많이 생산된다. 겨울 한복감으로 널리 사용된다.

- **양단(洋緞)** : 바탕에 무늬가 직조되어 있고 색실이나 금·은사를 사용한 비교적 두꺼운 고급 비단이다. 직조방법, 문양, 색, 섬유 재료 등에 따라 여러 종류의 양단이 있다. 가을·겨울의 여자 치마·저고리, 남자의 바지·저고리, 마고자와 조끼, 두루마기, 이불감 등의 다양한 용도로 사용된다.

- **모본단(模本緞)** : 경·위사 모두 연사를 사용해 직조하고 바탕은 주자직, 무늬 부분은 평직으로 직조된 것이다. 직조 전에 실제 꽃의 길이와 크기를 측정하여 그에 따라서 모양을 본뜬 다음 그 본을 기준으로 꽃무늬를 넣어 단색으로 직조한 것이다. 가장 일반적인 모본단의 무늬는 모란꽃이 직조된 것이다.

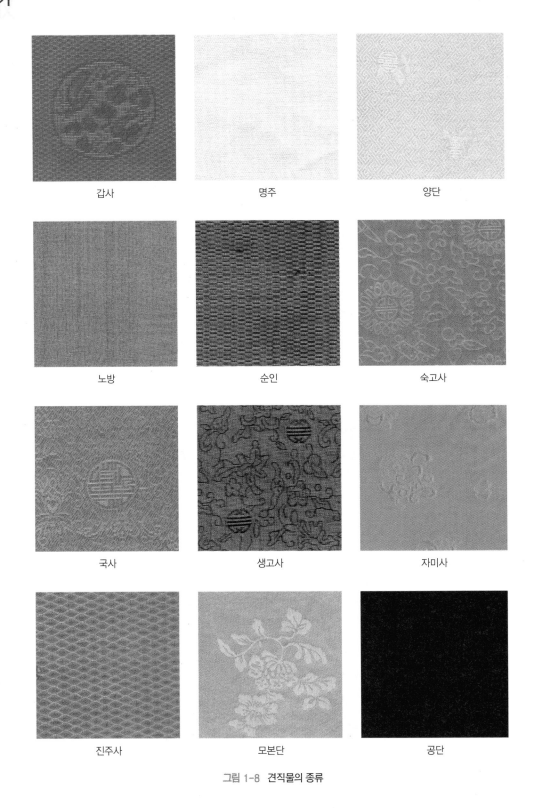

갑사　　　　　　　명주　　　　　　　양단

노방　　　　　　　순인　　　　　　　숙고사

국사　　　　　　　생고사　　　　　　자미사

진주사　　　　　　모본단　　　　　　공단

그림 1-8 견직물의 종류

(2) 옷감의 선택

한복용 옷감은 전통적으로 사계절에 따라 달리 선택하며, 기후에 알맞은 옷감과 바느질법을 적절히 사용함으로써 한복의 멋과 감각을 더욱 살릴 수 있다. 예를 들면 여름에는 모시나 삼베와 같이 빳빳하고 시원한 옷감을 홑옷으로 지어 입었고, 겨울에는 명주·양단과 같이 따뜻한 옷감에 솜을 넣은 솜옷이나 누비옷을 입었다. 또한 봄·가을에는 고상하고 은은한 멋이 있는 숙고사·갑사·국사 등으로 겹옷을 만들어 입었다.

계절에 맞는 옷감의 선택은 한복의 멋과 품위를 살리고, 전통 소재의 아름다움을 더욱 돋보이게 한다는 점에서 중요하다. 그러나 근래에 들어 한복의 착용 빈도가 낮아지고 실내에 냉·난방시설이 잘 되어 있어 계절에 따른 소재 선택이 줄어들고 있는 실정이다.

한복감은 그 종류가 매우 다양하다. 주로 많이 쓰이는 것만을 계절별로 분류하여 옷의 종류에 따라 사용되는 옷감을 정리해 보면 표 1-1과 같다.

안감은 겉옷의 질감과 색, 모양을 잘 표현하기 위해 겉감에 적합한 안감이 선택되어야 한다. 두꺼운 옷감인 경우 겉감 색보다 연한 색의 얇은 감으로 하며, 얇고 속이 비치는 겉감인 경우 조직이나 질감이 같은 것으로 겉감과 같은 색이나 흰색을 택하는 것이 보통이다. 또한 겉감의 문양과 색상을 두드러지게 하고 이중 색의 효과를 얻기 위하여 겉감과 다른 색의 안감을 택하기도 한다. 예를 들면 당의를 만들 때 연두색 겉감에 다홍색 안감을 넣으면 품위 있고 화려하다.

2) 한복의 배색

(1) 전통적 배색

어떤 효과를 얻기 위해 두 가지 이상의 색채를 서로 맞추어 구성하는 것을 배색이라고 한다. 한복은 형태의 변형보다는 색의 구성에서 변화와 개성을 쉽게 표출할 수 있기 때문에, 배색은 옷감의 선택과 더불어 한복의 다양한 분위기를 나타내는 중요한 요소이다.

전통적 배색의 대표적인 예로 결혼하기 이전에는 다홍색 치마에 노랑색 저고리를, 결혼 후에는 남색 치마에 노랑색·미색·옥색 등의 저고리를 입었다. 이와 같은 배색은 화려하고 격조 있는 우리 민족만의 독특한 색채 감정을 느낄 수 있다.

온화하고 차분한 분위기를 나타내기 위해서는 유사배색을 사용한다. 백색과 옥색, 옥색과 남색의 조화가 주종을 이루는데, 남색 치마에 옥색 저고리, 남색 치마에 두록

표 1-1 계절과 용도에 따른 옷감의 선택				
계절	옷의 종류		옷 감	비 고
봄 · 가 을	여자	겹저고리	숙고사, 진주사, 항라, 은조사, 생고사, 기타	
		치마	숙고사, 진주사, 항라, 은조사, 생고사, 기타	
		속저고리	명주, 숙고사	
		단속곳, 속치마	숙고사, 항라, 은조사, 생고사, 인견, 기타	치마 옷감에 맞춘다.
		버선	옥양목, 광목, 포플린, 기타	4계절 같다.
	남자	겹저고리	숙고사, 진주사, 관사, 기타	
		겹바지	부사견, 능직물, 테트론, 새틴, 기타	구김이 적은 옷감
		조끼, 마고자	숙고사, 진주사, 관사, 기타	바지, 저고리와 조화
		두루마기	항라, 다듬은 모시, 기타	
		속적삼	옥양목, 포플린, 기타	
		버선	옥양목, 광목, 포플린, 기타	4계절 같다.
여 름	여자	적삼	모시, 생모시, 항라, 생고사, 춘사, 은조사, 노방	
		치마	모시, 생모시, 항라, 생고사, 춘사, 은조사, 노방	
		단속곳, 속치마	모시, 생모시, 항라, 생고사, 춘사, 은조사, 노방	
		고쟁이	인견, 베, 광당포, 굵은 모시	
	남자	적삼	모시, 생모시, 옥양목, 항라, 기타	
		고의	모시, 생모시, 옥양목, 항라, 기타	적삼과 같은 옷감
		조끼	모시, 생모시, 옥양목, 항라, 기타	홑조끼 또는 깨끼조끼
		두루마기	모시, 춘사, 생모시, 항라	홑두루마기
		속옷	고운 베, 모시, 광당포	
겨 울	여자	저고리	양단, 공단, 모본단, 뉴똥, 기타	누비거나 솜을 둔다.
		치마	양단, 공단, 모본단, 뉴똥, 기타	
		단속곳, 속치마	인견, 숙고사, 갑사, 명주, 기타	
		바지	인견, 숙고사, 명주, 기타	누비거나 솜을 둔다.
		속저고리	부드러운 비단류	
	남자	저고리	자미사, 명주, 부사견, 기타	
		바지	자미사, 명주, 부사견, 기타	
		조끼	양단, 공단, 모본단, 뉴똥, 기타	바지, 저고리와 조화
		마고자	양단, 공단, 모본단, 뉴똥, 기타	바지, 저고리와 조화
		두루마기	명주, 양단, 양복감, 기타	

그림 1-9 한복의 전통적 배색

색 저고리, 옥색 치마에 백색 저고리 등이 그 예이다. 이러한 차림은 여자들의 평상복으로 가장 많이 애용되었으며, 현재도 많이 볼 수 있는 배색방법이다.

(2) 현대적 배색

근래에 와서는 급격한 유행의 영향으로 개성과 취미를 살리는 한복을 입게 되면서 전통 배색에 구애를 받지 않고 현대적인 미적 감각을 기준으로 다양한 배색이 등장하였다. 현대적 배색에서 유의할 점은 짙은 색의 옷은 다소 마르게 보이므로 뚱뚱한 사람에게는 좋으나 마른 사람에게는 더욱 말라 보이고 작아 보이며, 엷은 색의 옷은 외곽선이 흐리기 때문에 다소 풍성해 보이므로 마른 사람에게는 어울리나 뚱뚱한 사람에게는 더욱 커 보인다. 그러나 대체로 짙은 색 치마에 엷은 색 저고리이면 누구에게나 보편적으로 잘 어울린다.

배색을 할 때에는 기본이 되는 색과 강조가 되는 색과의 조화를 고려하여야 한다. 따라서 큰 면적을 차지하는 기본 색이 본인의 피부색과 분위기에 맞지 않으면 아무리 색 자체가 좋아도 그 옷은 어울리지 않으므로 자신에게 맞는 기본 색을 주조로 하여 유행을 받아들이는 것이 중요하다.

3) 한복과 디자인

(1) 한복의 멋

한복은 옷감을 직선으로 재단하여 만든 평면적인 옷으로서, 인체에 입혀지면서 비로소 입체감이 형성되어 부드럽고 우아한 아름다움을 만들어낸다. 한복 외관에서 보이는 선의 흐름과 입고 움직일 때 생기는 동적인 선과의 조화, 그리고 오방색을 기본으로 사용하는 전통적인 배색은 한복만이 지니는 독특한 멋을 자아낸다.

단아한 선, 배색과 함께 한복의 아름다움을 더욱 강조하는 것은 문양이다. 한복의 단조로움을 피하기 위해 문양을 넣는 전통적인 방법으로는 직문(織紋)·직금(織金)·자수·금박·은박 등이 있다.

직문은 옷감을 짜는 방법에 따라 나타나는 바탕 문양이며, 직금은 직문의 일종으로 옷감의 바탕 위에 금사(金絲)로 문양을 짠 것이다. 전통적으로 원삼, 스란치마의 스란, 저고리의 회장 등에 사용하여 화려한 분위기를 나타냈다.

요즘에는 금박과 은박, 다양한 색과 모양의 자수를 저고리의 깃·고름·끝동과 치맛단 등에 장식한다. 금박의 문양으로는 식물문·동물문·자연문·기하문 등이 있는

그림 1-10 한복의 현대적 배색

표 1-2 키에 따른 한복의 보정

보정사항 \ 키		키가 큰 체형		키가 작은 체형	
		뚱뚱한 체형	마른 체형	뚱뚱한 체형	마른 체형
저고리	길이	저고리길이를 너무 길거나 짧게 하지 않으며, 품·진동·소매너비 등도 넓지 않게 한다.	저고리길이를 조금 길게 하며, 품·진동·소매너비 등도 약간 넉넉하게 한다.	저고리길이를 너무 길거나 짧게 하지 않으며, 품·진동·소매너비 등도 넓지 않게 한다.	저고리길이와 품을 알맞게 한다.
	도련	뒷도련이 일직선이 되지 않게 하며, 앞처짐을 넉넉하게 한다.		뒷도련이 일직선이 되지 않게 한다.	
	곁마기·깃	깃을 약간 길게 단다.	깃너비를 조금 넓게 하며, 깃을 약간 짧게 단다.	곁마기를 다는 것이 좋으며, 깃은 조금 길게 단다.	깃너비를 조금 넓게 하여 깃 부분에 안정감을 둔다.
	장식				자수나 금박 등을 이용하거나, 회장을 달아 저고리를 강조함으로써 시선을 위로 향하게 한다.
치마			치마폭을 넓게 하고 주름을 촘촘하게 잡아서 치마가 풍성하게 퍼지도록 한다. 치맛단에 장식을 하거나 금박을 찍는 것이 효과적이다.	치마길이를 길게 하고, A라인으로 하는 것이 효과적이다. 치맛단에 장식을 하거나 금박을 찍는 것은 피한다.	치마길이는 길게 하며, 밑부분을 약간 퍼지게 한다.
옷감·배색		치마·저고리를 다른 색으로 하는데, 저고리는 옅은 색, 치마는 짙은 색으로 하는 것이 효과적이다.	치마·저고리를 밝은 색의 다소 힘 있는 옷감으로 한다. 눈에 띄는 커다란 무늬나 가로무늬를 사용해도 좋다.	너무 유연하거나 뻣뻣한 옷감은 피하는 것이 좋다. 치마·저고리는 같은 색으로 하고, 진한 색으로 깃과 고름을 달면 효과적이다. 치마에 너무 크거나 복잡한 무늬는 피하는 것이 좋다.	밝은 색 계통으로 하되 너무 복잡한 문양은 피하는 것이 좋다.

데, 수(壽)·복(福)·쌍희(囍) 등의 문자문과 화문(花紋)이 보편적이다.

한 땀 한 땀 정교한 바늘땀이 이어진 자수는 여러 가지 색과 모양으로 화사함을 더한다. 보통 저고리의 깃·고름·끝동과 치마의 밑단에 잔무늬를 넣는다. 주로 궁중이나 상류사회의 예복 등에 사용하던 자수는 기계수의 발달로 단순한 한복에 장식적인 미를 더하는 방법으로 대중화되었다.

(2) 한복과 체형

한복은 여유 있게 직선으로 재단하여 인체를 넉넉하게 감싸는 옷이므로 서양복과 달리 어떠한 체형이든 크게 구애받지 않는다. 그러나 한복의 옷맵시와 관계되는 키, 가슴둘레, 어깨선, 등과 목의 형태, 얼굴형 등을 파악하여 각 체형의 장점을 살려 주고 결점을 보완하는 방법을 연구한다면 한복을 더욱 아름답게 만들어 입을 수 있을 것이다.

다음 표 1-2~1-7까지는 체형에 따른 한복의 보정방법이다.

표 1-3 가슴 모양에 따른 한복의 보정

보정사항	가슴 모양	가슴둘레가 큰 체형	가슴뼈가 나온 체형
저고리	섶	섶을 내어 달아 앞품을 늘인다.	섶을 내어 달아 앞품을 늘인다.
	길이	앞처짐 분량을 충분히 한다.	앞처짐 분량을 조금 여유있게 한다.

표 1-4 등 모양에 따른 한복의 보정

보정사항	등 모양	등이 뒤로 젖혀진 체형	등이 앞으로 굽은 체형
저고리	길이	앞길이는 길게, 뒷길이는 짧게 하여 앞도련이 들리지 않도록 한다.	앞길이는 짧게, 뒷길이를 길게 하여 뒷도련이 들리지 않도록 한다.
	품	등솔기를 위에서 아래로 적당히 깎아 내린다.	뒷품을 늘린다.
	섶	섶을 밖으로 내어 달아서 앞품을 늘여준다.	

표 1-5 어깨 모양에 따른 한복의 보정

보정사항	어깨 모양	어깨가 솟은 체형	어깨가 처진 체형
저고리	어깨	어깨를 조금 넓게 하거나, 진동솔기를 없애는 것이 좋다.	어깨를 조금 좁게 하거나 어깨선을 약간 비스듬하게 한다.
	깃	깃을 길게 하고, 깃과 동정을 넓게 한다.	깃을 길게 하고 깃과 고름은 다른 색으로 하는 것이 효과적이다.
	장식	어깨와 진동선에 장식하는 것은 피한다.	어깨와 진동선에 장식을 하는 것이 좋다.

표 1-6 목 모양에 따른 한복의 보정

보정사항	목 모양	목이 긴 체형	목이 짧은 체형	목이 굵은 체형	목이 가는 체형
저고리	고대	고대는 보통으로 한다.	고대를 조금 넓게 한다.	고대는 보통으로 한다.	
	깃	겉깃길이를 짧게 하여 단다. 깃과 동정의 너비를 넓게 한다.	깃너비를 넓지 않게 하여 목을 많이 드러내도록 한다.	깃너비를 넓지 않게 하며, 깃을 진한 색으로 다는 것이 효과적이다.	깃너비를 약간 넓게 하고 겉깃길이를 짧게 하여 단다.

표 1-7 얼굴형에 따른 한복의 보정

보정사항	얼굴형	둥근형	긴형	네모형	역삼각형	마름모형
저고리	깃	깃을 좁고 길게 하고 동정은 좁게 단다.	깃을 넓고 짧게 하며 동정을 넓게 단다.	깃을 넓게 하고 깃을 달 때는 약간 둥글게 들여 단다.	깃을 약간 넓게 하고, 깃을 달 때는 약간 둥글게 들여 단다.	깃을 좁고 길게 하고, 동정은 좁게 단다.
	고름	저고리의 깃과 고름은 다른 색으로 하는 것이 효과적이다.	저고리의 깃과 고름에는 장식하는 것은 피한다.	고름을 장식하거나 다른 색으로 하여 가슴 부분을 강조한다.		

4. 본뜨기와 마름질

1) 본뜨기

본을 뜰 때에는 본뜨기에 필요한 기본적인 치수만 계측하고 그 이외의 치수는 산출하여 본을 뜨거나 참고치수를 이용한다. 개인의 체형상 필요한 경우에는 기본 치수 이외에도 계측해야 할 치수가 있을 수 있는데, 이를 참조하여 부분적으로 보완한 후 완전한 본을 만든다.

본을 뜰 때에는 계측한 치수에 동작에 필요한 여유분을 포함시켜 그리며, 통일된 기호를 사용하여 누구나 쉽게 이해할 수 있도록 정확하게 그린다. 본뜨기에 필요한 기호는 표 1-8과 같다.

2) 옷감 다루기

옷감은 만들어지는 과정에서 여러 가지 공정을 거치게 되므로 옷감 상태가 올바르지 않을 수도 있다. 옷의 형태를 바르게 하고 아름답게 유지하기 위해서 마름질하기 전에 옷감의 상태를 관찰하여 바로잡고 올바르게 다루어야 한다.

접었던 선이나 구김을 펴는 다리미질, 습기가 가해지거나 빨았을 때 수축을 예방하기 위하여 물에 담그는 일, 방적 후 후처리과정에서 경사와 위사의 교차 각도가 달라져 옷감이 바르지 않은 것을 바로잡는 일, 식서가 늘어나거나 오그라들어 굴곡이 생긴 것을 바로잡는 일, 염색이 균일하지 않은 것을 확인하는 일 등이 여기에 속한다.

(1) 올 바로 세우기

한복은 올이 바르고 옷감이 반듯해야 옷의 형태가 틀어지지 않는다. 따라서 옷감의 위사와 경사가 직각으로 교차되도록 바로잡아야 한다. 모서리가 비뚤어져 있을 때는 모서리가 나온 쪽의 반대쪽을 양손으로 쥐고 대각선 방향으로 여러 번 잡아당겨 늘인다음, 다시 가로 세로로 매만져 당기고 세로 방향으로 다림질한다.

(2) 식서 정리하기

식서는 본 옷감보다 조밀하게 짜여졌기 때문에 오그라져 있는 경우가 많다. 따라서 식서 부분을 말끔하게 잘라낸 후 옷을 만드는 것이 좋으나, 식서를 시접으로 이용해야

표 1-8 본뜨기에 필요한 기호

기호	뜻	기호	뜻
———————	기초선, 안내선	✕ (화살표 교차)	옷감의 어슨올 표시 (바이어스)
———————	완성선	(점선 아치)	같은 치수 표시
·-·-·-·-· ⊙	골 표시	⌐ (직각)	직각 표시
—··—··—··	안단선	(빗금 사각)	주름 표시
(점선 아치)	등분 표시	(물결 화살)	주름의 방향
(선 교차)	선의 교차	─ │ ─	단춧구멍의 위치
←——————→	옷감의 결 표시 (식서 방향)	○ │ ○	단추의 위치

표 1-9 옷감에 따른 다리미의 온도와 다리미질 방법		
섬유	다리미 온도	다림질 방법
합성섬유	120~130℃	합성섬유는 열에 약하여 고온으로 다리면 다리미에 옷감이 녹아 붙을 수 있다. 그러므로 옷감의 안쪽에서 물을 뿌린 다음 덧헝겊을 대고 다린다.
견	130~140℃	견직물의 아름다운 광택과 촉감이 손상되지 않도록 유의하여 다리미질을 한다. 옷감의 겉에 직접 물을 뿌려 다리면 얼룩이 지기 쉬우므로 습기가 있는 덧헝겊을 대고 안쪽에서 다린다.
모	150~160℃	모직물에 습기를 주고 바로 다리미질을 하면 수축되기 쉬우므로, 그 전에 손질이 필요하다. 겉쪽이 안으로 가도록 반으로 접고 양면에 물을 뿜어 둥글게 말아 놓아두었다가, 전체적으로 습기가 스며들면 덧헝겊을 대고 다린다.
면, 마	160~170℃	풀기가 있는 것은 물에 담갔다가 축축한 정도로 말려 안쪽에서 다린다. 짙은 색이나 무늬가 있는 것은 물이 빠지지 않도록 안쪽에서 물을 뿌린 후 다린다.

할 때는 군데군데 어슷하게 가위집을 주어 오그라진 부분을 바로잡는다. 비치는 감으로 옷을 만들 때는 식서가 겉으로 비치어 외관상 좋지 않으니 이용하지 않는 것이 좋다.

(3) 다리미질하기

옷감의 구김을 펴고 바른 모양을 만들기 위해 옷감의 안쪽에서 가로 세로로 각각 다리미질을 한다. 다리미의 온도는 섬유에 따라 알맞게 맞추며, 다리미질을 할 때 옷감을 잡아당기면 늘어나기 쉬우므로 되도록 눌러가며 다린다. 표 1-9는 옷감에 따른 다리미 온도와 다리미질 방법이다.

(4) 옷감의 겉과 안 구별하기

옷감은 색상, 무늬, 광택, 조직에 따라서 겉과 안이 뚜렷한 것과 그렇지 않은 것이 있다. 대개 식서에 글자를 제직한 것이 바로 보이는 쪽이 겉이고, 동일한 색상에서 무늬가 있을 때는 무늬에 광택이 나는 쪽이 겉이다. 또한 옷감의 양 끝에 있는 식서에 구멍이 있는 경우에는 구멍이 움푹 들어간 쪽이 겉이다. 옷감이 능직인 경우에 능선이 오른쪽 위에서 왼쪽 아래로 되어 있는 쪽이 겉이다. 겉과 안이 뚜렷하게 나타나지 않는 것은 기호에 따라 선택할 수 있다.

3) 마름질

옷감을 필요한 모양과 치수에 맞추어 자르는 과정을 마름질이라 하며, 재단이라고도 한다. 잘 손질된 옷감 위에 본을 놓고 시접 분량을 두어 마름질한다. 이때 시접 분량을 정확하게 두어야 하며, 되도록 옷감을 경제적으로 마름질하여 옷감의 낭비가 없도록 한다.

마름질할 때 시접의 분량은 바느질 방법, 옷감의 재질, 옷감의 두께 등에 따라 다르다. 시접을 두는 방법은 옷본에 시접 분량을 주어 일직선으로 마르는 방법이 일반적이나, 곡선이 심할 때는 옷감의 손실을 줄이기 위하여 옷본의 모양대로 마르는 경우도 있다.

- 옷본의 표시된 올 방향과 옷감의 방향이 일치되도록 가로와 세로를 맞춘다.
- 옷본은 큰 것부터 배열하고 작은 것은 사이 사이에 배치한다.
- 좌우 한 쌍은 옷감의 겉을 마주 접어 놓고 마른 후 한꺼번에 재단하는 것이 편리하다.
- 곡선 부분은 시접의 여유분을 생각하여 일직선으로 마름질한다.
- 안감을 마를 때는 안감 위에 마름질된 겉감을 놓고 겉감의 시접선 대로 똑같이 마르며, 섶은 따로 하지 말고 길에 붙여 마르는 것이 편리하다.
- 무늬가 있는 옷감은 무늬의 방향이나 위치를 생각하여 옷본을 배치하여 마름질한다.

5. 바느질의 기초

한복의 바느질 방법은 크게 손바느질과 재봉틀 바느질로 나눌 수 있다. 손바느질은 전통적인 한복의 바느질 방법으로, 옷을 뜯어서 손질하여 다시 만들어 입기에 적합하지만 옷을 완성하는 데 시간이 많이 걸리고 바늘땀을 일정하게 유지해야 하는 숙련된 기술을 필요로 한다. 이에 비하여 오늘날 옷을 만드는 일반적인 방법인 재봉틀바느질은 시간을 절약하고 바느질이 튼튼하다는 장점이 있다.

바느질을 하기 위해서는 여러 가지 기초적인 방법을 이해하고 그 기능을 습득하여야 한다. 특히 바느질하는 자세, 바늘 잡는 법, 실 사용법 등은 습관적인 것이므로 처음부터 바르게 익히면 바느질을 보다 능률적으로 할 수 있다.

1) 손바느질

(1) 바느질할 때의 자세

바느질할 때의 자세는 방바닥에 앉아서 하는 것과 작업대 위에 바느질감을 놓고 의자에 앉아서 하는 방법이 있다.

방바닥에 앉아서 할 경우는 상체를 똑바로 하고 허리를 곧게 편 후, 한쪽 무릎을 세우고 앉는다. 의자에 앉아서 하는 경우 역시 상체를 똑바로 하고 허리를 곧게 편 후, 두 팔을 자연스럽게 작업대 위에 올려 놓는다.

바느질은 시작하면 보통 장시간에 걸쳐 작업이 진행되므로 처음부터 바른 자세를 유지해야만 허리나 그 밖의 신체에 무리가 가지 않는다.

(2) 바늘 올바르게 잡는 법

오른손의 엄지손가락과 집게손가락으로 바늘의 중간을 잡고 바늘 앞쪽을 가운데 손가락으로 받쳐 잡는다. 바늘머리가 집게손가락의 가운데 닿도록 하고 가운데 손가락으로 바늘 중간을 받치고 엄지손가락으로 힘 있게 눌러 잡는다.

바늘땀을 뜨고 바늘을 뺄 때는 오른손의 손등이 위로 오도록 한 후 집게손가락과 엄지손가락으로 바늘 끝을 잡고 왼쪽으로 당기면서 뺀다.

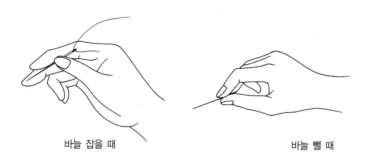

바늘 잡을 때   바늘 뺄 때

그림 1-11 바늘 올바르게 잡는 법

(3) 손바느질의 기초

① 실 매듭짓기

실 매듭짓기는 주로 오른손의 집게손가락에 실을 한 번 감고 엄지손가락으로 비벼서 매듭짓는 방법이 흔히 쓰이며, 다른 방법으로는 바늘에 실 끝을 두세 번 감아 잡아당겨 매듭짓는 방법이 있다.

② 시작과 끝마치기

바느질의 시작과 끝은 매듭으로 하는 방법과 매듭 없이 처리하는 방법이 있다.

■ 실 매듭으로 처리하는 방법

매듭지어진 실로 바느질을 시작한 후 바느질 끝에 가서 꿰맨 곳을 한 바늘 뜨고 남은 실을 그 바늘 끝에 두세 번 감은 후 손가락 끝으로 실을 잘 만지면서 바늘을 빼고 실을 당겨서 매듭을 진 후 끊는다.

■ 매듭 없이 처리하는 방법

• 되돌아 시작하고 되돌아 끝내는 방법 : 실의 매듭을 짓지 않고, 바느질의 시작과 끝을 2~3cm 되돌아 박아 바느질한 실이 풀리지 않도록 처리하는 방법이다. 이는 매듭이 두드러지지 않고 풀어지지 않는 튼튼한 방법으로 재봉틀을 이용하여 바느질할 때 되돌아 박기와 같은 원리이다.

• 박음질로 시작하고 박음질로 끝내는 방법 : 주로 홈질·박음질에 사용되는 것으로 바느질의 시작과 끝을 온박음질로 하는 방법이다. 매듭이 두드러지지 않으면서도 튼튼하고 풀리지 않기 때문에 얇고 성긴 감에 사용된다.

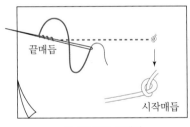

실 매듭으로 끝내기

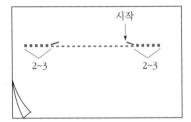

되돌아 시작하고 되돌아 끝내기

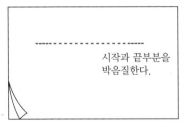

박음질로 시작하고 박음질로 끝내기

그림 1-12 손바느질의 시작과 끝마치기

③ 실 잇기

■ 두 실을 매듭짓기(옭매어 잇기)

바느질 도중에 모자라는 실과 새로 끼운 실을 함께 매듭지어 잇는 것으로 가장 흔하게 쓰이는 방법이다. 이는 왼손으로 두 실 끝을 비벼 꼬아 놓고 바늘에 끼운 실을 한 바퀴 돌려서 감고 잡아당기면 쉽게 이어질 수 있다.

■ 꼬아 매어 잇기

새로 끼운 실을 5cm 정도 풀어 놓고 그 사이에 모자란 실을 넣어 실의 꼬임 방향으로 실을 꼬듯이 비벼서 잇는 방법이다. 꼬아 놓은 것만으로는 빠지기 쉬우므로 중간에 한 번 매어 놓는 것이 좋으며 가는 실보다는 굵은 실이나 털실에 많이 이용된다.

■ 겹쳐 꿰매어 잇기

모자라는 실을 그대로 두고 새로 시작한 실로 먼저 바느질한 부분을 2~3cm 뒤로 가서 겹쳐지게 바느질하여 잇는 방법이다.

■ 매듭지어 잇기

모자라는 실을 매듭으로 끝마치고, 새로 끼운 실도 역시 매듭으로 시작하는 방법이다. 이는 우툴두툴하여 보기에는 좋지 않으나 튼튼히 바느질할 곳에는 적당한 방법이다.

(4) 손바느질의 종류

① 홈 질

홈질은 손바느질의 가장 기본이 되는 바느질법으로 바늘땀이 위, 아래 같은 모양으로 나타나는 바느질 방법이다. 한 겹의 천을 홈질할 경우도 있으나 두 겹 또는 그 이상의 여러 겹을 한꺼번에 홈질할 수 있다. 이때 바늘땀의 크기가 고를수록 좋으며 바늘땀의 위와 아래가 너무 당겨지거나 느슨하지 않도록 한다. 또한 직선은 울지 않도록 하고 곡선은 늘어나지 않도록 바느질해야 한다.

바느질이 익숙하지 않거나 좀더 균일하게 바느질하기 위해서는 시침핀으로 군데군데 천을 고정시킨 후 바느질하는 것이 편리하며, 옷감의 두께와 용도에 따라서 바늘땀의 크기를 조절한다.

겹옷, 홑옷의 모든 솔기에 사용하며 배래의 곡선, 깃머리 등을 오그리는 부분적인 바느질 방법으로도 사용한다.

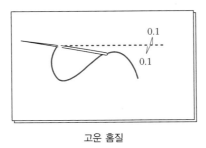 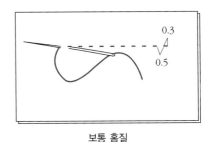

고운 홈질	보통 홈질

그림 1-13 홈질의 종류

■ **고운 홈질**

땀의 크기가 0.05~0.1cm 정도로 아주 고운 홈질이며, 주로 얇은 옷감에 사용한다.

■ **보통 홈질**

일반적으로 많이 이용되는 방법이며 땀의 크기는 0.3cm 내외이다.

② **시침질**

옷감이 두 겹 이상 겹쳤을 때 밀리지 않고, 박음질할 때 선이 비뚤어지지 않도록 고정하는 임시 바느질 방법이다. 시침질은 용도와 목적에 따라 여러 가지 방법이 있다.

■ **보통 시침**

바느질 방법은 홈질과 거의 같으나 바늘땀의 길이는 2~3cm로 하고 바늘땀의 간격은 0.5~1cm로 한다. 완성선보다 0.1cm 시접쪽으로 나아가 시침해야 완성선을 박을 때 편리하며, 이때 바늘을 수직으로 꽂아 한 땀씩 떠서 위, 아래 천의 위치가 어긋나지 않도록 해야 한다.

■ **어슷 시침**

실을 비스듬히 사선으로 시침하는 방법으로 겉쪽에서는 사선, 안쪽에서는 세로선이 놓이면서 바느질된다. 이 시침질은 원래의 선을 중심에 두고 0.3cm 간격으로 한 땀에 두 점이 꿰매어지므로 고정시키는 힘이 강하다. 따라서 옷의 단, 두 겹 이상의 옷감, 매끄럽고 부드러운 옷감, 겉감에 심감을 고정시키는 용도로 사용된다.

■ **한올뜨기 시침**

먼저 한쪽의 시접을 접어서 다른 한 장의 완성선에 맞추어 시침핀을 꽂아 놓고 시침한다. 이때 겉에서 시침한 실이 접힌 시접에 가능한 가까이 있도록 해야만 옷감을 젖

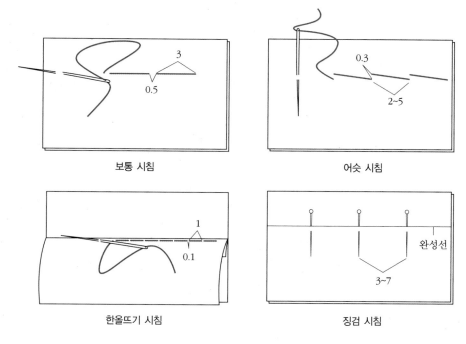

보통 시침

어슷 시침

한올뜨기 시침

징검 시침

그림 1-14 시침질의 종류

혀서 박을 때 선이 울지 않는다. 이 시침질은 옷의 겉섶, 안섶, 깃, 삼회장저고리의 곁
마기 등 주로 옷의 일부분을 바탕감에 고정시킬 때 사용하는 것으로 치수가 어긋나지
않도록 해준다.

■ 징검 시침

시침실 대신 시침핀으로 듬성듬성 고정하는 방법으로 빠르게 할 수 있고 실을 절약
할 수 있어서 많이 사용된다. 징검 시침을 한 상태로 재봉틀 바느질이 가능한데 그림
1-14와 같이 핀을 꽂아 놓으면 바느질이 편리하다.

③ 박음질

솔기를 튼튼하게 하기 위하여 바늘땀을 뒤로 되돌아 뜨는 바느질로서 재봉틀 바느
질과 가장 유사한 방법이다. 되돌아 뜨는 방법에 따라 반박음질과 온박음질이 있다.

■ 온박음질

온박음질은 바늘 한 땀의 크기 만큼을 그대로 뒤로 되돌아 뜨는 방법으로 옷감의 겉
면에서 보면 재봉틀로 박은 것과 같은 선이 나타나며 뒷면에서 보면 일직선으로 나타
난다. 손바느질 기법 중에서 가장 튼튼한 방법으로, 한 땀씩 반복하면서 바늘땀은 고
르고 촘촘하게 한다.

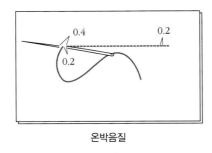 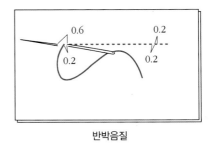

온박음질   반박음질

그림 1-15 박음질의 종류

■ 반박음질

반박음질은 한 땀 크기의 반만큼을 뒤로 되돌아 뜨는 것으로 겉에서 보기에는 홈질과 같은 형태이나 홈질보다는 튼튼하고 온박음질보다는 약하다.

④ 감침질

감침질은 옷감을 깁거나 헝겊을 덧댈 때 또는 단을 튼튼하게 꿰맬 때 사용하는 방법으로, 주로 바탕감에 덧대는 옷감의 시접을 꺾어서 대고 꿰맨다. 감치는 실이 늘어지거나 당겨지지 않도록 일정하게 잡아당기고 땀을 고르게 뜨도록 해야 한다. 감침질은 옷감과 용도에 따라 성글게 하거나 촘촘하게 한다.

■ 보통 감침

덧대는 헝겊의 시접을 꺾어 대고 겉으로는 실이 거의 나타나지 않도록 곱게 감치는 방법이다.

■ 어슷 감침

치맛단과 같이 단을 튼튼하고 신축성 있게 꿰맬 때 실이 비스듬히 사선으로 놓이도록 감침하는 방법이다.

■ 속 감침

단의 가장자리를 접어 박거나 휘갑치기, 싸개단하기 등으로 시접처리하여 접어올리고 시침질한 다음, 단 가장자리를 손가락으로 젖히고 속에서 단과 옷감을 어슷 감침질한다. 두루마기의 단과 같이 단과 옷감 사이를 감치는 방법이다.

■ 말아 감침

얇은 감으로 단을 좁게 접을 때 시접 끝을 얇게 박고 손으로 돌돌 말아가면서 감침

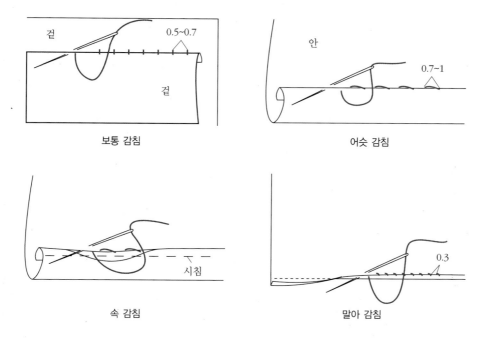

그림 1-16 감침질의 종류

질하는 방법이다. 홑당의 도련과 같이 단을 좁게 접을 때, 매듭단추나 고리를 만들 때 사용한다.

⑤ 공그르기

옷의 단이나 도련을 꿰맬 때 또는 끈을 접어 꿰맬 때 많이 사용하는 방법이다. 바늘땀은 옷감에 따라 길이를 조절하여 바느질한다. 단의 시접을 접어놓고 시침한 다음 바탕천은 한두 올만 뜨고 단의 시접을 0.5~1cm 정도를 길게 통과시켜 겉으로는 바느질땀이 거의 보이지 않도록 한다.

⑥ 상 침

한 번 박은 바느질선 위를 겉에서 다시 박음질하는 방법이다. 튼튼하면서도 실이 겉에서 보이기 때문에 방석·보료·보자기 귀·깃 가장자리·어린이옷 등에 장식성을 살리기 위한 방법으로도 많이 이용한다. 박음질이 두 땀 혹은 세 땀씩 연속하여 나타나도록 간격을 고루 맞추어 바느질한다.

⑦ 새발뜨기

주로 두꺼운 옷감의 단이나 시접처리에 사용하며, 심감을 겉감에 붙일 때에도 사용

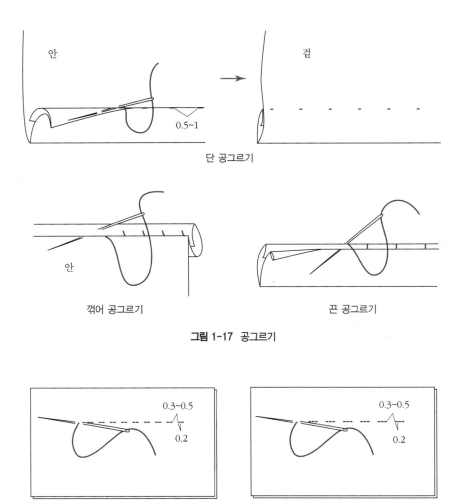

단 공그르기

꺾어 공그르기   끈 공그르기

그림 1-17 공그르기

두 땀 상침   세 땀 상침

그림 1-18 상침의 종류

한다. 단의 시접을 안으로 꺾어 넣고 그림 1-19와 같이 바느질한다. 두꺼운 옷감의 경우 두께의 절반만 바늘로 떠서 겉에서는 바늘땀이 보이지 않도록 한다. 바느질 방향이 다른 바느질 방법과는 달리 왼쪽에서 오른쪽으로 진행되는데, 겉모양은 공그르기와 같다. 새발뜨기는 서양복에 사용되는 기법으로 전통적인 방법은 아니지만 두루마기나 저고리 안깃 등에 사용한다.

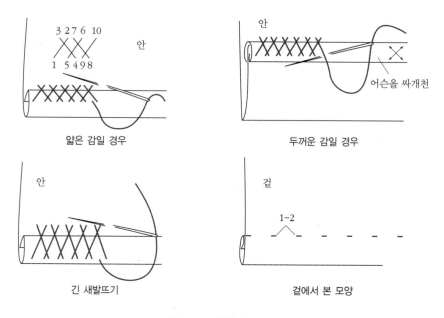

얇은 감일 경우

두꺼운 감일 경우

어슨올 싸개천

긴 새발뜨기

겉에서 본 모양

그림 1-19 새발뜨기

⑧ 사뜨기

사뜨기는 양끝이 마무리된 것을 합칠 때 쓰는 방법으로, 그림 1-20과 같이 일정한 순서에 따라 양쪽 끝을 비스듬히 떠준다. 골무나 수저집, 노리개, 타래버선의 가장자리 등 빳빳하고 두꺼운 면에 튼튼하면서도 장식을 겸하도록 색실을 사용하여 바느질한다. 삼각형 모양의 장식용 사뜨기 방법도 있다. 장식용으로 사뜨기를 할 때는 다소 굵은 실을 사용하면 완성 후의 모양이 예쁘다. 사뜨기의 완성된 모양은 머리를 땋아놓은 모습과 흡사하다.

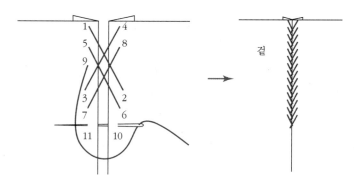

그림 1-20 사뜨기

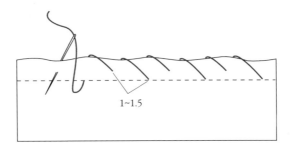

그림 1-21 휘갑치기

⑨ 휘갑치기

마름질한 옷감의 가장자리 올 풀림을 막기 위하여 휘감아서 꿰매는 바느질 방법이다. 바느질감을 들고 뒤쪽에서 앞쪽으로 바늘을 꽂아 뽑아서 실을 둘러 꿰매는데, 한 땀씩 뜨기도 하지만 한 바늘에 옷감을 여러 번 휘감아서 바늘을 빼는 방법도 있다. 실을 뽑을 때 너무 당기면 시접 끝이 오그라들 수 있으므로 주의해야 하지만, 조바위의 둥근 뺨 부위를 만들 때에는 시접이 당겨지는 원리를 의도적으로 이용하기도 한다.

⑩ 실표뜨기

실표뜨기는 서양복에 사용되는 기법으로 전통적인 바느질법은 아니지만, 남자 두루마기 등의 큰 옷을 만들 때 사용하면 편리하다.

실표뜨기는 바느질의 완성선을 표시하는 데 사용하는 방법으로, 초크와 달리 지워지지 않으므로 다양한 옷감에 사용된다. 마름질한 옷감을 두 겹 겹쳐 놓고 초크로 완성선을 그린 다음, 시접분을 두고 옷감을 베어낸 후 두 장의 옷감에 바느질선을 똑같이 표시하기 위하여 실표뜨기를 한다.

시침실로 사용되는 면사 두 겹으로 초크선 위에 시침질한다. 바늘땀의 감격은 2~3cm와 0.3cm를 번갈아 뜨고, 모든 땀은 가능하면 바늘을 직각으로 내려서 뜬다. 직선의 경우에는 바늘땀을 조금 넓게 하고, 곡선의 경우에는 직선보다 바늘땀을 촘촘히 하는 것이 좋다.

그림 1-22와 같이 위쪽에 놓인 긴 땀을 가위로 자르고 겹쳐 놓은 두 장의 천을 벌리면서 그 사이의 실을 잘라서 분리시킨다. 실이 길수록 빠지기 쉬우므로 실을 가능한 짧게 잘라낸 다음 가볍게 다림질하여 실표를 안정시킨다.

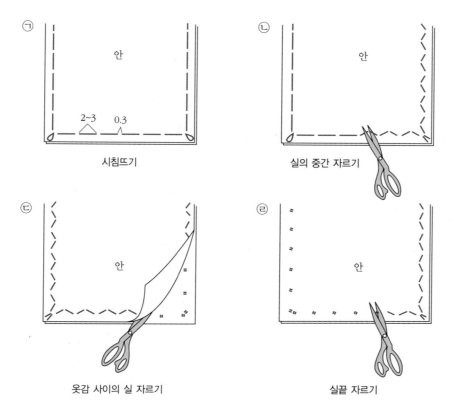

시침뜨기

실의 중간 자르기

옷감 사이의 실 자르기

실끝 자르기

그림 1-22 실표뜨기의 방법

2) 재봉틀 바느질

(1) 재봉틀의 종류

재봉틀 종류에는 가정용과 공업용이 있으며, 모델에 따라서 모양이 조금씩 다르지만 자세히 살펴보면 기본적인 구조는 같다. 재봉틀을 사용할 때 자체 설명서를 참고하고 그림에 해당하는 기능을 살펴서 사용한다.

(2) 재봉틀 사용법

① 재봉틀 바늘

바늘의 굵기는 보통 No. 9, No. 11, No. 14가 많이 쓰이며 옷감의 두께에 따라 적당한 것을 선택하여 사용한다. 바늘은 가정용 재봉틀과 공업용 재봉틀에 쓰이는 것이 다르므로 사용하는 재봉틀에 맞는 것을 사용하여야 한다. 바늘 끝이 굽은 것은 절대 사

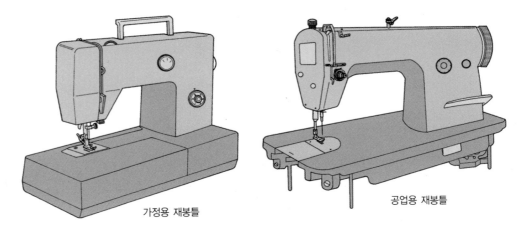

가정용 재봉틀

공업용 재봉틀

그림 1-23 재봉틀의 종류

표 1-10 옷감 두께에 따른 실과 바늘			
옷감의 두께	옷 감	실(번)	바늘(호)
얇은 천	노방, 모시, 아사	면사 80, 면사 60/2, 견사 50	9~11
보통 천	숙고사, 국사, 면직물	면사 50~60/3 합섬사 60, 견사 50	11~14
두꺼운 천	양단, 공단, 모직물	면사 50, 합섬사 50	16~18

용하면 안 된다. 바늘의 길이는 공업용의 경우는 38mm이고 가정용의 경우는 45mm가 표준이나 굵은 바늘은 조금 더 길다. 바느질을 곱게 하려면 옷감에 알맞은 바늘과 실을 잘 맞추어 사용하는 것이 중요하다.

② 바늘 꽂기

공업용 재봉틀의 바늘을 꽂을 때는 바늘대의 나사를 푼 후 손톱으로 바늘을 만져서 바늘에 나 있는 홈이 재봉틀의 바깥쪽, 즉 왼손쪽으로 놓이도록 꽂은 후 나사를 조여 바늘을 고정시킨다. 바늘을 꽂을 때에는 바늘대를 반드시 올리고 해야 하며 바늘이 바늘대 구멍의 끝부분까지 들어가게 꽂아야 한다.

가정용 재봉틀일 경우에는 바늘의 평평한 면이 바늘대 옆의 홈 안쪽으로 가도록 끼운 다음 바늘잡이 나사를 조여 고정시킨다. 바늘을 끼운 후에는 바퀴를 천천히 앞쪽으로 돌려서 바늘이 바늘판의 바늘구멍 중심으로 들어가는지 확인하여야 한다.

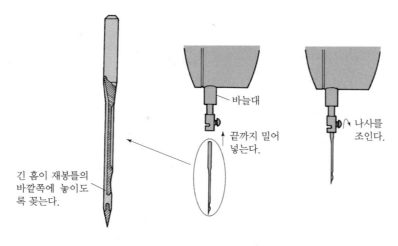

긴 홈이 재봉틀의
바깥쪽에 놓이도
록 꽂는다.

바늘대

끝까지 밀어
넣는다.

나사를
조인다.

그림 1-24 공업용 재봉틀 바늘 꽂기

③ 윗실 걸기

실 끼우는 순서가 틀리면 실이 끊어지거나 바늘이 휘고 박은 솔기 주변에 주름이 생기게 되므로 주의해야 한다.

노루발과 바늘을 끝까지 올린 다음 윗실 꽂이에 실을 꽂는다.

공업용 재봉틀은 그림 1-25와 같이 재봉틀 위에 있는 실걸이를 통과시키고 윗실 안내기를 통과시켜 윗실 조절기의 원판 사이를 통과시킨다. 윗실 조절기의 옆에 나와 있는 윗실 장력 스프링 밑을 통과시킨 후, 다시 윗실 안내기를 통과시켜 재봉틀 위쪽으로 올린다. 실채기의 구멍을 오른쪽에서 왼쪽으로 통과시키고 재봉틀 위쪽으로 올린다. 실채기의 구멍을 오른쪽에서 왼쪽으로 통과시키고 다시 아래쪽으로 내려와서 윗실 안내기를 통과시킨다. 바늘 왼쪽에서 오른쪽으로 실을 끼운다.

④ 밑실 감기

재봉실을 북(bobbin)에 5~6회 손으로 감아 실감기의 심대에 북이 뒤로 돌아가도록 꽂아 놓고 실고르개에 끼고 작은 바퀴를 벨트에 접촉시켜 회전시킨다. 실이 85~90% 정도 차면 심대에서 뺀다. 이때 노루발을 완전히 끌어올린 후 밑실을 감아야 한다.

⑤ 북집에 북 넣기

실을 감아 놓은 북을 북집에 넣고 그림 1-27과 같이 구멍으로 실 끝을 당긴다. 이때 왼손으로 북집을 잡고 오른손으로 실을 끼우는 것을 기준으로 했을 때 실이 아랫쪽에서 위쪽으로 감겨 올라오며 풀어지도록 해야 한다. 북에 실을 끼워 넣은 후 실을 잡아당겼을 때 무리 없이 풀리는지 확인한다.

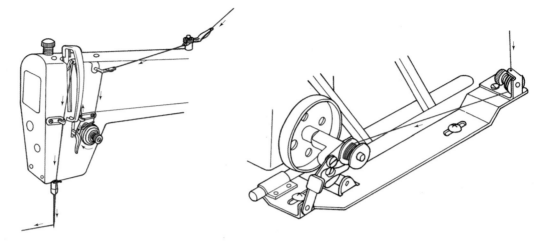

그림 1-25 공업용 재봉틀의 윗실 걸기   그림 1-26 공업용 재봉틀의 밑실 감기

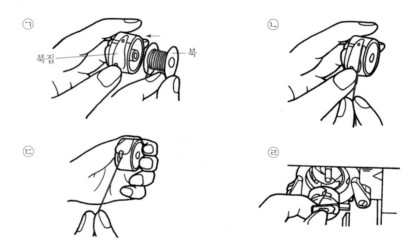

그림 1-27 공업용 재봉틀의 밑실 끼우기

⑥ 밑실 끌어올리기

바느질을 시작하기 전에 밑실을 끌어올려야 한다. 바늘과 노루발은 위로 완전히 올린 다음, 재봉틀의 네모판을 옆으로 밀어 열고 북집의 스프링을 손바닥쪽으로 젖혀 왼손으로 잡고 반달집 속에 넣는다. 윗실을 잡고 오른손으로 바퀴를 돌리면 윗실에 밑실이 얽혀서 묻어 올라온다. 이때 바늘에서 윗실이 빠지지 않도록 주의하며 바늘이 완전히 아래로 내려갔다 올라오도록 깊이 꽂는다. 윗실을 잡아당기면 윗실이 밑실을 끌어올리게 된다. 올라온 밑실과 윗실을 함께 끌어당겨 노루발 밑으로 빼서 뒤쪽으로 돌려 놓는다.

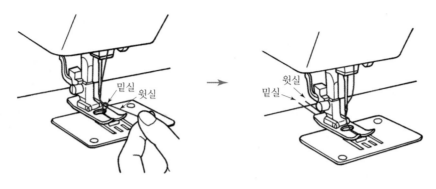

그림 1-28 공업용 재봉틀의 밑실 끌어올리기

⑦ 윗실과 밑실의 조절

바느질을 곱게 하려면 윗실과 밑실의 조절을 잘 하여야 한다. 즉 윗실의 장력와 밑
실의 장력이 비슷해야만 바느질 안팎의 땀이 고르고 바느질도 곱게 된다. 그림 1-29
와 같이 윗실의 강약 조절은 윗실 조절기를 조이거나 푸는 방법으로 조절할 수 있다.
밑실의 강약 조절은 북집의 조절나사로 조절한다.

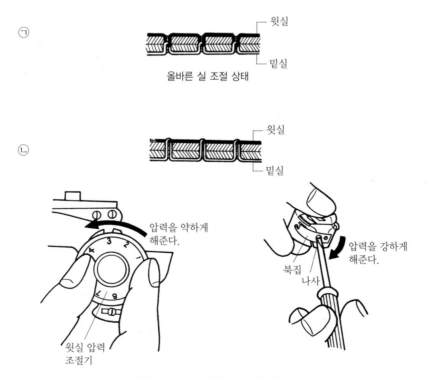

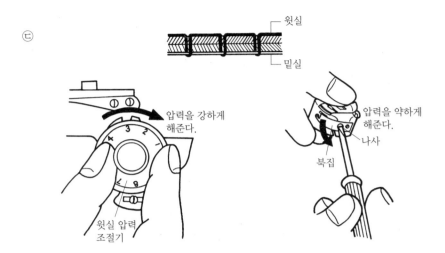

ⓒ

윗실

밑실

압력을 강하게
해준다.

압력을 약하게
해준다.

나사

북집

윗실 압력
조절기

윗실이 느슨하거나 밑실이 당기는 경우

그림 1-29 재봉틀의 윗실과 밑실의 조절

(3) 재봉틀의 관리

① 기름 치기

기름은 재봉틀 기계의 마모를 막아주고, 재봉틀이 원활하게 돌아가도록 돕는다. 따라서 하루에 1시간 정도 쓰는 재봉틀은 마찰이 심한 곳에 일주일에 1회 정도 기름을 치고, 하루에 수시간 쓰는 재봉틀은 매일 사용 전에 기름을 칠 필요가 있다. 이때 반드시 재봉틀용 기름을 사용하도록 한다. 기름을 치고 난 후에는 연습용 옷감을 기름이 묻어 나오지 않을 때까지 박아주어 본 작업용 옷감을 버리지 않도록 주의한다.

② 청소하기

재봉틀은 먼지가 앉기 쉽기 때문에 사용 전에는 반드시 간단하게 먼지를 제거하고 시작하는 것이 좋다. 기름을 치는 것도 먼지가 덮인 후에는 별로 효과를 보지 못하기 때문에 항상 깨끗하게 청소를 해야 하며, 장시간 사용하지 않을 경우에는 덮개로 덮어 놓는 것이 좋다.

③ 재봉틀 놓는 장소

재봉틀을 놓는 장소는 직사광선이 비치는 곳이나 너무 차가운 곳, 너무 습한 곳은 피하는 것이 좋다. 바닥이 평평하고 진동이 없는 곳에 놓아두는 것이 좋다.

④ 정기점검

다소의 경비가 들더라도 1년에 1회 정도 전문가에 의뢰하여 재봉틀을 정기점검하고 분해하여 청소를 하는 것이 좋다.

⑤ 무리하게 사용하지 말 것

재봉틀이 잘 나가지 않거나 조금 뻑뻑한 느낌이 들 경우에는 재봉틀의 기름 표시 부분을 확인하여 기름을 치고 잘 살펴서 사용하여야 한다. 무리하게 재봉틀을 사용할 경우에는 재봉틀 기계가 쉽게 마모되거나 고장날 수 있다. 또한 실이 자주 끊기는 등의 잔고장도 반드시 원인을 찾아내어 해결한 후 재봉틀을 사용하도록 한다.

(4) 재봉틀 바느질의 기초

① 직선 박기

① 우선 바늘과 노루발을 올리고, 바느질감을 노루발 밑에 넣고 바늘은 바느질할 곳으로부터 1cm 정도 앞으로 나오게 맞춘 다음 노루발을 내린다.

② 후진 버튼을 눌러 바느질 시작점까지 뒤로 박아 가장자리를 튼튼하게 한 다음, 후진 버튼을 놓고 정상적인 바느질을 시작한다.

③ 방향을 바꿀 때는 바늘이 꽂힌 상태에서 바느질을 멈추고 노루발을 올리고 바늘을 축대로 삼아 원하는 방향으로 바느질감을 돌린 후, 노루발을 내리고 다시 바느질을 시작한다.

④ 바느질을 멈출 때는 바느질감을 끝까지 바느질한 후 후진 버튼을 눌러 1cm 정도 뒤로 박아주면 바느질이 튼튼하게 된다.

② 곡선 박기

① 시작과 끝은 직선 박기와 마찬가지로 후진 버튼을 눌러 1cm 정도 되돌아 박기를 한다.

② 발판을 약하게 밟고 속도를 천천히 하여 옷감을 돌려가며 곡선을 박는다.

③ 곡선을 박을 때 옷감을 너무 잡아당기면 솔기가 쉽게 늘어나게 되므로, 옷감을 노루발 밑으로 밀어넣는 기분으로 박는다.

3) 솔기의 종류

옷의 시접이나 솔기처리의 방법은 옷의 모양을 좌우하는 중요한 부분의 하나로서,

손바느질로 한 것이나 재봉틀로 한 것이나 모두 효과는 같다.

(1) 가름솔

가름솔은 홈질이나 박음질을 촘촘히 한 후 안쪽의 솔기를 좌우로 갈라놓는 것이다. 용도에 따라서 가름솔의 솔기시접은 올이 풀리지 않도록 휘갑치기, 풀칠하기, 시접 끝 접어 박기, 핑킹가위질하기, 바이어스천으로 싸기 등으로 처리한 후 솔기를 박기도 한다. 주로 저고리의 진동솔이나 두꺼운 감의 솔기에 사용한다.

(2) 홑솔(꺾음솔 · 뉜솔)

한복 바느질에 가장 많이 쓰이는 솔기처리 방법으로 솔기를 박아서 한쪽으로 꺾어 눕히는 방법이다. 두 겹을 나란히 겹쳐 놓고 완성선에서 0.1~0.2cm 바깥쪽으로 꿰맨 후 완성선을 꺾어 다린다. 이것은 바느질 솔기가 겉에서 보이지 않고 풀로 붙인 것 같이 곱게 나타난다. 저고리 · 마고자 · 두루마기와 같이 겹으로 하는 옷의 어깨솔, 등솔, 섶솔과 바지의 마루폭, 사폭 등의 솔기에 사용하며 솜옷에도 사용한다.

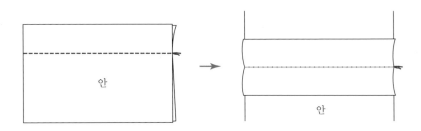

그림 1-30 가름솔

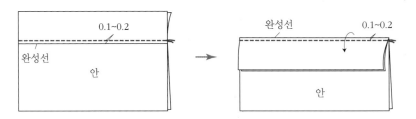

그림 1-31 홑솔(꺾음솔 · 뉜솔)

(3) 통 솔

통솔은 튼튼하게 꿰매야 하는 솔기에 사용되는 방법이다. 겉쪽에서 두 겹을 나란히 겹쳐 놓고 완성선에서 시접쪽으로 0.6~0.7cm 나가서 박은 후 솔기를 꺾어 남은 0.3 ~0.4cm의 시접이 싸지도록 완성선을 박는다(시접을 1cm로 기준 했을 경우).

(4) 쌈 솔

한 쪽의 시접은 자르고 나머지 시접으로 싸서 바느질하는 방법으로 통솔보다 솔기가 얇으면서 솔기를 눌러 박기 때문에 더 튼튼하다. 시접 한 쪽을 조금 넓게(약 1cm 정도), 한 쪽은 조금 좁게(약 0.5cm 정도) 맞추어 놓고 완성선을 박은 후 넓은 시접으로 좁은 시접을 싸서 접은선 끝에서 0.1cm 들어와서 눌러 박는다. 박을 때 시침을 한 후 박으면 박음선이 휘지 않고 곱게 처리할 수 있다. 쌈솔은 겉쪽에 박음선이 한 줄 나타나는데 장식적인 효과를 내기 위해서 완성선을 박고 접은선의 위쪽을 다시 한 번 박아서 박음선이 두 줄 나오게 하기도 한다. 조끼허리 어깨 부분, 홑옷, 홑보자기 등에 사용한다.

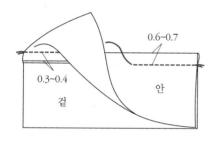

그림 1-32 통솔

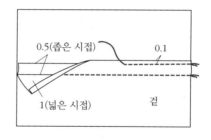

그림 1-33 쌈솔

(5) 곱 솔

시접이 풀리기 쉬운 얇은 옷감이나 올이 성근 옷감을 박는 데 쓰이는 솔기처리 방법으로 여름철 옷감인 모시·삼베 등의 깨끼옷과 적삼과 같은 홑옷에 많이 사용된다. 가능한 가늘게 솔기처리를 하는 것이 좋으며 곱게 바느질하기 위해서는 옷감의 올을 곧고 가늘게 베어야 한다. 일반 솔기처리에 사용되는 바늘과 실보다 가는 것을 사용하는 것이 좋다.

① 곱 솔

두 장의 옷감을 겉끼리 마주보게 놓고 완성선에서 0.4cm 밖의 선을 박은 후 박은선을 꺾어 넘겨 다린다. 네 겹을 함께 겹쳐서 완성선에서 0.2cm 들어온 선을 다시 박은 후 남은 시접을 깨끗하게 베어낸다. 두 번째 박은선을 다시 꺾어 넘겨 첫 번째 박은선과 두 번째 박은선의 사이를 곱게 박는다. 적삼 등과 같이 한 겹의 옷을 만들 때나 깨끼저고리의 등솔·섶솔 등을 박을 때 사용한다.

② 두 번 곱솔(깨끼바느질)

두 장의 옷감을 겉끼리 마주보게 놓고 완성선에서 0.2cm 밖의 선을 박은 후 박은선을 꺾어 넘겨 다린다. 시접에 겹친 네 겹 부분의 완성선을 따라서 박은 다음 남은 시접

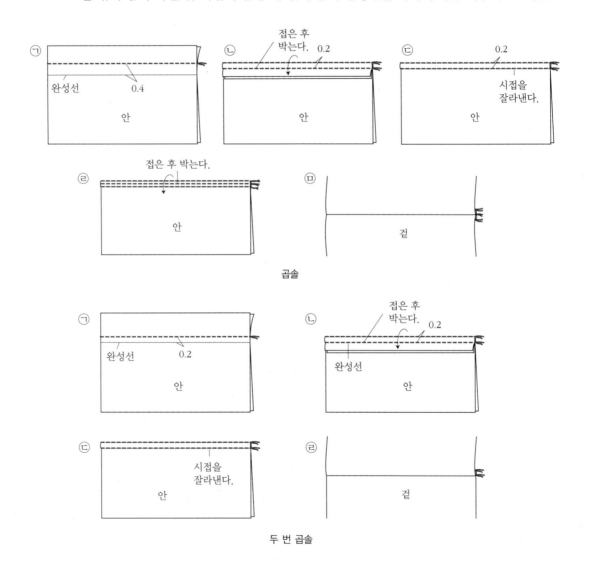

그림 1-34 곱솔의 종류

을 곱게 베어낸다. 시접은 베어낼 때 옷감을 같이 베어내지 않도록 주의해야 한다. 얇은 옷감으로 겹옷을 만들 때 주로 이 방법을 사용하고 깨끼바느질이라고도 한다.

(6) 싸박기

그림 1-35와 같이 바탕감의 완성선 위에, 나머지 한 장의 옷감을 완성선 위에서 0.2~0.3cm를 꺾어 접어 가지런히 놓는다. 꺾어 접은 선에서 0.1cm 들어간 선을 곱게 박는 후 위에 있는 감을 뒤집어 다리고 안쪽에서 완성선을 따라 다시 한 번 박는다. 위에 있는 시접을 바싹 베어낸 후 밑에 있는 시접으로 감싸서 박는다. 홑옷에 사용되는 방법으로 특히 적삼이나 깨끼옷의 깃을 처리하는 방법으로 쓰인다.

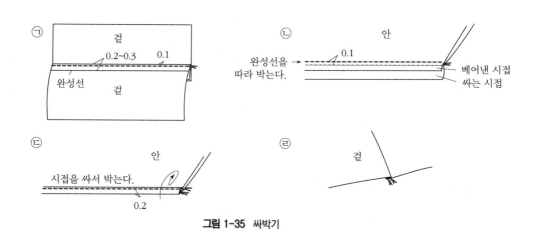

그림 1-35 싸박기

6. 부분 바느질

1) 매듭단추 만들기

① 단추가 달리는 옷과 같은 감으로 적당한 크기의 옷감을 잘라 너비 0.2cm, 길이 20cm 정도로 되도록 가늘게 말아 감쳐서 끈을 만든다.
② 끈을 왼쪽 검지에 걸어 놓은 후, 오른쪽 가닥을 중지 앞쪽으로 돌려 8자로 만들고 왼쪽 가닥도 검지를 돌아 8자로 만든다.
③ 8자의 중심이 되는 곳을 오른손 엄지와 검지로 잡아 뺀 후 왼손 손바닥에 옮겨 놓고 오른쪽에 있는 끈을 왼쪽 원의 아래에서 위로 빼주고 왼쪽에 있는 끈을 오른

쪽 원의 아래에서 위로 빼준다.

④ 중심선에 나란히 있는 두 선 아래에 가로로 있는 선을 중심으로 양쪽으로 원이
생기는데, 오른쪽 가닥은 시계 반대 방향으로 180° 돌려 왼쪽 원의 위에서 아래
로 넣어 주고, 왼쪽 가닥은 오른쪽 원의 위에서 아래로 넣어 준다.

⑤ 아래로 내려온 두 가닥을 고루 잡아당기고, 송곳으로 죄어 단추 모양을 만든다.

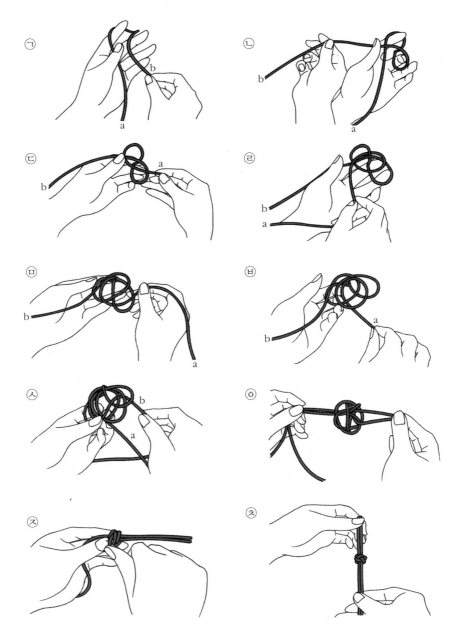

그림 1-36 매듭단추 만들기

2) 단춧고리 만들기

(1) 헝겊고리 만들기

① 어슨올로 만드는 방법

적삼 · 배자 · 전복에 주로 사용한다.

① 먼저 헝겊을 어슨올로 마름질하여 반으로 접은 후 필요한 너비만큼 박는다. 이때 한쪽 끝은 조금 넓게 박아야 뒤집기 편하다.

② 시접은 고리의 너비만큼만 남기고 여유분은 베어낸다.

③ 바늘에 실을 꿰어 고리의 한쪽 끝을 덧박아 준 다음 바늘귀를 고리 사이로 밀어 넣어 다른 한쪽으로 빼냄으로써 고리를 뒤집는다.

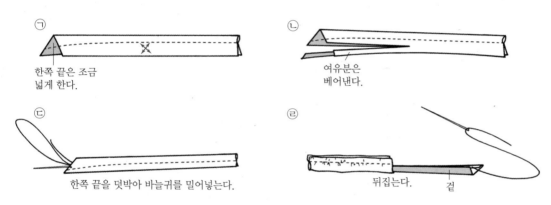

어슨올로 만드는 방법

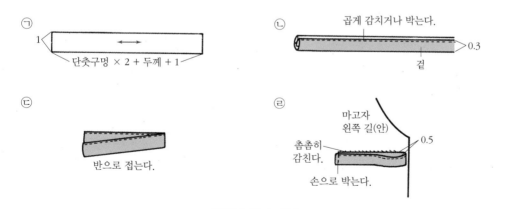

곧은올로 만드는 방법

그림 1-37 헝겊고리 만들기

② 곧은올로 만드는 방법

마고자에 주로 사용한다.

① 그림 1-37과 같이 고리감을 마른다.

② 고리의 너비가 0.3cm이 되도록 시접을 꺾어 넣고 겉에서 곱게 감치거나 박는다.

③ 반으로 접은 후, 곱게 감침질하여 옷에 단다.

(2) 실 고리 만들기

① 실 고리를 달 위치에서 한 땀을 뜬 후, 실의 길이가 10~13cm되도록 고리를 만든다.

② 실 고리 가운데로 실 중간을 잡아 끌어낸다.

③ 이와 같은 방법으로 사슬뜨기를 여러 번 반복한다.

④ 맨 나중 고리에 바늘을 통과시켜 매듭을 짓고, 정해진 위치에 고정시킨다.

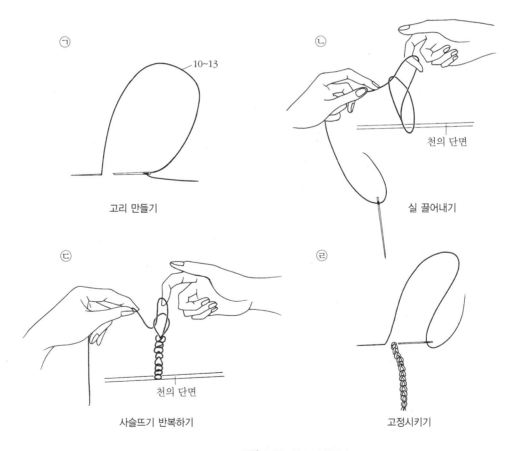

ㄱ

10~13

고리 만들기

ㄴ

천의 단면

실 끌어내기

ㄷ

천의 단면

사슬뜨기 반복하기

ㄹ

고정시키기

그림 1-38 실 고리 만들기

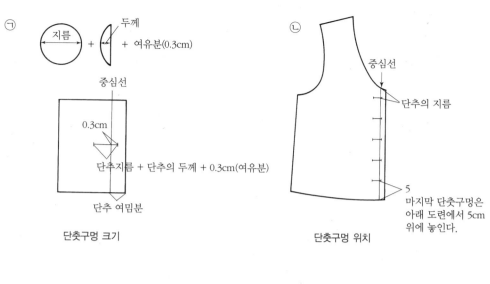

ㄱ

지름 + 두께 + 여유분(0.3cm)

중심선

0.3cm

단추지름 + 단추의 두께 + 0.3cm(여유분)

단추 여밈분

단춧구멍 크기

ㄴ

중심선

단추의 지름

5

마지막 단춧구멍은
아래 도련에서 5cm
위에 놓인다.

단춧구멍 위치

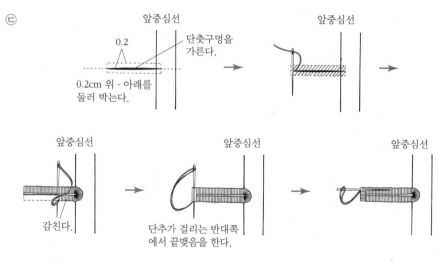

ㄷ

앞중심선

0.2

단춧구멍을
가른다.

0.2cm 위·아래를
둘러 박는다.

앞중심선

앞중심선

감친다.

앞중심선

단추가 걸리는 반대쪽
에서 끝맺음을 한다.

앞중심선

단춧구멍 만들기

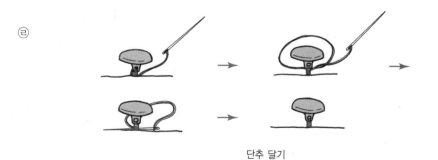

ㄹ

단추 달기

그림 1-39 조끼 단추 달기

3) 단추 달기

(1) 조끼 단추 달기

① 그림 1-39와 같이 단춧구멍을 먼저 만들어 놓은 후, 옷자락을 포개어 놓고 단추의 위치를 확인하여 표시한다. 단추는 오른쪽 앞길의 중심선에 오도록 단다.
② 단추를 달 때에는 단추에 채워질 옷자락의 두께만큼 실을 세우고 그 위를 실로 돌려 감아 실기둥을 세운다.

(2) 마고자 단추 달기

① 두 겹 이상의 실을 굵은 바늘에 꿰어 4~4.5cm 정도로 실 고리를 만든다.
② 단추의 구멍에 실 고리를 걸고 단추 달 위치에 놓는다.
③ 그림 1-40과 같이 실 고리를 단추가 약간 움직일 정도만 남기고 나머지 부분을 실로 촘촘히 감친다.

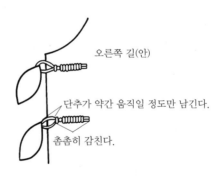

오른쪽 길(안)

단추가 약간 움직일 정도만 남긴다.

촘촘히 감친다.

그림 1-40 마고자 단추 달기

(3) 스냅 단추 달기

스냅 단추는 저고리나 두루마기 등 고름의 여밈을 보조할 경우에 다는데, 옷감의 두께에 따라 크기를 선택한다. 단추를 다는 방법은 먼저 겉자락 안쪽에 볼록한 스냅을 단다. 볼록한 스냅을 안자락에 눌러서 단추의 위치를 표시한 후 그 위치에 오목한 스냅을 단다.

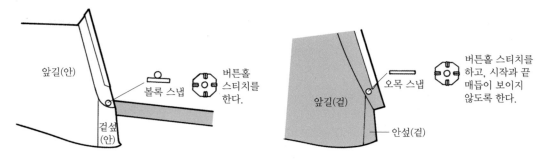

그림 1-41 스냅 단추 달기

4) 선 물리기

선 물리기는 저고리의 등솔과 곁섶솔, 색동저고리의 진동솔과 같은 솔기에 다른 색의 천을 가늘게 끼워 넣고 박아 장식하는 방법이다. 누비옷의 도련과 소맷부리와 같은 가장자리에도 널리 이용되고 있다.

(1) 직선 솔기

① 그림 1-42와 같이 곧은올의 장식천을 폭 2cm, 솔기와 같은 길이로 준비한다.
② 위에 놓이는 바탕감의 겉과 장식천의 겉을 마주 댄 후, 완성선에서 0.1cm 들어와 재봉틀로 느리게 박는다. 박은 선대로 장식천을 꺾어 다린다.
③ ㉣과 같이 아래에 놓이는 바탕감과 장식천을 마주 대고 완성선대로 박는다.
④ 느리게 박은 바느질선을 뜯고 잘 다려 장식선이 겉으로 0.1cm 정도 가늘게 물려 나타나도록 한다.

(2) 곡선 솔기

① 그림 1-43과 같이 어슨올의 장식천을 폭 2.5cm, 솔기와 같은 길이로 준비한다.
② 장식천을 반으로 접어 다린다.
③ 장식천의 위에 놓이는 감을 완성선대로 꺾은 후, 장식선이 0.1cm 정도로 가늘게 보이도록 장식천 위에 대고 한올 시침한다.
④ ㉢을 아래에 놓이는 바탕감 위에 놓는다.
⑤ ㉣과 같이 윗감을 젖히고 안쪽에서 시침선을 따라 바탕감과 함께 박는다.
⑥ 윗감과 장식천 사이를 눌러 박는다.

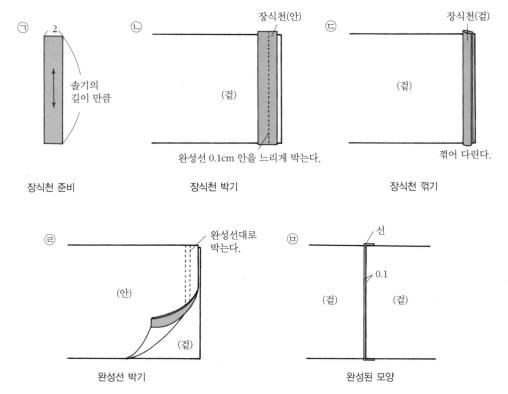

ㄱ 장식천 준비

2

솔기의
길이 만큼

ㄴ 장식천 박기

장식천(안)

(겉)

완성선 0.1cm 안을 느리게 박는다.

ㄷ 장식천 꺾기

장식천(겉)

(겉)

꺾어 다린다.

ㄹ 완성선 박기

완성선대로
박는다.

(안)

(겉)

ㅁ 완성된 모양

선

0.1

(겉)   (겉)

그림 1-42 직선 솔기에 선 물리기

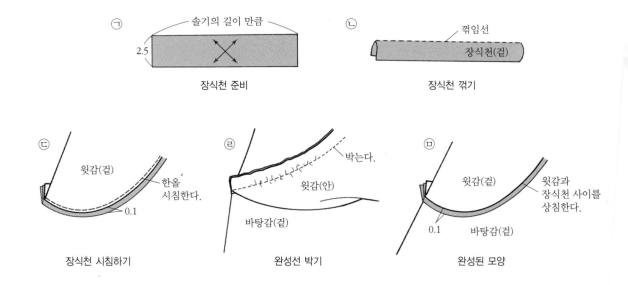

ㄱ 장식천 준비

솔기의 길이 만큼

2.5

ㄴ 장식천 꺾기

꺾임선

장식천(겉)

ㄷ 장식천 시침하기

윗감(겉)

한올
시침한다.

0.1

ㄹ 완성선 박기

박는다.

윗감(안)

바탕감(겉)

ㅁ 완성된 모양

윗감(겉)

윗감과
장식천 사이를
상침한다.

0.1

바탕감(겉)

그림 1-43 곡선 솔기에 선 물리기

(3) 가장자리

① 장식천을 직선에 물릴 때는 곧은올로 마르고, 곡선에 물릴 때는 어슨올로 마른다.

② 장식천을 양쪽에서 넘겨 가운데서 맞닿도록 꺾어 놓는다.

③ 장식천을 바탕감에 대고 시침한 후 바탕감을 젖히고 안쪽에서 시침선을 따라 박는다.

④ 장식천의 안단 부분은 안쪽에서 곱게 감치고, 바탕감과 장식천 사이를 눌러 박는다.

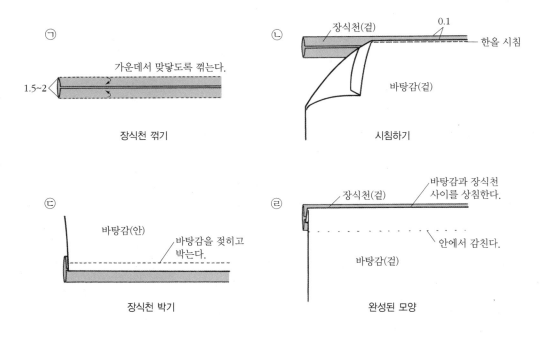

그림 1-44 가장자리 선 물리기

5) 잣 물리기

잣 물리기는 여러 색의 조각천을 세모지게 접어 만든 후 솔기에 색색이 끼워 물리는 장식 방법이다. 주로 어린아이 옷의 깃이나 겉섶솔, 조각보, 주머니 등에 사용한다. 한복을 만들고 남은 천들을 모아두었다가 필요할 때 이용하도록 한다.

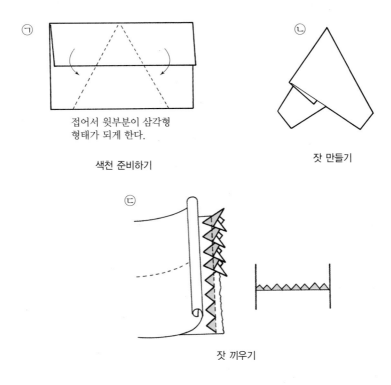

접어서 윗부분이 삼각형
형태가 되게 한다.

색천 준비하기

잣 만들기

잣 끼우기

그림 1-45 잣 물리기

6) 박쥐매듭 만들기

박쥐매듭은 그 모양이 날개를 편 박쥐처럼 생겼다고 하여 이름지어진 것이다. 어린이의 색동저고리나 까치두루마기의 고대·등솔 끝부분, 남아의 전복·배자의 옆트임이 시작되는 부분, 조바위 뒷솔기 끝부분, 조각보 등에 장식용으로 달아준다.

① 옷감을 가로 세로 각각 3~4cm 정도가 되도록 마른다.
② 양쪽 모서리 끝부터 대각선 방향으로 비비면서 돌돌 말아 들어간다. 엄지손가락과 검지손가락 끝에 힘을 주어 단단하게 잘 말아야 완성된 모양이 예쁘다.
③ 양쪽에서 말아 온 것이 가운데에서 만나면 말려진 부분이 밖으로 보이도록 반으로 접는다.
④ 접혀진 끝에서 0.4~0.5cm 아래를 같은 색 실로 꽁꽁 동여맨다.
⑤ 동여맨 윗부분을 양쪽으로 살살 벌리면 마치 그 모양이 두 날개를 편 박쥐처럼 보인다.

⑥ 실로 동여맨 아랫부분을 0.2~0.3cm 남겨 두고 가위로 자른다. 가위로 잘라낸 부분에 풀을 칠하고 다리미로 다려주면 올이 풀리지 않는다.

⑦ 옷의 원하는 부분에 박쥐매듭을 놓고 박쥐매듭의 둘레를 따라 안쪽으로 곱게 감친다.

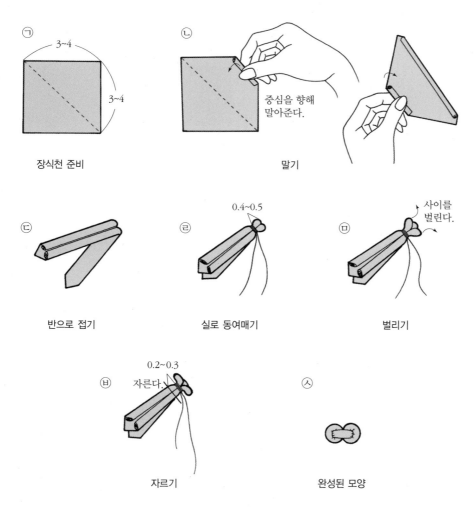

ㄱ
3~4
3~4
장식천 준비

ㄴ
중심을 향해 말아준다.
말기

ㄷ
반으로 접기

ㄹ
0.4~0.5
실로 동여매기

ㅁ
사이를 벌린다.
벌리기

ㅂ
0.2~0.3
자른다.
자르기

ㅅ
완성된 모양

그림 1-46 박쥐매듭 만들기

제2장
한복 만들기의
실제

韓

服

韓고服

저고리는 가장 기본적인 상의(上衣)로 고대부터 남녀 모두 착용하였다. 고대의 저고리는 엉덩이를 덮는 길이로 허리에 띠를 매어 착용하였으나, 저고리길이가 짧아지면서 고려 말기 이후에는 고름을 달아 여며 입었다. 조선 중기 이후로 저고리길이는 더욱 짧아져서 18세기에는 가슴을 가릴 수 없을 정도로 단소화(短小化)된 저고리가 유행하였는데 이는 당시 유물이나 회화를 통해 확인할 수 있다. 오늘날의 저고리는 유행에 따른 미적 감각, 개인의 체형 및 기호를 고려하여 저고리의 길이, 소매의 모양, 깃의 넓이, 고름의 길이 등을 약간씩 변형하여 입는다. 저고리의 종류로는 계절에 따라 홑저고리(적삼), 겹저고리, 솜저고리, 누비저고리, 갗저고리 등이 있으며, 배색에 따라 민저고리, 반회장저고리, 삼회장저고리, 색동저고리 등이 있다. 또한 전통적으로 솔기를 모두 뜯어서 세탁한 후 옷을 다시 만드는 겹저고리와 뜯지 않고 세탁하는 박이겹저고리가 있었다.

1. 남자 저고리

남자 저고리는 여자 저고리에 비하여 길이가 길고, 곡선이 완만하여 바느질이 용이하다. 여자 저고리와 마찬가지로 길, 소매, 섶, 깃, 동정, 고름으로 구성되어 있다.

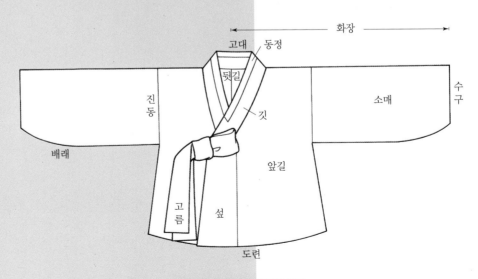

그림 2-1-1 남자 저고리의 구조

1) 본뜨기

필요한 치수는 가슴둘레, 저고리길이, 화장이다.

표 2-1-1 남자 저고리의 참고치수   (단위: cm)

항목	크기(신장)	소(170)	중(175)	대(180)
가슴둘레 (B)		92	96	100
저고리길이		60	62	64
화장		78	80	82
진동 (B/4+2.5)		25.5	26.5	27.5
고대/2 (B/10−0.5)		8.7	9.1	9.5
겉깃길이 (B/4+5)		28	29	30
겉섶	위 (깃너비+1)	7.8	8	8.2
	아래 (깃너비+4)	10.8	11	11.2
안섶	위 (깃너비−3)	3.8	4	4.2
	아래 (깃너비)	6.8	7	7.2
깃너비		6.8	7	7.2
고름너비		6.5	6.5	6.5
고름길이	긴고름	70	70	70
	짧은고름	60	60	60

2) 마름질

저고리의 옷감으로 봄·가을에는 숙고사, 생고사, 국사, 자미사, 진주사, 항라, 갑사, 명주 등 다양한 소재가 사용된다. 여름에는 모시, 삼베, 생항라 등 시원한 소재를 주로 사용하며, 겨울에는 명주, 양단, 무명 등을 사용한다. 색상은 주로 옥색, 미색, 은색, 흰색 등을 사용한다.

안감은 겉감보다 가볍고 얇고 부드러운 것이 좋으며, 겉감의 색상에 맞는 것으로 선택한다. 일반적으로 겉감이 얇을 경우에는 노방주를 사용하며, 두꺼울 경우에는 얇은 평직의 면직물이나 숙고사, 명주 등을 사용한다.

표 2-1-2 남자 저고리의 옷감 계산방법 및 필요량

옷감 너비	옷감 계산방법	옷감 필요량
55cm	저고리길이 × 4 + 소매너비 × 4 + 시접	360~380cm
110cm	저고리길이 × 2 + 소매너비 × 2 + 시접	180~190cm

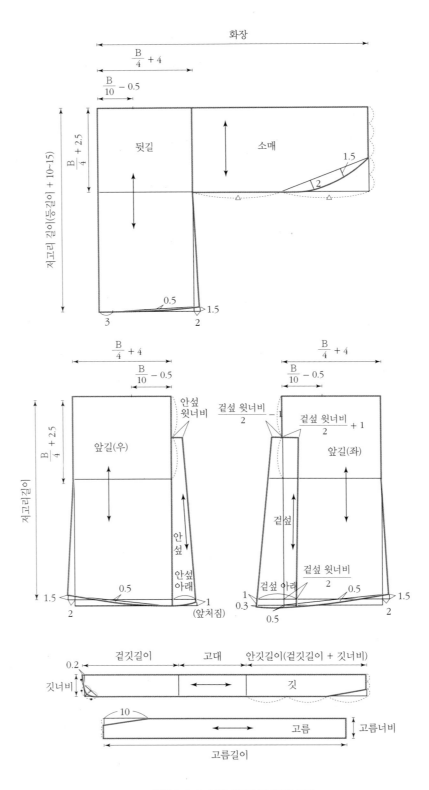

그림 2-1-2 남자 저고리 본뜨기의 실제

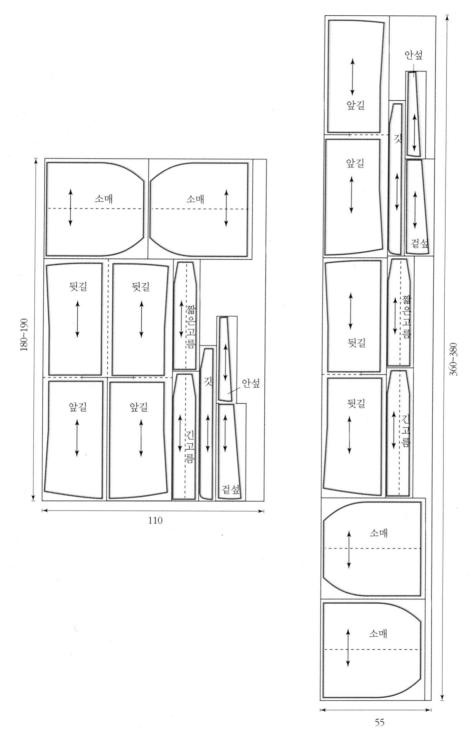

소매　　소매

뒷길　　뒷길　　짧은고름

앞길　　앞길　　긴고름　　깃　안섶　　겉섶

180~190

110

안섶

앞길

앞길　　깃

겉섶

뒷길　　짧은고름

뒷길　　긴고름

소매

소매

360~380

55

그림 2-1-3 남자 저고리 겉감 마름질의 실제

■ 마름질의 실제

옷본에 시접을 두고 직선으로 마름질한다. 안감은 겉감과 같은 방법으로 마르나, 길에 섶을 붙여서 한 장으로 마르면 바느질하기에 편리하다(그림 2-1-14의 ⓒ 여자 민저고리 안감마름질을 참조한다). 시접은 1.5cm 내외로 하고, 깃과 고름은 1cm 정도로 한다.

3) 바느질

(1) 등솔·어깨솔 박기

등솔은 고대에서 도련쪽으로 바느질한다. 완성선에서 시접쪽으로 0.2cm 나가서 박는다. 시접은 입어서 오른쪽으로 가도록 완성선을 꺾어 다린다.

어깨솔은 고대를 표시한 후 고대점에서 진동까지 박고, 이때 되돌아 박기를 하여 고대점이 풀리지 않도록 한다. 시접은 뒷길쪽으로 꺾는다.

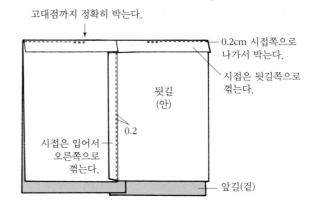

고대점까지 정확히 박는다.

0.2cm 시접쪽으로 나가서 박는다.

시접은 뒷길쪽으로 꺾는다.

뒷길 (안)

0.2

시접은 입어서 오른쪽으로 꺾는다.

앞길(겉)

그림 2-1-4 남자 저고리의 등솔·어깨솔 박기

(2) 섶 달기

그림 2-1-5와 같이 겉섶의 섶선(곧은솔)을 꺾은 후 앞길 겉의 겉섶선에 댄다. 겉에서 한올뜨기를 한 후 펴서 안에서 등솔과 같은 방법으로 시접쪽으로 0.2cm 나가서 박는다. 요즘에는 겉섶에 심을 대기도 한다. 안섶은 겉섶을 달 때와 같은 방법으로 섶선(어슨솔)을 길의 안섶선(곧은올)에 붙인다. 시접은 길쪽으로 꺾는다.

(3) 소매 달기

어깨솔에 소매의 중심선을 맞추어 시침핀을 꽂고 좌우 진동 크기를 맞춘다. 진동의

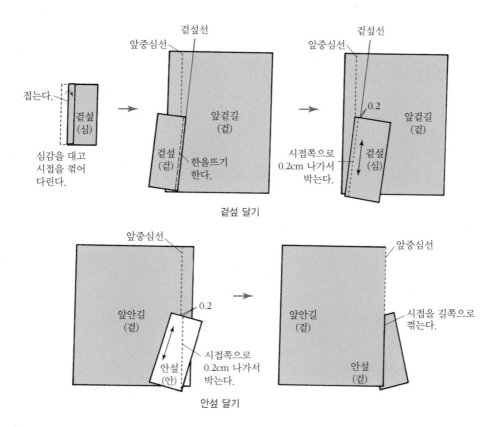

그림 2-1-5 남자 저고리의 섶 달기

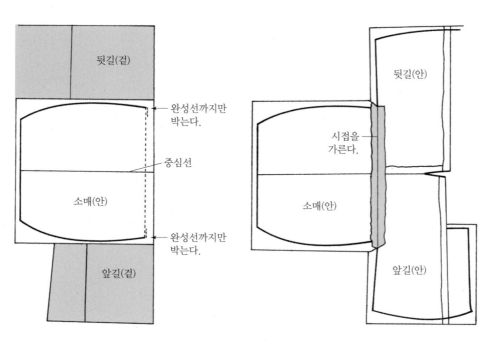

그림 2-1-6 남자 저고리의 소매 달기

완성선까지만 박고 반드시 되돌아 박기를 하여 실이 풀리지 않도록 한다. 진동의 양 끝의 올이 풀려서 겨드랑이 밑 치수가 달라지면 겉과 안을 맞추기가 어렵다. 시접은 가름솔로 한다.

(4) 안 만들기

겉감과 같은 방법으로 바느질한다. 단, 겉섶과 안섶의 위치를 겉감과 반대로 해야 겉과 안을 맞출 때 섶의 위치가 겉감과 일치하게 된다.

어깨솔, 진동솔, 섶솔을 붙여 앞·뒷길을 한 장으로 마름질한 후, 등솔만 박아 완성 하기도 한다.

(5) 겉과 안 맞추기

겉감과 안감을 겉끼리 마주 댄다. 등솔, 어깨솔, 진동 중심, 앞·뒤 진동선, 겉섶, 안 섶 등에 시침핀을 꽂아 고정시켜 놓은 후 앞·뒤 도련과 수구를 박는다. 이때 앞·뒤 양옆 겨드랑 밑 치수가 잘 맞는지 반드시 확인한 후 박는 것이 좋다. 도련은 곡선이 늘 어나지 않도록 옷감을 밀어 넣으면서 박는다. 수구는 완성선 끝에서 양쪽으로 1.5~ 2cm 나간 지점까지 더 나가서 박는다.

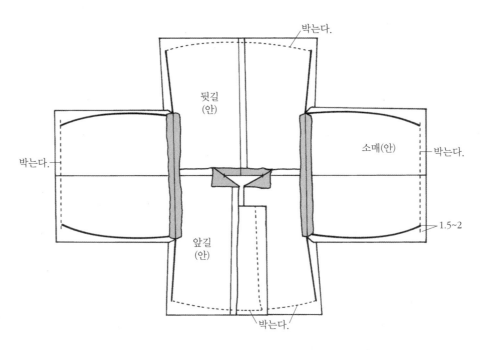

그림 2-1-7 남자 저고리의 겉과 안 맞추기

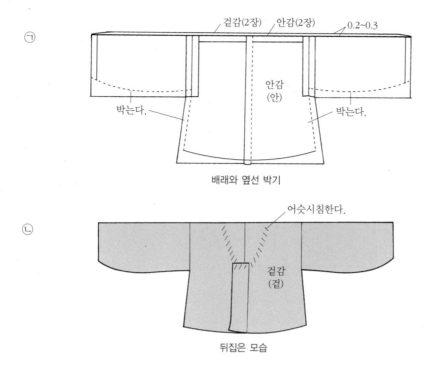

그림 2-1-8 남자 저고리의 배래와 옆선 박기

(6) 배래와 옆선 박기

뒷길의 겉감과 안감 사이에 앞길을 뒤집으면서 밀어넣어 겉감과 겉감, 안감과 안감
이 마주 닿도록 한다. 어깨선은 안감이 겉감보다 0.2~0.3cm 작게 되도록 시침핀을
꽂는데, 이렇게 하면 안감이 겉감보다 약간 작아지기 때문에 완성선을 박고 뒤집은 후
안감이 겉감 밖으로 밀려나오지 않는다.

소맷부리와 옆선의 끝을 잘 맞추어 시침핀을 꽂은 후 그림 2-1-8의 ㉠과 같이 배래
와 옆선을 한 번에 박는다. 약 1~1.5cm 정도로 시접을 정리한 후, 겉감쪽으로 꺾어서
다린다. 옛날에는 저고리를 전부 뜯어서 세탁한 후, 다시 만들어 입었기 때문에 시접을
자르지 않았으나 요즘은 한꺼번에 세탁을 하므로 깔끔하게 시접을 정리해도 무방하다.

고대로 뒤집어서 잘 매만진다. 깃을 달기 편하도록 고대 부분을 평평하게 하여 시침
핀을 꽂거나 ㉡과 같이 어슷시침한다.

(7) 깃 만들어 달기

그림 2-1-9의 ㉠과 같이 겉깃 안에 심을 대고 완성선에서 0.2cm 바깥쪽을 박아 고
정시킨다. 깃의 시접을 안쪽으로 꺾어 다린다. 깃머리둘레는 완성선 바깥쪽을 곱게 홈

질한 후 완성선에 깃본을 대고 실을 잡아당겨 시접을 안쪽으로 오그린다. 주름 사이에 살짝 풀을 발라 다리면 형태가 고정된다.

만든 깃을 깃 위치에 놓는다. 깃을 만들 때 표시해 둔 고대점을 저고리의 고대에 맞

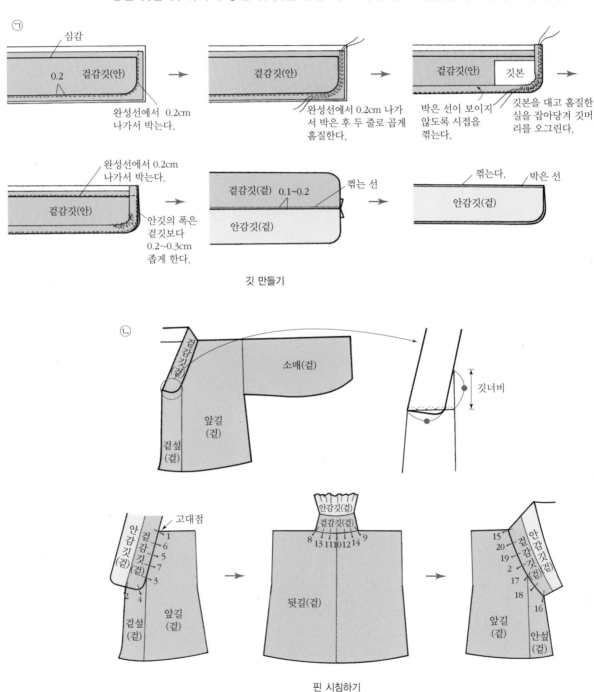

ㄱ

심감

0.2 겉감깃(안)

완성선에서 0.2cm 나가서 박는다.

겉감깃(안)

완성선에서 0.2cm 나가서 박은 후 두 줄로 곱게 홈질한다.

겉감깃(안) 깃본

박은 선이 보이지 않도록 시접을 꺾는다.

깃본을 대고 홈질한 실을 잡아당겨 깃머리를 오그린다.

완성선에서 0.2cm 나가서 박는다.

겉감깃(안)

안깃의 폭은 겉깃보다 0.2~0.3cm 좁게 한다.

겉감깃(겉) 0.1~0.2 꺾는 선

안감깃(겉)

꺾는다. 박은 선

안감깃(겉)

깃 만들기

ㄴ

겉감깃(겉)

소매(겉)

앞길(겉)

겉섶(겉)

깃너비

고대점

안감깃(겉) 겉감깃(겉) 겉섶(겉)

1 6 7 3 2 4

겉섶(겉) 앞길(겉)

안감깃(겉) 겉감깃(겉)

8 13 11 10 12 14 9

뒷길(겉)

15 20 19 2 17 18 16

겉감깃(겉) 안감깃(겉)

앞길(겉) 안섶(겉)

핀 시침하기

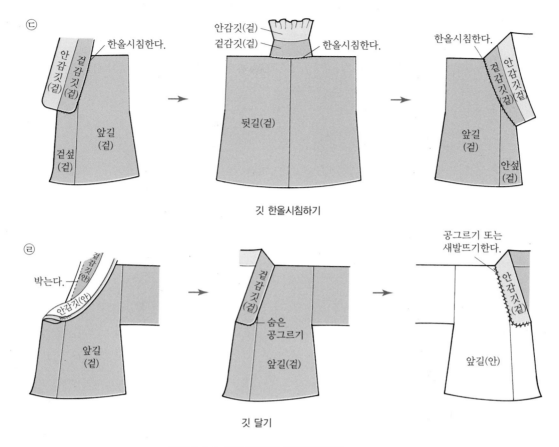

그림 2-1-9 남자 저고리의 깃 만들어 달기

춘 후 ⓛ과 같은 순서로 시침핀을 꽂고 겉에서 한올시침을 한다. 깃을 길쪽으로 젖힌 후 시침선을 따라 박는다. 깃머리는 바늘땀이 보이지 않도록 겉에서 곱게 공그르기한다. 고대의 시접을 정리하여 깃 사이에 넣는다. 저고리 안쪽에서 안깃을 따라 공그르기 또는 새발뜨기를 한다.

(8) 고름 만들어 달기

고름은 그림 2-1-10의 ㉠과 같이 안에서 접어 박은 후 시접을 꺾고 다림질하여 뒤집는다. 고름에 심감을 넣을 경우에는 고름폭의 반만 넣는다. 긴고름은 박은 솔기가 위로 가게 하여 겉깃과 겉섶의 중간에 단다. 짧은고름은 안섶쪽에 다는데, ⓛ과 같이 고대점에서 바로 내리거나 1cm 정도 밖으로 나가서 내린 선과 긴고름의 높이에서 나간 직선이 만나는 지점에 단다.

안고름은 ⓒ과 같이 안깃 안쪽과 왼쪽 겨드랑이 안쪽에 단다.

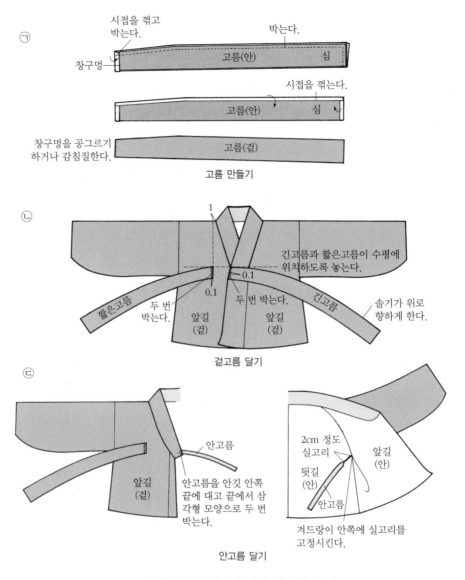

그림 2-1-10 남자 저고리의 고름 만들어 달기

(9) 동정 달기

그림 2-1-11의 ㉠과 같이 동정의 끝을 깃 끝에서 깃너비만큼 올라간 위치에 닿게 한다. 깃 안쪽에 동정의 겉을 대고 동정 시접의 1/2 또는 1/2보다 약간 작은 위치를 재봉틀로 박거나 곱게 홈질한다. 동정을 깃 겉쪽으로 넘겨서 매만진 후 ㉡과 같이 안쪽은 1cm 간격으로, 겉에 나오는 땀은 0.2cm 정도로 숨뜨기한다. 동정너비나 깃너비는 유행을 많이 따른다. 시중에 파는 동정을 사용하기도 하지만 그림 2-1-22의 '동정 만들기'를 참조하여 만들어 달면 저고리가 훨씬 품위 있어 보인다.

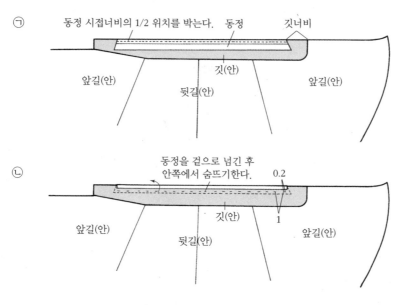

ㄱ   동정 시접너비의 1/2 위치를 박는다.   동정   깃너비

앞길(안)   깃(안)   앞길(안)

뒷길(안)

ㄴ   동정을 겉으로 넘긴 후
안쪽에서 숨뜨기한다.   0.2

앞길(안)   깃(안)   1   앞길(안)

뒷길(안)

그림 2-1-11 남자 저고리의 동정 달기

2. 여자 민저고리

민저고리는 별도의 회장이 달리지 않고 동일한 옷감으로 길, 섶, 소매, 깃, 고름을
만든 저고리로서 여자 저고리의 기본형이다.

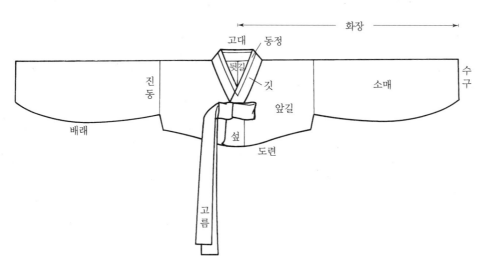

화장

고대   동정

뒷길   깃

진동   소매   수구

배래   앞길

섶

도련

고름

그림 2-1-12 여자 민저고리의 구조

1) 본뜨기

필요한 치수는 가슴둘레, 저고리길이, 화장이다.

전통적인 저고리는 치마허리로 가슴을 동여매고 저고리를 입어야 앞섶이 벌어지지 않고 맵시가 난다. 그러나 현대 여성의 서구적인 체형 변화를 고려할 때, 가슴을 압박하는 기존의 저고리는 입고 활동하기에 불편할 뿐만 아니라 가슴둘레의 여유량(보통 6 ~8cm)이 골고루 분배되지 않아서 앞은 벌어지고 뒤는 헐렁한 기이한 실루엣이 연출되기도 한다.

따라서 이 책의 여자 저고리 패턴은 기존의 전통적인 저고리보다 뒷길의 불필요한 여유량을 줄이고, 앞중심선을 2cm 밖으로 이동시킴으로써 앞길에 필요한 여유량을 더 추가하였다. 가슴을 동여매지 않고 입어도 되므로 기존의 저고리보다 착용감이 편하면서 한복의 실루엣을 그대로 살릴 수 있는 장점이 있다.

단, 가슴둘레에 비해서 등너비가 좁은 체형은 뒷품/2을 B/4~B/4+0.5로 해야 뒷길이 들뜨지 않고 잘 맞는다.

표 2-1-3 여자 민저고리의 참고치수		크기(신장)	소(155)	중(160)	대(165)
항목					(단위: cm)
가슴둘레 (B)			82	86	90
저고리길이			25	26	27
화장			72	74	76
진동 (B/4+0.5)			21(최소값)	22	23(최대값)
고대/2 (B/10-0.5)			7.7(최소값)	8.1	8.5(최대값)
겉섶	윗너비 (깃너비+1)		5.3	5.4	5.5
	아랫너비 (깃너비+1.4)		5.7	5.8	5.9
안섶	아랫너비 (깃너비-1.4)		2.9	3	3.1
깃너비			4.3	4.4	4.5
겉깃길이 (B/4+0.5)			21	22	23
고름너비			5	5.5	6
고름길이	긴고름		100	105	110
	짧은고름		90	95	100

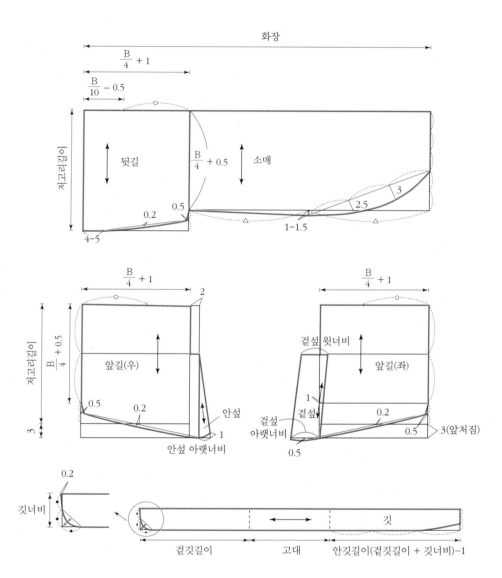

그림 2-1-13 여자 민저고리 본뜨기의 실제

2) 마름질

저고리 옷감으로 봄·가을에는 숙고사, 생고사, 국사, 자미사, 진주사, 항라, 갑사, 명주 등 다양한 소재가 사용된다. 여름에는 모시, 은조사, 생명주 등 시원한 소재를 주로 사용하며, 겨울에는 양단, 공단, 모본단 등을 사용한다. 색상은 주로 분홍색, 노랑색, 연두색, 옥색, 미색, 흰색 등을 사용한다.

표 2-1-4 여자 민저고리의 옷감 계산방법 및 필요량		
옷감 너비	옷감 계산방법	옷감 필요량
55cm	저고리길이 × 2 + 소매너비 × 4 + 긴고름길이 + 시접	300cm
110cm	저고리길이 × 2 + 소매너비 × 4 + 시접	150cm

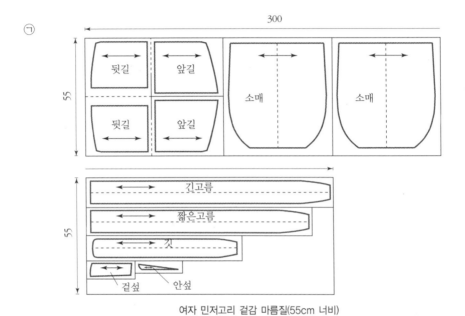

ㄱ

여자 민저고리 겉감 마름질(55cm 너비)

ㄴ

여자 민저고리 겉감 마름질(110cm 너비)

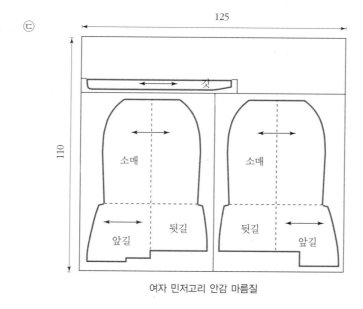

ⓒ

여자 민저고리 안감 마름질

그림 2-1-14 여자 민저고리 마름질의 실제

■ **마름질의 실제**

옷본에 시접을 두고 직선으로 마름질한다. 안감은 겉감과 같은 방법으로 마르는데 어깨솔, 진동솔, 섶솔을 이어서 한 장으로 마르는 것이 바느질하기에 편리하다. 시접은 1.5cm 내외로 하고 깃과 고름은 1cm 정도로 한다.

3) 바느질

(1) 등솔 · 어깨솔 박기

등솔은 고대에서 도련쪽으로 홑솔로 바느질한다. 완성선에서 시접쪽으로 0.1cm 나가서 박는다. 시접은 입어서 오른쪽으로 가도록 완성선을 꺾어 다린다.

어깨솔은 고대를 표시한 후 고대점에서 진동까지 박고, 이때 되돌아 박기를 하여 고대점이 풀리지 않도록 한다. 시접은 뒷길쪽으로 꺾는다.

(2) 섶 달기

그림 2-1-16과 같이 겉섶의 섶선(곧은솔)을 꺾은 후 앞길 겉의 겉섶선에 댄다. 겉에서 한올뜨기를 한 후 펴서 안에서 등솔과 같은 방법으로 시접쪽으로 0.1cm 나가서 박는다. 요즘에는 겉섶에 심을 대기도 한다. 겉섶의 시접은 섶쪽으로 꺾는다. 안섶은 겉

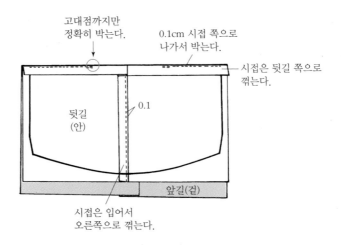

고대점까지만
정확히 박는다.

0.1cm 시접 쪽으로
나가서 박는다.

시접은 뒷길 쪽으로
꺾는다.

뒷길
(안)

0.1

앞길(겉)

시접은 입어서
오른쪽으로 꺾는다.

그림 2-1-15 여자 민저고리의 등솔 · 어깨솔 박기

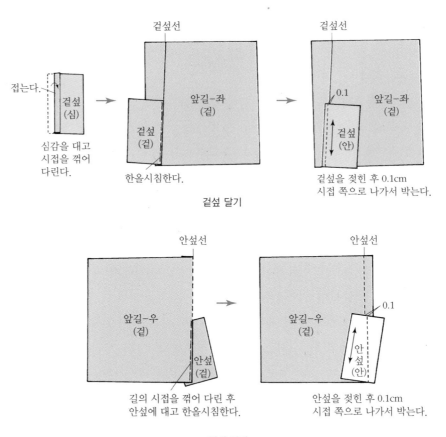

겉섶선

겉섶선

접는다.

겉섶
(심)

앞길-좌
(겉)

0.1

앞길-좌
(겉)

심감을 대고
시접을 꺾어
다린다.

겉섶
(겉)

겉섶
(안)

한올시침한다.

겉섶을 젖힌 후 0.1cm
시접 쪽으로 나가서 박는다.

겉섶 달기

안섶선

안섶선

앞길-우
(겉)

앞길-우
(겉)

0.1

안섶
(겉)

안
섶
(안)

길의 시접을 꺾어 다린 후
안섶에 대고 한올시침한다.

안섶을 젖힌 후 0.1cm
시접 쪽으로 나가서 박는다.

안섶 달기

그림 2-1-16 여자 민저고리의 섶 달기

섶을 달 때와 같은 방법으로 섶선(어슨솔)을 길의 안섶선(곧은올)에 붙인다. 시접은 길 쪽으로 꺾는다.

(3) 소매 달기

어깨솔에 소매의 중심선을 맞추어 시침핀을 꽂고 좌우 진동 크기를 맞춘다. 진동의 완성선까지만 박고 반드시 되돌아 박기를 하여 실이 풀리지 않도록 한다. 진동의 양 끝의 올이 풀려서 겨드랑이 밑 치수가 달라지면 겉과 안을 맞추기가 어렵다. 시접은 가름솔로 한다.

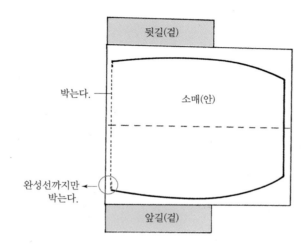

그림 2-1-17 여자 민저고리의 소매 달기

(4) 안 만들기

겉감과 같은 방법으로 바느질한다. 단, 겉섶과 안섶의 위치를 겉감과 반대로 해야 겉과 안을 맞출 때 섶의 위치가 겉감과 일치하게 된다.

어깨솔, 진동솔, 섶솔을 붙여 앞·뒷길을 한장으로 마름질한 후, 등솔만 박아 완성 하기도 한다.

(5) 겉과 안 맞추기

겉감과 안감을 겉끼리 마주 댄다. 등솔, 어깨솔, 진동 중심, 앞·뒤 진동선, 겉섶, 안 섶 등에 시침핀을 꽂아 고정시켜 놓은 후, 앞·뒤 도련과 수구를 박는다. 이때 앞·뒤 양옆 겨드랑 밑 치수가 잘 맞는지 반드시 확인한 후 박는 것이 좋다. 도련은 곡선이 늘

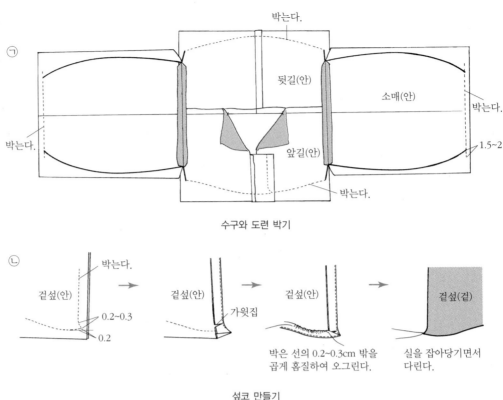

그림 2-1-18 여자 민저고리의 겉과 안 맞추기와 섶코 만들기

어나지 않도록 옷감을 밀어 넣으면서 박는다. 수구는 완성선 끝에서 양쪽으로 1.5~2cm 나간 지점까지 더 나가서 박는다. 섶코 만들기는 그림 2-1-18의 ㄴ을 참조한다.

(6) 배래와 옆선 박기

뒷길의 겉감과 안감 사이에 앞길을 뒤집으면서 밀어넣어 겉감과 겉감, 안감과 안감이 마주 닿도록 한다. 어깨선은 안감이 겉감보다 0.2~0.3cm 작게 되도록 시침핀을 꽂는데, 이렇게 하면 안감이 겉감보다 약간 작아지기 때문에 완성선을 박고 뒤집은 후 안감이 겉감 밖으로 밀려나오지 않는다.

소맷부리와 옆선의 끝을 잘 맞추어 시침핀을 꽂은 후, 그림 2-1-19의 ㄱ과 같이 배래와 옆선을 한 번에 박는다. 약 1~1.5cm 정도로 시접을 정리한 후, 겉감쪽으로 꺾어서 다린다. 옛날에는 저고리를 전부 뜯어서 세탁한 후, 다시 만들어 입었기 때문에 시접을 자르지 않았으나 요즘은 한꺼번에 세탁을 하므로 깔끔하게 시접을 정리해도 무방하다.

고대로 뒤집어서 잘 매만진다. 깃을 달기 편하도록 고대 부분을 평평하게 하여 시침

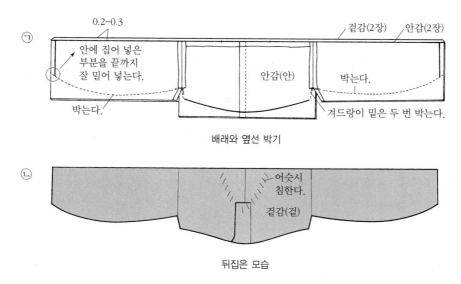

그림 2-1-19 여자 민저고리의 배래와 옆선 박기

핀을 꽂거나 ⓛ과 같이 어슷시침한다.

(7) 깃 만들어 달기

그림 2-1-20의 ㉠과 같이 겉깃 안에 심을 대고 완성선에서 0.2cm 바깥쪽을 박아 고정시킨다. 깃의 시접을 안쪽으로 꺾어 다린다. 깃머리둘레는 완성선 바깥쪽을 곱게 홈질한 후 완성선에 깃본을 대고 실을 잡아당겨 시접을 안쪽으로 오그린다. 주름 사이에 살짝 풀을 발라 다리면 형태가 고정된다.

만든 깃을 ⓛ과 같이 깃 위치에 놓는다. 깃을 만들 때 표시해 둔 고대점을 저고리의 고대에 맞춘 후 ⓛ과 같은 순서로 시침핀을 꽂고 겉에서 한올시침을 한다. 깃을 길쪽으로 젖힌 후 시침선을 따라 박는다. 깃머리는 바늘땀이 보이지 않도록 겉에서 곱게 공그르기한다. 고대의 시접을 정리하여 깃 사이에 넣는다. 저고리 안쪽에서 안깃을 따라 공그르기 또는 새발뜨기를 한다.

(8) 고름 만들어 달기

고름은 그림 2-1-21의 ㉠과 같이 안에서 접어 박은 후 시접을 꺾고 다림질하여 뒤집는다. 고름에 심감을 넣을 경우에는 고름폭의 반만 넣는다. 긴고름은 박은 솔기가 위로 가게 하여 겉깃과 겉섶의 중간에 단다. 짧은고름은 안섶쪽에 다는데, 고대점에서 바로 내리거나 1cm 정도 밖으로 나가서 내린 선과 긴고름의 높이에서 나간 직선이 만나는 지점에 단다.

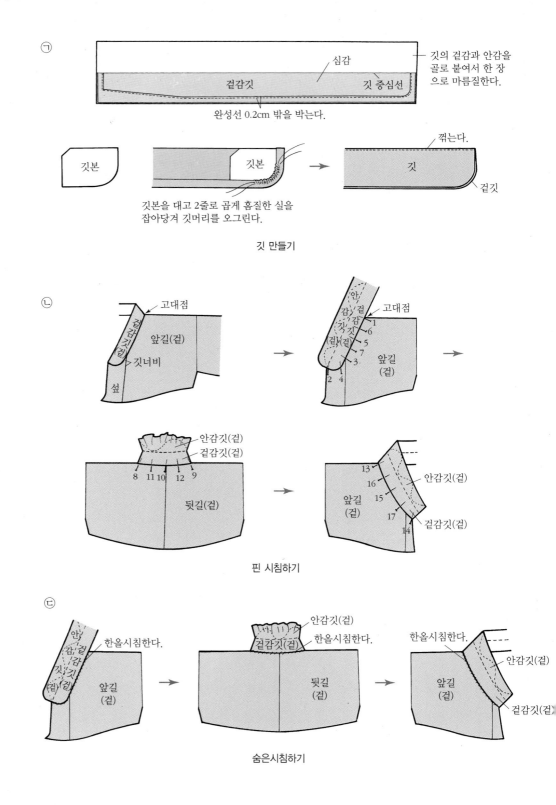

ㄱ

심감

겉감깃　　　　　　　　깃 중심선

깃의 겉감과 안감을
골로 붙여서 한 장
으로 마름질한다.

완성선 0.2cm 밖을 박는다.

깃본

깃본

깃본을 대고 2줄로 곱게 홈질한 실을
잡아당겨 깃머리를 오그린다.

꺾는다.

깃

겉깃

깃 만들기

ㄴ

고대점

겉감깃(겉)

앞길(겉)

깃너비

섶

안감깃(겉)
겉감깃(겉)

고대점
1
6
5
7
3
2　4

앞길
(겉)

안감깃(겉)
겉감깃(겉)

8　11 10　12　9

뒷길(겉)

13
16
15
17
14

안감깃(겉)

앞길
(겉)

겉감깃(겉)

핀 시침하기

ㄷ

안감깃(겉)
겉감깃(겉)

한올시침한다.

앞길
(겉)

안감깃(겉)

한올시침한다.

뒷길
(겉)

한올시침한다.

앞길
(겉)

안감깃(겉)

겉감깃(겉)

숨은시침하기

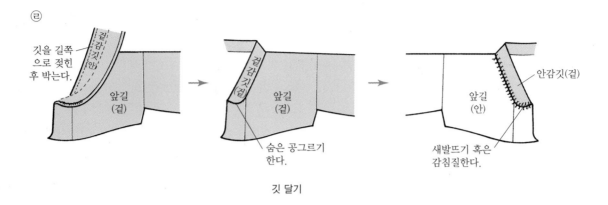

ㄹ

깃을 길쪽
으로 젖힌
후 박는다.

겉감깃(안)

앞길
(겉)

→

겉감깃(겉)

앞길
(겉)

숨은 공그르기
한다.

→

앞길
(안)

안감깃(겉)

새발뜨기 혹은
감침질한다.

깃 달기

그림 2-1-20 여자 민저고리의 깃 만들어 달기

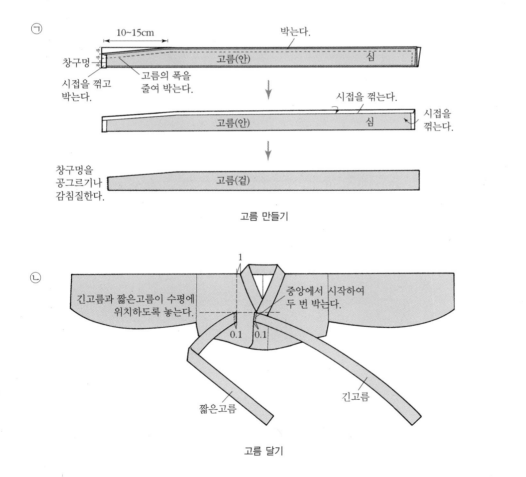

ㄱ

10~15cm

박는다.

창구멍
시접을 꺾고
박는다.

고름의 폭을
줄여 박는다.

고름(안)

심

↓

시접을 꺾는다.

고름(안)

심

시접을
꺾는다.

창구멍을
공그르기나
감침질한다.

고름(겉)

고름 만들기

ㄴ

1

긴고름과 짧은고름이 수평에
위치하도록 놓는다.

중앙에서 시작하여
두 번 박는다.

0.1   0.1

짧은고름

긴고름

고름 달기

그림 2-1-21 여자 민저고리의 고름 만들어 달기

(9) 동정 달기

그림 2-1-22의 ㉠과 같이 동정의 끝을 깃 끝에서 깃너비만큼 올라간 위치에 닿게
한다. 깃 안쪽에 동정의 겉을 대고 동정 시접의 1/2 또는 1/2보다 약간 작은 위치를 재
봉틀로 박거나 곱게 홈질한다. 동정을 겉쪽으로 넘겨서 매만진 후 ㉡과 같이 안쪽은

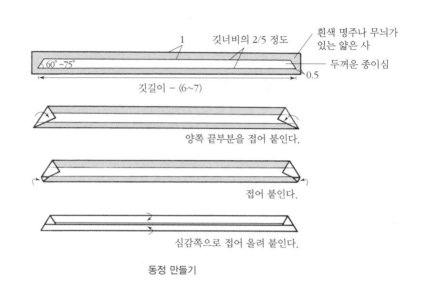

동정 만들기

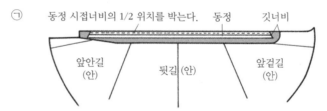

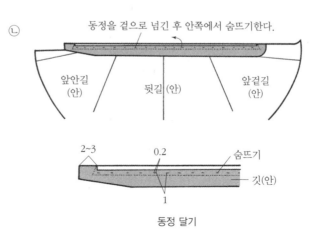

동정 달기

그림 2-1-22 여자 민저고리의 동정 달기

1cm 간격으로, 겉에 나오는 땀은 0.2cm 정도로 숨뜨기한다. 동정너비나 깃너비는 유행을 많이 따른다. 시중에 파는 동정을 사용하기도 하지만 그림 2-1-22의 '동정 만들기'를 참조하여 만들어 달면 저고리가 훨씬 품위 있어 보인다.

3. 여자 반회장저고리

반회장저고리는 회장저고리의 하나로 끝동, 고름만을 다른 색으로 한 것이다. 그러나 최근에는 깃, 끝동, 고름을 다른 색으로 하거나 깃과 고름 혹은 고름만을 다른 색을 사용하기도 한다.

전통적으로는 연두색, 두록색, 노랑색, 옥색, 분홍 등의 길에 자주색 회장감을 사용하였으나 현대에는 이러한 색상에 구애받지 않고 개인의 취향에 따라 동색 계열 또는 보색 계통의 색상으로 배색하기도 한다. 끝동의 넓이는 개인의 취향이나 체형, 유행에 따라 다르게 할 수 있다.

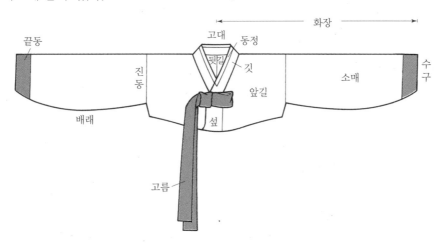

그림 2-1-23 여자 반회장저고리의 구조

1) 본뜨기

필요한 치수는 가슴둘레, 저고리길이, 화장이다.

치수 및 본뜨기는 민저고리와 같으나 소매에서 끝동 부분만을 따로 그린다. 끝동의 넓이는 일반적으로 5cm 내외로 하지만 개인의 취향이나 유행에 따라 변화시킬 수 있다.

표 2-1-5 여자 반회장저고리의 참고치수		크기(신장)	소(155)	중(160)	(단위: cm) 대(165)
항목					
가슴둘레 (B)			82	86	90
저고리길이			25	26	27
화장			72	74	76
진동 (B/4+0.5)			21	22	23
고대/2 (B/10−0.5)			7.7	8.1	8.5
겉섶	윗너비 (깃너비+1)		5.3	5.4	5.5
	아랫너비 (깃너비+1.2)		5.5	5.6	5.7
안섶	아랫너비 (깃너비−1.4)		2.9	3	3.1
깃너비			4.3	4.4	4.5
겉깃길이 (B/4+0.5)			21	22	23
고름너비			5	5.5	6
고름길이	긴고름		100	105	110
	짧은고름		90	95	100

2) 마름질

저고리 옷감으로 봄·가을에는 숙고사, 생고사, 국사, 자미사, 진주사, 항라, 갑사, 명주 등 다양한 소재가 사용된다. 여름에는 모시, 은조사, 생명주 등 시원한 소재를 주로 사용하며, 겨울에는 양단, 공단, 모본단 등을 사용한다. 색상은 주로 분홍색, 노랑색, 연두색, 옥색, 미색, 흰색 등을 사용한다. 회장감은 보통 자주색을 사용하나, 개인의 취향에 따라 다르게 할 수도 있다.

■ 옷감의 필요량

반회장저고리는 깃과 고름, 끝동의 색을 다르게 하여 만드는 것이므로 회장감을 따로 준비해야 하며 회장감은 고름길이를 기준으로 한다.

표 2-1-6 여자 반회장저고리의 옷감 계산방법 및 필요량			
구성	옷감 너비	옷감 계산 방법	옷감 필요량
길	55cm	저고리길이 × 2 + 소매너비 × 4 + 시접	250cm
	110cm	소매너비 × 4 + 시접	110cm
회장	55·110cm	긴고름길이	120cm

■ **마름질의 실제**

① 겉감에서 앞길, 뒷길, 겉섶, 안섶, 소매를 마른다.

② 회장감에서 깃, 고름, 끝동을 마른다.

③ 안감은 겉감과 같은 방법으로 마르는데 어깨솔, 진동솔, 섶솔 및 끝동을 이어서 한 장으로 마르는 것이 바느질하기에 편리하다(그림 2-1-14의 ⓒ 여자 민저고리 안감 마름질을 참조한다).

④ 시접은 1.5cm 내외로 하고, 깃과 고름은 1cm 이내로 한다.

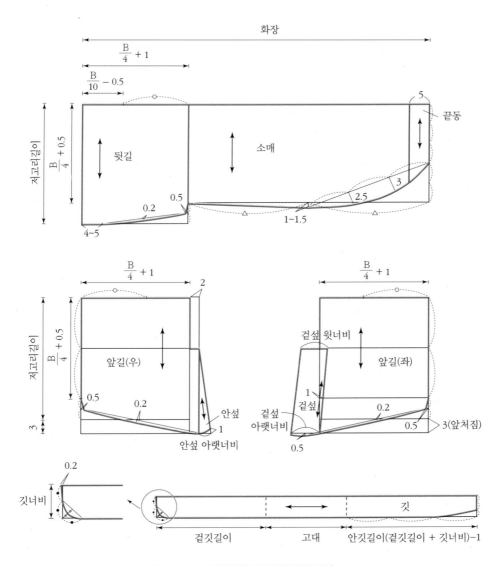

그림 2-1-24 여자 반회장저고리 본뜨기의 실제

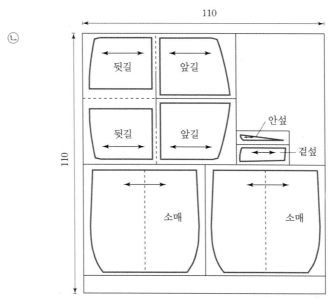

ㄱ

250

55

뒷길 앞길

뒷길 앞길

소매 소매

겉섶 안섶

여자 반회장저고리 겉감 마름질(55cm 너비)

ㄴ

110

110

뒷길 앞길

뒷길 앞길

안섶

겉섶

소매 소매

여자 반회장저고리 겉감 마름질(110cm 너비)

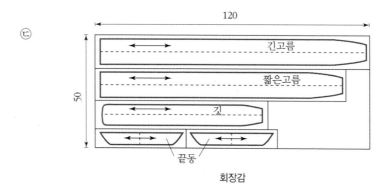

ㄷ

120

50

긴고름

짧은고름

깃

끝동

회장감

그림 2-1-25 여자 반회장저고리 마름질의 실제

3) 바느질

기본적인 바느질 방법은 여자 민저고리 바느질 방법과 같으며 구체적인 방법은 민저고리의 그림을 참조한다.

(1) 등솔 · 어깨솔 박기

등솔은 고대에서 도련쪽으로 바느질한다. 완성선에서 시접쪽으로 0.1cm 나가서 박는다. 시접은 입어서 오른쪽으로 가도록 완성선을 꺾어 다린다.

어깨솔은 고대를 표시한 후 고대점에서 진동까지 박고, 이때 되돌아 박기를 하여 고대점이 풀리지 않도록 한다. 시접은 뒷길쪽으로 꺾는다.

(2) 섶 달기

그림 2-1-16과 같이 겉섶의 섶선(곧은솔)을 꺾은 후 앞길 겉의 겉섶선에 댄다. 겉에서 한올뜨기를 한 후 펴서 안에서 등솔과 같은 방법으로 시접쪽으로 0.1cm 나가서 박는다. 요즘에는 겉섶에 심을 대기도 한다. 안섶은 겉섶을 달 때와 같은 방법으로 섶선(어슨솔)을 길의 안섶선(곧은올)에 붙인다. 시접은 길쪽으로 꺾는다.

(3) 소매 만들기

수구쪽에서 소매의 중심과 끝동의 중심을 맞추어 시침하고 완성선을 박는다. 이때 시접은 소매쪽으로 꺾거나 가름솔로 한다.

(4) 소매 달기

어깨솔에 소매의 중심선을 맞추어 시침핀을 꽂고 좌우 진동 크기를 맞춘다. 진동의 완성선까지만 박고 반드시 되돌아 박기를 하여 실이 풀리지 않도록 한다. 진동의 양 끝의 올이 풀려서 겨드랑이 밑 치수가 달라지면 겉과 안을 맞추기가 어렵다. 시접은 가름솔로 한다.

(5) 안 만들기

겉감과 같은 방법으로 바느질한다. 단, 겉섶과 안섶의 위치를 겉감과 반대로 해야 겉과 안을 맞출 때 섶의 위치가 겉감과 일치하게 된다.

어깨솔, 진동솔, 섶솔을 붙여 앞 · 뒷길을 한 장으로 마름질한 후, 등솔만 박아 완성하기도 한다.

(6) 겉과 안 맞추기

겉감과 안감을 겉끼리 마주 댄다. 등솔, 어깨솔, 진동 중심, 앞·뒤 진동선, 겉섶, 안섶 등에 시침핀을 꽂아 고정시켜 놓은 후 앞·뒤 도련과 수구를 박는다. 이때 앞·뒤 양옆 겨드랑 밑 치수가 잘 맞는지 반드시 확인한 후 박는 것이 좋다. 도련은 곡선이 늘어나지 않도록 옷감을 밀어 넣으면서 박는다. 수구는 완성선 끝에서 양쪽으로 1.5~2cm 나간 지점까지 더 나가서 박는다. 섶코 만들기는 그림 2-1-18의 ⓛ을 참조한다.

(7) 배래와 옆선 박아 뒤집기

겉감과 안감의 뒷길 사이에 앞길을 뒤집으면서 밀어넣어 겉감과 겉감, 안감과 안감이 마주 닿도록 한다. 어깨선은 안감이 겉감보다 0.2~0.3cm 작게 되도록 시침핀을 꽂는데, 이렇게 하면 안감이 겉감보다 약간 작아지기 때문에 완성선을 박고 뒤집은 후 안감이 겉감 밖으로 밀려나오지 않는다.

소맷부리와 옆선의 끝을 잘 맞추어 시침핀을 꽂는다. 배래 부분은 끝동점이 만나는 부분이 어긋나지 않도록 주의하여 시침핀을 꽂은 후, 그림 2-1-19의 ㉠과 같이 배래와 옆선을 한 번에 박는다. 약 1~1.5cm 정도로 시접을 정리한 후, 겉감쪽으로 꺾어서 다린다. 옛날에는 저고리를 전부 뜯어서 세탁한 후, 다시 만들어 입었기 때문에 시접을 자르지 않았으나 요즘은 한꺼번에 세탁을 하므로 깔끔하게 시접을 정리해도 무방하다.

고대로 뒤집어서 잘 매만진다. 깃을 달기 편하도록 고대 부분을 평평하게 하여 시침핀을 꽂거나 ⓛ과 같이 어슷시침한다.

(8) 깃 만들어 달기

그림 2-1-20의 ㉠과 같이 겉깃 안에 심을 대고 완성선에서 0.2cm 바깥쪽을 박아 고정시킨다. 깃의 시접을 안쪽으로 꺾어 다린다. 깃머리둘레는 완성선 바깥쪽을 곱게 홈질한 후 완성선에 깃본을 대고 실을 잡아당겨 시접을 안쪽으로 오그린다. 주름 사이에 살짝 풀을 발라 다리면 형태가 고정된다.

만든 깃을 ⓛ과 같이 깃 위치에 놓는다. 깃을 만들 때 표시해 둔 고대점을 저고리의 고대에 맞춘 후 ⓛ과 같은 순서로 시침핀을 꽂고 겉에서 한올뜨기 시침을 한다. 깃을 길쪽으로 젖힌 후 시침선을 따라 박는다. 깃머리는 바늘땀이 보이지 않도록 겉에서 곱게 공그르기한다. 고대의 시접을 정리하여 깃 사이에 넣는다. 저고리 안쪽에서 안깃을 따라 공그르기 또는 새발뜨기를 한다.

(9) 고름 만들어 달기

고름은 그림 2-1-21의 ㉠과 같이 안에서 접어 박은 후 시접을 꺾고 다림질하여 뒤집는다. 고름에 심감을 넣을 경우에는 고름폭의 반만 넣는다. 긴고름은 박은 솔기가 위로 가게 하여 겉깃과 겉섶의 중간에 단다. 짧은고름은 안섶쪽에 다는데, 고대점에서 바로 내리거나 1cm 정도 밖으로 나가서 내린 선과 긴고름의 높이에서 나간 직선이 만나는 지점에 단다.

(10) 동정 달기

그림 2-1-22의 ㉠과 같이 동정의 끝을 깃 끝에서 깃너비만큼 올라간 위치에 닿게 한다. 깃 안쪽에 동정의 겉을 대고 동정 시접의 1/2 또는 1/2보다 약간 작은 위치를 재봉틀로 박거나 곱게 홈질한다. 동정을 겉쪽으로 넘겨서 매만진 후 ㉡과 같이 안쪽은 1cm 간격으로, 겉에 나오는 땀은 0.2cm 정도로 숨뜨기한다. 동정너비나 깃너비는 유행을 많이 따른다. 시중에 파는 동정을 사용하기도 하지만 그림 2-1-22의 '동정 만들기'를 참조하여 만들어 달면 저고리가 훨씬 품위 있어 보인다.

4. 여자 삼회장저고리

삼회장저고리는 회장저고리의 하나로 깃, 끝동, 고름과 곁마기까지 다른 색으로 한 것이다. 일반적으로 회장감의 색은 한 가지 색상으로 통일하지만, 깃과 고름, 끝동과 고름 등 두 부분만을 다른 색으로 하기도 한다.

전통적으로는 연두색, 두록색, 노랑색, 옥색, 분홍 등의 길에 자주색 회장감을 사용하였으나 현대에는 이러한 색상에 구애받지 않고 개인의 취향에 따라 동색 계열 또는 보색 계통의 색상으로 배색하기도 한다. 곁마기와 회장의 넓이는 개인의 취향이나 체형, 유행에 따라 다르게 할 수 있다.

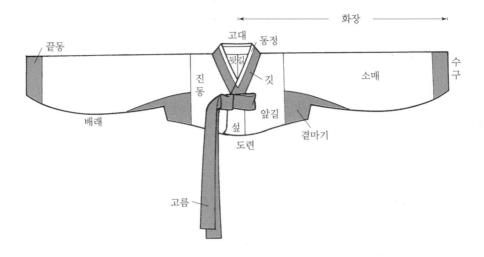

그림 2-1-26 여자 삼회장저고리의 구조

1) 본뜨기

필요한 치수는 가슴둘레, 화장, 저고리길이이다. 치수 및 본뜨기는 민저고리와 같으나, 곁마기와 끝동을 추가한다. 이때 진동선이 곁마기선에 의해 이동하는 것에 주의한

항목		크기(신장)	소(155)	중(160)	대(165)
가슴둘레 (B)			82	86	90
저고리길이			25	26	27
화장			72	74	76
진동 (B/4+0.5)			21	22	23
고대/2 (B/10−0.5)			7.7	8.1	8.5
겉섶	윗너비 (깃너비+1)		5.3	5.4	5.5
	아랫너비 (깃너비+1.2)		5.5	5.6	5.7
안섶	아랫너비 (깃너비−1.4)		2.9	3	3.1
깃너비			4.3	4.4	4.5
겉깃길이 (B/4+0.5)			21	22	23
고름너비			5	5.5	6
고름길이	긴고름		100	105	110
	짧은고름		90	95	100

표 2-1-7 여자 삼회장저고리의 참고치수 (단위: cm)

다. 곁마기선은 개인의 취향이나 유행에 따라 곡선의 정도를 변화시킬 수 있다.

2) 마름질

저고리 옷감으로 봄·가을에는 숙고사, 생고사, 국사, 자미사, 진주사, 항라, 갑사, 명주 등 다양한 소재가 사용된다. 여름에는 모시, 은조사, 생명주 등 시원한 소재를 주로 사용하며, 겨울에는 양단, 공단, 모본단 등을 사용한다. 색상은 주로 분홍색, 노랑색, 연두색, 옥색, 미색, 흰색 등을 사용한다. 회장감은 보통 자주색으로 하나, 개인 취향에 따라 다르게 할 수도 있다.

■ 옷감의 필요량

삼회장저고리는 깃과 고름, 곁마기, 끝동의 색을 다르게 하여 만드는 것이므로 회장감을 따로 준비해야 하며, 회장감은 고름길이를 기준으로 한다.

표 2-1-8 여자 삼회장저고리의 옷감 계산방법 및 필요량

구성	옷감 너비	옷감 계산방법	옷감 필요량
길	55cm	저고리길이 × 2 + 소매너비 × 4 + 시접	250cm
	110cm	소매너비 × 4 + 시접	110cm
회장	55cm	긴고름길이 + 50	170cm
	110cm	긴고름길이	120cm

■ 마름질의 실제

① 겉감에서 앞길, 뒷길, 겉섶, 안섶, 소매를 마른다.

② 회장감에서 깃, 고름, 곁마기, 끝동을 마른다. 이때 곁마기가 가로로 마름질되지 않도록 하고, 같은 쪽을 여러 장 마름질하지 않도록 주의한다.

③ 안감은 겉감과 같은 방법으로 마르는데 어깨솔, 진동솔, 섶솔, 곁마기 및 끝동을 이어서 한꺼번에 마르는 것이 바느질하기에 편리하다(그림 2-1-14의 ㉢ 여자 민 저고리 안감 마름질을 참조한다).

④ 시접은 직선 부분은 1.5cm 내외로 하고, 깃, 고름, 곡선 부분은 1cm 이내로 한다.

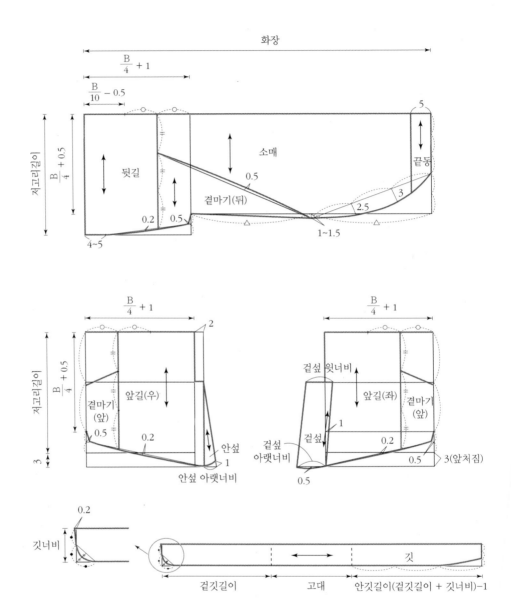

화장

$\dfrac{B}{4} + 1$

$\dfrac{B}{10} - 0.5$

저고리길이

$\dfrac{B}{4} + 0.5$

뒷길

소매

0.5

끝동

5

3

2.5

곁마기(뒤)

0.2   0.5

1~1.5

4~5

저고리길이

$\dfrac{B}{4} + 0.5$

$\dfrac{B}{4} + 1$

2

곁마기
(앞)

앞길(우)

0.5

0.2

안섶

1

안섶 아랫너비

3

$\dfrac{B}{4} + 1$

곁섶 윗너비

앞길(좌)

곁마기
(앞)

곁섶
아랫너비

곁섶

1

0.2

0.5

3(앞처짐)

0.5

0.2

깃너비

깃

0.2

겉깃길이   고대   안깃길이(겉깃길이 + 깃너비)−1

그림 2-1-27 여자 삼회장저고리 본뜨기의 실제

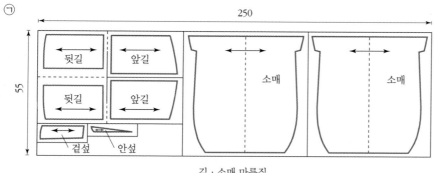

길 · 소매 마름질

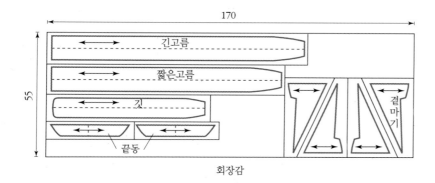

회장감

여자 삼회장저고리 겉감 마름질(55cm 너비)

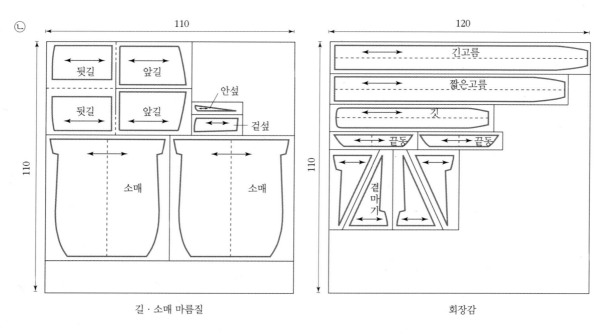

길 · 소매 마름질   회장감

여자 삼회장저고리 겉감 마름질(110cm 너비)

그림 2-1-28 여자 삼회장저고리 마름질의 실제

3) 바느질

기본적인 바느질 방법은 여자 민저고리 바느질 방법과 같으며 구체적인 방법은 민저고리의 그림을 참조한다.

(1) 등솔 · 어깨솔 박기

등솔은 고대에서 도련쪽으로 바느질한다. 완성선에서 시접쪽으로 0.1cm 나가서 박는다. 시접은 입어서 오른쪽으로 가도록 완성선을 꺾어 다린다.

어깨솔은 고대를 표시한 후 고대점에서 진동까지 박고, 이때 되돌아 박기를 하여 고대점이 풀리지 않도록 한다. 시접은 뒷길쪽으로 꺾는다.

(2) 섶 달기

그림 2-1-16과 같이 겉섶의 섶선(곧은솔)을 꺾은 후 앞길 겉의 겉섶선에 댄다. 겉에서 한올뜨기를 한 후 펴서 안에서 등솔과 같은 방법으로 시접쪽으로 0.1cm 나가서 박는다. 요즘에는 겉섶에 심을 대기도 한다. 안섶은 겉섶을 달 때와 같은 방법으로 섶선(어슨솔)을 길의 안섶선(곧은올)에 붙인다. 시접은 길쪽으로 꺾는다.

(3) 소매 만들기

① 그림 2-1-29의 ㉠과 같이 곁마기의 곡선 시접을 곱게 꺾어 다리미로 눌러 둔다.
② 소매 위에 곁마기가 놓일 위치를 찾아 올려 놓고 ㉡과 같이 곁마기 곡선 부분의 끝쪽에 한올시침한다. 이때 앞 · 뒤 짝이 바뀌지 않도록 주의한다. 시침이 끝나면 ㉢과 같이 곁마기를 젖혀 놓고 안에서 홑솔로 박는다.
③ 소맷부리쪽에서 소매의 중심과 끝동의 중심을 맞추어 시침하고 완성선을 박는다. 이때 시접은 소매쪽으로 꺾거나 가름솔로 처리한다.

(4) 소매 달기

길의 겉감과 소매의 겉감을 마주 놓고 어깨선과 소매 중심선을 잘 맞춘 후, 곱게 박아 시접은 가름솔로 처리한다.

(5) 안 만들기

겉감과 같은 방법으로 바느질한다. 단, 겉섶과 안섶의 위치를 겉감과 반대로 해야

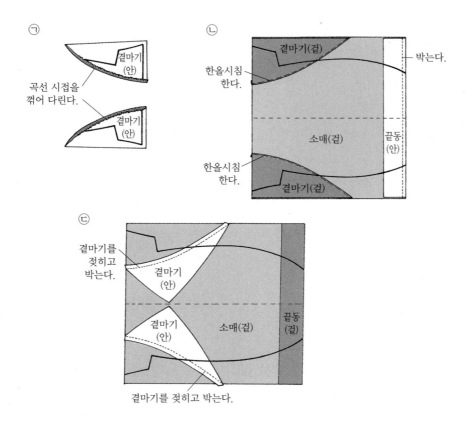

곡선 시접을
꺾어 다린다.

겉마기
(안)

겉마기
(안)

겉마기(겉)

한올시침
한다.

박는다.

소매(겉)

끝동
(안)

한올시침
한다.

겉마기(겉)

겉마기를
젖히고
박는다.

겉마기
(안)

겉마기
(안)

소매(겉)

끝동
(겉)

겉마기를 젖히고 박는다.

그림 2-1-29 여자 삼회장저고리의 소매 만들기

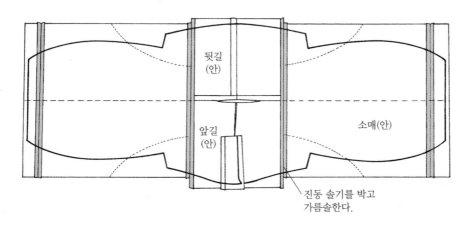

뒷길
(안)

소매(안)

앞길
(안)

진동 솔기를 박고
가름솔한다.

그림 2-1-30 여자 삼회장저고리의 소매 달기

겉과 안을 맞출 때 섶의 위치가 겉감과 일치하게 된다.

어깨솔, 진동솔, 섶솔을 붙여 앞·뒷길을 한 장으로 마름질한 후, 등솔만 박아 완성하기도 한다.

(6) 겉과 안 맞추기

겉감과 안감을 겉끼리 마주 댄다. 등솔, 어깨솔, 진동 중심, 앞 뒤 진동선, 겉섶, 안섶 등에 시침핀을 꽂아 고정시켜 놓은 후 그림 2-1-31과 같이 앞·뒤 도련과 수구를 박는다. 이때 앞·뒤 겨드랑 밑 치수가 잘 맞는지 반드시 확인한 후 박는 것이 좋다. 도련은 곡선이 늘어나지 않도록 밀어 넣으면서 박는다. 수구는 완성선 끝에서 양쪽으로 1.5~2cm 나간 지점까지 더 나아가 박는다. 섶코 만들기는 그림 2-1-18의 ㉡을 참조한다.

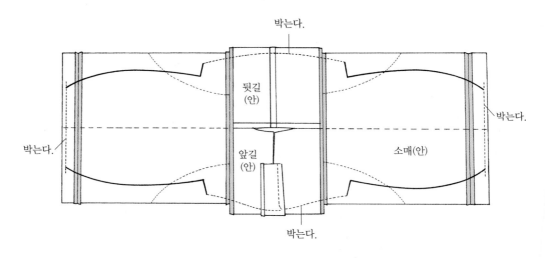

그림 2-1-31 여자 삼회장저고리의 겉과 안 맞추기

(7) 배래와 옆선 박기

① 겉감과 안감의 뒷길 사이에 앞길을 뒤집으면서 밀어넣어 겉감과 겉감, 안감과 안감이 마주 닿도록 한다. 옷을 잘 정리하여 배래와 옆선을 맞추어 시침한다. 이때 옆선은 배래와 이어져서 박게 되므로 특별히 진동 끝점과 옆선이 만나는 부분은 세심하게 시침한 후 그림 2-1-32와 같이 네 겹을 한꺼번에 박는다.

② 회장저고리에서 가장 중요한 부분은 배래에서 곁마기가 만나는 부분과 끝동선이 어긋나지 않도록 하는 것이다. 배래를 박음질하기 전에 겉감의 곁마기선과 끝동

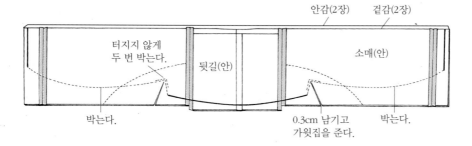

안감(2장)　　겉감(2장)

터지지 않게
두 번 박는다.

뒷길(안)

소매(안)

박는다.

0.3cm 남기고
가윗집을 준다.

박는다.

그림 2-1-32 여자 삼회장저고리의 배래와 옆선 박기

선이 이어지는 부분을 시침하여 잘 맞추어 박는다. 이때 겨드랑이 부분을 튼튼하
게 하기 위해서 두 번 박아주는 것이 좋다.

③ 진동 아랫점에 가윗집을 넣을 때는 겨드랑이 끝점에서 0.3cm되는 부분까지 정확
하게 자른다. 옆선의 시접은 뒷쪽으로 0.2cm 넘겨서 꺾어 다림질하고, 배래의 시
접은 겉감쪽으로 0.2cm 넘겨서 꺾어 다린 후 뒤집어서 모양이 바로 잡히도록 손
질한다.

(8) 깃 만들어 달기

그림 2-1-20의 ㉠과 같이 겉깃 안에 심을 대고 완성선에서 0.2cm 바깥쪽을 박아
고정시킨다. 깃의 시접을 안쪽으로 꺾어 다린다. 깃머리둘레는 완성선 바깥쪽을 곱게
홈질한 후 완성선에 깃본을 대고 실을 잡아당겨 시접을 안쪽으로 오그린다. 주름 사이
에 살짝 풀을 발라 다리면 형태가 고정된다.

만든 깃을 ㉡과 같이 깃 위치에 놓는다. 깃을 만들 때 표시해 둔 고대점을 저고리의
고대에 맞춘 후 ㉡과 같은 순서로 시침핀을 꽂고 겉에서 한올시침을 한다. 깃을 길쪽
으로 젖힌 후 시침선을 따라 박는다. 깃머리는 바늘땀이 보이지 않도록 겉에서 곱게
공그르기한다. 고대의 시접을 정리하여 깃 사이에 넣는다. 저고리 안쪽에서 안깃을 따
라 공그르기 또는 새발뜨기를 한다.

(9) 고름 만들어 달기

고름은 그림 2-1-21의 ㉠과 같이 안에서 접어 박은 후 시접을 꺾고 다림질하여 뒤
집는다. 고름에 심감을 넣을 경우에는 고름폭의 반만 넣는다. 긴고름은 박은 솔기가
위로 가게 하여 겉깃과 겉섶의 중간에 단다. 짧은고름은 안섶쪽에 다는데, 고대점에서
바로 내리거나 1cm 정도 밖으로 나가서 내린 선과 긴고름의 높이에서 나간 직선이 만

나는 지점에 단다.

(10) 동정 달기

그림 2-1-22의 ㉠과 같이 동정의 끝을 깃 끝에서 깃너비만큼 올라간 위치에 닿게 한다. 깃 안쪽에 동정의 겉을 대고 동정 시접의 1/2 또는 1/2보다 약간 작은 위치를 재봉틀로 박거나 곱게 홈질한다. 동정을 겉쪽으로 넘겨서 매만진 후 ㉡과 같이 안쪽은 1cm 간격으로, 겉에 나오는 땀은 0.2cm 정도로 숨뜨기한다. 동정너비나 깃너비는 유행을 많이 따른다. 시중에 파는 동정을 사용하기도 하지만 그림 2-1-22의 '동정 만들기'를 참조하여 만들어 달면 저고리가 훨씬 품위 있어 보인다.

5. 여자 색동저고리

색동저고리는 소매를 여러 가지 색으로 만든 저고리이다. 옛날에는 바느질하고 남은 여러 색의 비단 조각을 모아 두었다가 색동에 이용하였으나, 색동으로 짜여진 옷감으로 만들어도 무방하다. 요즘은 현대적 감각에 맞추어 색동의 색과 형태를 변형시킨 저고리도 등장하고 있다. 색동저고리에 화려함을 더하기 위하여 겉섶을 색동으로 하거나 색색의 삼각형 천을 이어 장식하기도 하며, 때로는 깃, 끝동, 고름에 금박을 찍기도 한다.

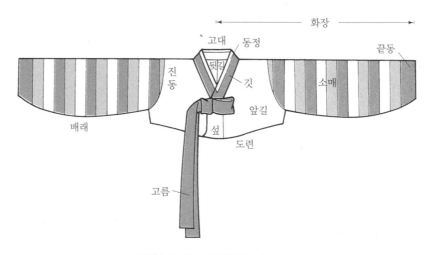

그림 2-1-33 여자 색동저고리의 구조

1) 본뜨기

필요한 치수는 가슴둘레, 저고리길이, 화장이다.

저고리와 같은 형식으로 본을 뜨되 진동선이 어깨너비의 절반만큼 중심으로 들어와서 진동의 아랫부분까지 곡선으로 곱게 굴린다.

표 2-1-9 여자 색동저고리의 참고치수				(단위: cm)
항목 크기(신장)		소(155)	중(160)	대(165)
가슴둘레 (B)		82	86	90
저고리길이		25	26	27
화장		72	74	76
진동 (B/4+0.5)		21	22	23
고대/2 (B/10−0.5)		7.7	8.1	8.5
겉섶	윗너비 (깃너비+1)	5.3	5.4	5.5
	아랫너비 (깃너비+1.2)	5.5	5.6	5.7
안섶	아랫너비 (깃너비−1.4)	2.9	3	3.1
깃너비		4.3	4.4	4.5
겉깃길이 (B/4+0.5)		21	22	23
고름너비		5	5.5	6
고름길이	긴고름	100	105	110
	짧은고름	90	95	100

2) 마름질

저고리 옷감으로 숙고사, 생고사, 국사, 자미사, 진주사, 항라, 갑사, 명주, 양단, 공단, 모본단 등 다양한 소재가 사용된다. 길의 색상은 연두색이나 노랑색이 많으며, 색

표 2-1-10 여자 색동저고리의 옷감 계산방법 및 필요량			
구성	옷감 너비	옷감 계산방법	옷감 필요량
길	55cm	저고리길이 × 2 + 시접	60cm
	110cm	저고리길이 × 2 + 시접	60cm
색동	110cm	소매너비 × 2 + 시접	50cm
고름	55 · 110cm	긴고름길이	120cm

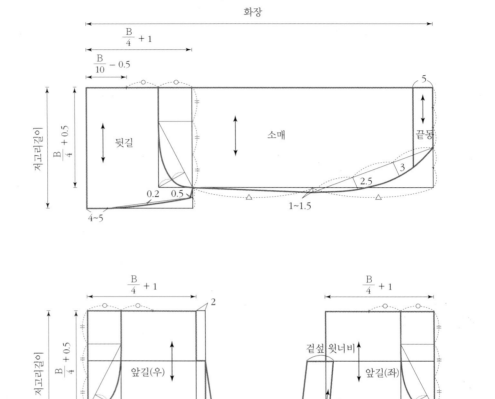

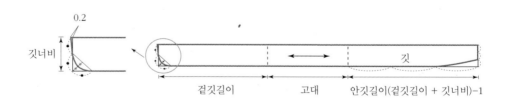

그림 2-1-34 여자 색동저고리 본뜨기의 실제

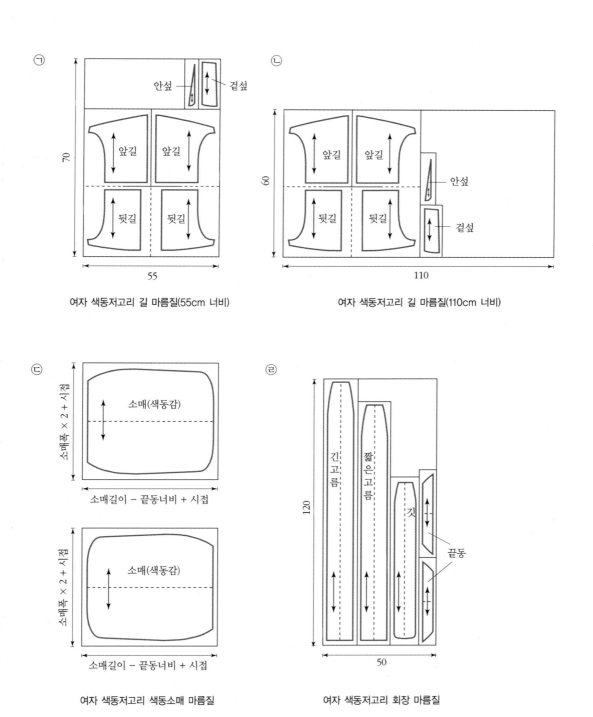

여자 색동저고리 길 마름질(55cm 너비)

여자 색동저고리 길 마름질(110cm 너비)

여자 색동저고리 색동소매 마름질

여자 색동저고리 회장 마름질

그림 2-1-35 여자 색동저고리 마름질의 실제

동의 색상은 주로 분홍색, 노랑색, 연두색, 자주색, 남색, 다홍색, 옥색, 미색, 흰색 등을 사용한다. 소매는 색색의 옷감을 이어 붙여서 만들거나 색동 옷감을 이용한다.

■ 마름질의 실제

① 앞길와 뒷길을 붙여서 마르는 것이 좋다.

② 섶은 저고리의 진동 부분을 마르고 남은 부분에서 마르기도 한다. 또한 섶 부분은 색동을 이어 따로 만들어 붙이기도 한다.

③ 안감은 겉감과 같은 방법으로 마르는데 어깨솔, 진동솔, 섶솔 및 끝동을 이어서 한 장으로 마르는 것이 바느질하기에 편리하다. 그림 2-1-14의 ⓒ 여자 민저고리 안감 마름질을 참조한다.

④ 깃, 고름, 끝동은 다른 색으로 한다.

⑤ 소매의 색동 부분은 색동 폭에 맞추어 여유분을 두고 마른다.

⑥ 시접은 직선 부분은 1.5cm 내외로 하고 곡선 부분은 1cm 이내로 한다.

3) 바느질

(1) 등솔 · 어깨솔 박기

등솔은 고대에서 도련쪽으로 바느질한다. 완성선에서 시접쪽으로 0.1cm 나가서 박는다. 시접은 입어서 오른쪽으로 가도록 완성선을 꺾어 다린다.

어깨솔은 고대를 표시한 후 고대점에서 진동까지 박고, 이때 되돌아 박기를 하여 고대점이 풀리지 않도록 한다. 시접은 뒷길쪽으로 꺾는다.

(2) 섶 달기

그림 2-1-16과 같이 겉섶의 섶선(곧은솔)을 꺾은 후 앞길 겉의 겉섶선에 댄다. 겉에서 한올뜨기를 한 후 펴서 안에서 등솔과 같은 방법으로 시접쪽으로 0.1cm 나가서 박는다. 요즘에는 겉섶에 심을 대기도 한다. 안섶은 겉섶을 달 때와 같은 방법으로 섶선(어슨솔)을 길의 안섶선(곧은올)에 붙인다. 시접은 길쪽으로 꺾는다.

(3) 색동 잇기

① 색동의 색상 배열을 정한다. 예전에는 주로 분홍색, 노랑색, 연두색, 남색, 다홍색, 자주색 등을 사용하였으나, 현대에는 개인의 취향에 따라 비슷한 계열의 색상들을 모아서 색동을 잇기도 한다.

② 그림 2-1-36의 ㉠과 같이 처음 시작되는 두 장의 색동감을 겉끼리 마주 대고 직선으로 곧게 박는다. 시접은 가름솔로 한다. 색동 부분의 다림질은 하나의 색동을 이을 때마다 한 번씩 해주어야 색동의 폭을 일정하게 할 수 있다.

③ 가름솔로 다려진 색동의 선부터 색동의 폭을 다시 재서 정확하게 그린다. 다음에 이어질 색동감을 대고 직선으로 곧게 박는다. 색동의 폭은 보통 3~4cm로 하나 개인의 취향과 유행에 따라 색동 폭은 조절할 수 있다.

④ 위의 방법을 반복해서 색동을 끝까지 잇는다.

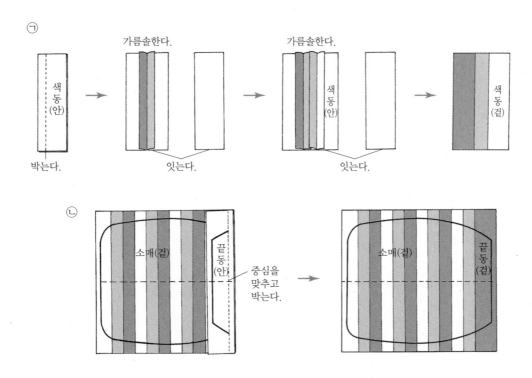

그림 2-1-36 여자 색동저고리의 색동 잇기

(4) 끝동 잇기

색동 소매의 중심과 끝동의 중심을 맞춰 시침하고 완성선을 박는다. 이때 시접은 소매쪽으로 꺾거나 가름솔로 처리한다.

(5) 소매 달기

① 소매의 진동 부분에 중심점을 표시한 후 진동의 둥근 곡선 부분을 그린다.

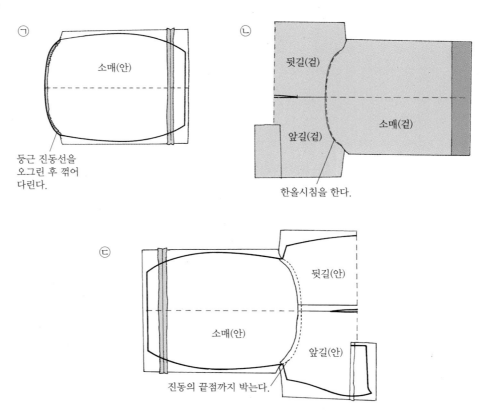

그림 2-1-37 여자 색동저고리의 소매 달기

② 그림 2-1-37의 ㉠과 같이 소매의 둥근 진동선의 시접을 안쪽으로 꺾어 다린다.

③ ㉡과 같이 소매의 겉을 길의 겉 어깨선에 소매 중심점을 맞추어 한올뜨기 시침한 후, 소매를 젖혀 놓고 박는다. 이때 진동의 끝점까지만 정확하게 박고 양끝이 풀리지 않게 되돌아 박는다.

④ ㉢과 같이 시접은 소매쪽으로 꺾어 다리며 진동 부분의 시접을 0.7~1cm 사이로 정리하면 가윗집을 넣지 않고도 시접을 부드럽게 접어 넘길 수 있다.

(6) 안 만들기

겉감과 같은 방법으로 바느질한다. 단, 겉섶과 안섶의 위치를 겉감과 반대로 해야 겉과 안을 맞출 때 섶의 위치가 겉감과 일치하게 된다.

어깨솔, 진동솔, 섶솔을 붙여 앞·뒷길을 한 장으로 마름질한 후, 등솔만 박아 완성하기도 한다.

(7) 겉과 안 맞추기

겉감과 안감을 겉끼리 마주 댄다. 등솔, 어깨솔, 진동 중심, 앞·뒤 진동선, 겉섶, 안
섶 등에 시침핀을 꽂아 고정시켜 놓은 후 앞·뒤 도련과 수구를 박는다. 이때 앞·뒤
겨드랑 밑 치수가 잘 맞는지 확인한 후 박는 것이 좋다. 도련은 곡선이 늘어나지 않도
록 옷감을 밀어 넣으면서 박는다. 수구는 완성선 끝에서 양쪽으로 1.5~2cm 나간 지
점까지 더 나가서 박는다. 섶코 만들기는 그림 2-1-18의 ㉡을 참조한다.

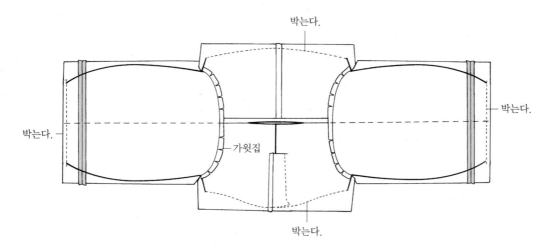

그림 2-1-38 여자 색동저고리의 겉과 안 맞추기

(8) 배래와 옆선 박기

겉감과 안감의 뒷길 사이에 앞길을 뒤집으면서 밀어넣어 겉감과 겉감, 안감과 안감
이 마주 닿도록 한다. 어깨선은 안감이 겉감보다 0.2~0.3cm 작게 되도록 시침핀을
꽂는데, 이렇게 하면 안감이 겉감보다 약간 작아지기 때문에 완성선을 박고 뒤집은 후
안감이 겉감 밖으로 밀려나오지 않는다.

소맷부리와 옆선의 끝을 잘 맞추어 시침핀을 꽂은 후, 그림 2-1-19의 ㉠과 같이 배
래와 옆선을 한 번에 박는다. 약 1~1.5cm 정도로 시접을 정리한 후, 겉감쪽으로 꺾어
서 다린다. 옛날에는 저고리를 전부 뜯어서 세탁한 후, 다시 만들어 입었기 때문에 시
접을 자르지 않았으나 요즘은 한꺼번에 세탁을 하므로 깔끔하게 시접을 정리해도 무
방하다.

고대로 뒤집어서 잘 매만진다. 깃을 달기 편하도록 고대 부분을 평평하게 하여 시침
핀을 꽂거나 그림 2-1-19의 ㉡과 같이 어슷시침한다.

(9) 깃 만들어 달기

그림 2-1-20의 ㉠과 같이 겉깃 안에 심을 대고 완성선에서 0.2cm 바깥쪽을 박아 고정시킨다. 깃의 시접을 안쪽으로 꺾어 다린다. 깃머리둘레는 완성선 바깥쪽을 곱게 홈질한 후 완성선에 깃본을 대고 실을 잡아당겨 시접을 안쪽으로 오그린다. 주름 사이에 살짝 풀을 발라 다리면 형태가 고정된다.

만든 깃을 ㉡과 같이 깃 위치에 놓는다. 깃을 만들 때 표시해 둔 고대점을 저고리의 고대에 맞춘 후 ㉡과 같은 순서로 시침핀을 꽂고 겉에서 한올시침을 한다. 깃을 길쪽으로 젖힌 후 시침선을 따라 박는다. 깃머리는 바늘땀이 보이지 않도록 겉에서 곱게 공그르기한다. 고대의 시접을 정리하여 깃 사이에 넣는다. 저고리 안쪽에서 안깃을 따라 공그르기 또는 새발뜨기를 한다.

(10) 고름 만들어 달기

고름은 그림 2-1-21의 ㉠과 같이 안에서 접어 박은 후 시접을 꺾고 다림질하여 뒤집는다. 고름에 심감을 넣을 경우에는 고름폭의 반만 넣는다. 긴고름은 박은 솔기가 위로 가게 하여 겉깃과 겉섶의 중간에 단다. 짧은고름은 안섶쪽에 다는데, 고대점에서 바로 내리거나 1cm 정도 밖으로 나가서 내린 선과 긴고름의 높이에서 나간 직선이 만나는 지점에 단다.

(11) 동정 달기

그림 2-1-22의 ㉠과 같이 동정의 끝을 깃 끝에서 깃너비만큼 올라간 위치에 닿게 한다. 깃 안쪽에 동정의 겉을 대고 동정 시접의 1/2 또는 1/2보다 약간 작은 위치를 재봉틀로 박거나 곱게 홈질한다. 동정을 겉쪽으로 넘겨서 매만진 후 ㉡과 같이 안쪽은 1cm 간격으로, 겉에 나오는 땀은 0.2cm 정도로 숨뜨기한다. 동정너비나 깃너비는 유행을 많이 따른다. 시중에 파는 동정을 사용하기도 하지만 그림 2-1-22의 '동정 만들기'를 참조하여 만들어 달면 저고리가 훨씬 품위 있어 보인다.

6. 여자 깨끼저고리

깨끼저고리는 안팎이 비치는 얇은 옷감을 두 겹으로 박아 만든 저고리로 솔기를 곱솔로 바느질하여 만든 것이다. 바느질 방법이 까다롭지만 솔기가 가늘어 깨끗하

게 보이고, 안이 비치기 때문에 시원하게 보여서 여름용 외출복이나 예복으로 적당
하다.

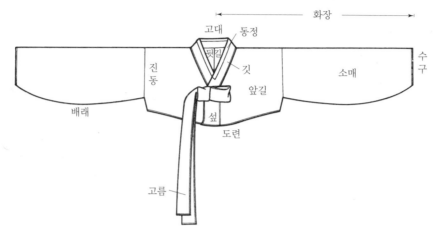

그림 2-1-39 여자 깨끼저고리의 구조

1) 본뜨기

필요한 치수는 가슴둘레, 저고리길이, 화장이다.

표 2-1-11 여자 깨끼저고리의 참고치수			소(155)	중(160)	대(165)
항목		크기(신장)			(단위: cm)
가슴둘레 (B)			82	86	90
저고리길이			25	26	27
화장			72	74	76
진동 (B/4+0.5)			21	22	23
고대/2 (B/10-0.5)			7.7	8.1	8.5
겉섶	윗너비 (깃너비+1)		5.3	5.4	5.5
	아랫너비 (깃너비+1.2)		5.5	5.6	5.7
안섶	아랫너비 (깃너비-1.4)		2.9	3	3.1
깃너비			4.3	4.4	4.5
겉깃길이 (B/4+0.5)			21	22	23
고름너비			5	5.5	6
고름길이	긴고름		100	105	110
	짧은고름		90	95	100

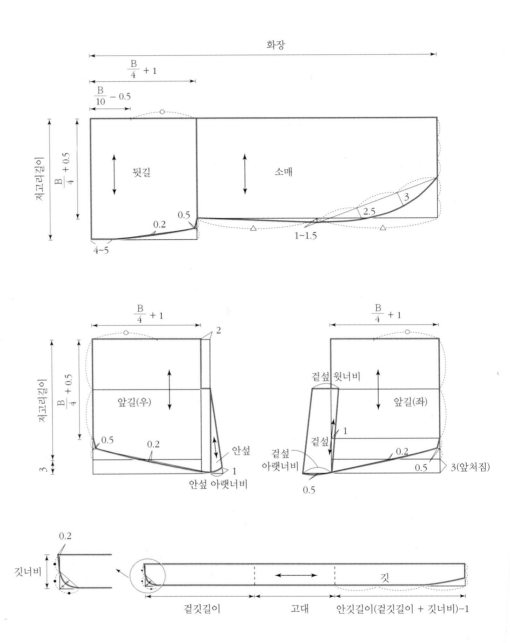

그림 2-1-40 여자 깨끼저고리 본뜨기의 실제

2) 마름질

깨끼는 안팎을 무늬 없는 감으로 만드는 것이 특징이나, 무늬 있는 감으로 할 때에는 안감은 무늬 없는 것으로 한다. 생명주, 생고사, 모시, 노방 등 얇은 옷감을 사용한다. 색상은 주로 분홍색, 노랑색, 연두색, 옥색, 미색, 흰색 등을 사용한다.

표 2-1-12 여자 깨끼저고리의 옷감 계산방법 및 필요량

옷감 너비	옷감 계산방법	옷감 필요량
55cm	저고리길이 × 2 + 소매너비 × 4 + 긴고름길이 + 시접	300cm
110cm	저고리길이 × 4 + 시접	150cm

■ 마름질의 실제

① 겉감은 앞, 뒤의 어깨솔을 붙여서 마름질한다. 폭이 넓은 옷감을 사용할 경우에는 어깨솔과 진동솔을 붙여서 한 장으로 마름질하기도 한다.
② 안감은 솔기를 맞추기가 어려우므로 소매, 섶, 길을 붙여서 마름질하고 등솔만 박는다. 그림 2-1-14의 ⓒ 여자 민저고리 안감 마름질을 참조한다.
③ 시접은 모두 1cm씩 둔다.

3) 바느질

(1) 등솔 박기

등솔은 세 번 곱솔로 한다. 완성선에서 시접쪽으로 0.4cm 나가서 박은 후 시접을 입어서 오른쪽으로 꺾어 넘긴다. 가장자리에서 0.2cm 안을 박은 후 남은 시접을 베어 버리고 다시 꺾어 0.1cm 안을 박는다.

(2) 섶 달기

겉섶과 안섶을 각각의 섶선에 붙이고 두 번 곱솔로 박는다. 겉섶의 시접은 겉섶쪽으로 꺾고 안섶의 시접은 안섶쪽으로 꺾는다.

(3) 소매 달기

어깨 중심점과 소매의 중심점을 잘 맞추어 곱솔처리한다. 시접은 길쪽으로 꺾는다.

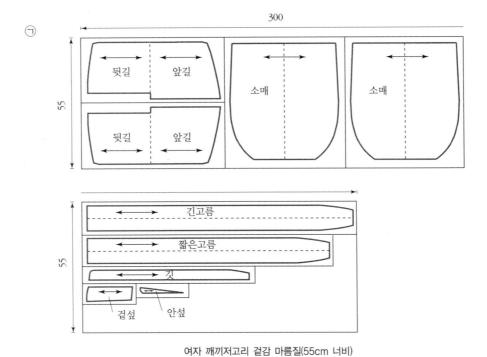

ㄱ

여자 깨끼저고리 겉감 마름질(55cm 너비)

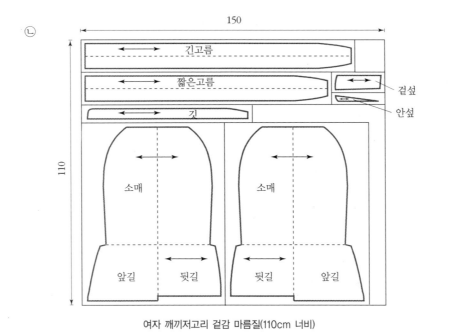

ㄴ

여자 깨끼저고리 겉감 마름질(110cm 너비)

그림 2-1-41 여자 깨끼저고리 마름질의 실제

(4) 안 만들기

안감은 어깨솔, 진동솔, 섶솔을 모두 붙여서 마름질하였으므로 등솔만 겉감과 같은 방법으로 곱솔처리한다. 등솔의 시접은 겉감과 반대 방향으로 꺾어 다린다.

(5) 겉과 안 맞추기

① 겉감과 안감의 겉을 마주 대어 놓고 고대 중심과 등솔선을 잘 맞추어 시침한 후 뒷도련, 앞도련과 섶선, 소맷부리를 곱솔로 곱게 박는다. 보통 도련과 소맷부리는 두 번 곱솔로 박는다.

② 도련은 곡선이므로 늘어나지 않도록 주의하여 박고 곡선 시접을 꺾을 때에는 늘어나지 않도록 약간 오그리면서 시접을 꺾은 후 박는다.

③ 그림 2-1-42의 순서대로 섶코를 만든다.

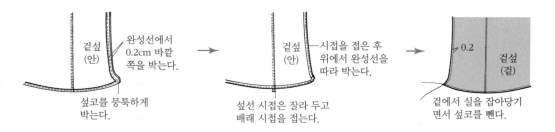

그림 2-1-42 여자 깨끼저고리 섶코 만들기

(6) 배래와 옆선 박기

① 겉감과 안감의 뒷길 사이로 앞길을 뒤집으면서 밀어넣는다.

② 겉감과 안감의 어깨선과 소매 중심점을 맞추어 배래를 시침하고 곱솔로 곱게 박는다. 이때 안감이 겉감보다 0.3cm 적게 되도록 하고, 배래는 두꺼우므로 완성선보다 0.4cm 나가서 박는다. 이때 겨드랑이 아래를 약간 둥근 느낌으로 박아야 편안하다. 시접은 겉감쪽으로 꺾어 넘긴다.

(7) 뒤집기

① 고대쪽으로 뒤집어 잘 매만진 후 배래 모양이 예쁘게 나오도록 한다.

② 섶코는 실을 꿰어 끝이 뾰족하게 나오도록 잡아당겨 모양을 정리하고 도련선도 울지 않도록 잘 매만진다.

③ 깃이 달리는 위치는 시침하여 겉감과 안감이 움직이지 않도록 한다.

(8) 깃 만들어 달기

① 겉감깃과 안감깃을 따로 만드는데 완성선보다 0.3cm 크게 꺾어 만든다. 이때 겉감깃에는 심감을 대고 시침하여 시접을 꺾어 겉깃을 만든다.

② 먼저 겉감깃과 안감깃을 마주 대고 깃머리쪽을 7cm까지 곱솔로 하여 붙인다. 안섶쪽에 달리는 깃도 4cm 정도 세 번 곱솔로 박는다.

③ 겉감깃을 깃선보다 0.3cm 바깥쪽으로 놓고 그림 2-1-43의 ㉠과 같이 겉쪽에서 깃의 가장자리를 따라 0.1cm 안을 박는다.

④ 겉감깃을 뒤집어 시접을 깃쪽으로 꺾은 후, ㉡과 같이 깃 가장자리에서 0.2cm 들어와서 박는다. 이는 ㉠의 박음선을 안쪽에서 싸 박는 것이므로 ㉠의 박음선이 겉으로 빠져 나오지 않도록 유의하며 박는다.

⑤ ㉢과 같이 겉감깃에 안감깃을 붙이기 위해 앞길 겉에서 섶코를 잡고 2~3번 꼬아, 마치 싸매듯이 앞길을 겉감깃과 안감깃 사이에 말아 넣은 다음 안감깃으로 겉감깃을 덮어 놓고 시침하여 돌려 박는다.

⑥ 겉감깃과 안감깃 양쪽 모두 잘 박혔는지 확인한 후, 겉감깃과 안감깃의 시접을 베어내고 앞길을 빼서 정리한다. 시접 정리가 잘 되어야 솔기가 예쁘게 나온다.

⑦ 겉감과 안감의 고대 부분 시접을 정리하여 안으로 집어 넣은 후, ㉣과 같이 가장자리를 따라 눌러 박는다.

(9) 고름 만들어 달기

① 고름은 곱솔로 하여 만들고 고름이 달리는 부분도 한 번 끝을 박아서 풀리지 않게 한다.

② 고름이 달리는 위치는 민저고리와 같다.

(10) 동정 달기

그림 2-1-22의 ㉠과 같이 동정의 끝을 깃 끝에서 깃너비만큼 올라간 위치에 닿게 한다. 깃 안쪽에 동정의 겉을 대고 동정 시접의 1/2 또는 1/2보다 약간 작은 위치를 재봉틀로 박거나 곱게 홈질한다. 동정을 겉쪽으로 넘겨서 매만진 후 ㉡과 같이 안쪽은 1cm 간격으로, 겉에 나오는 땀은 0.2cm 정도로 숨뜨기한다. 동정너비나 깃너비는 유행을 많이 따른다. 시중에 파는 동정을 사용하기도 하지만 그림 2-1-22의 '동정 만들기'를 참조하여 만들어 달면 저고리가 훨씬 품위 있어 보인다.

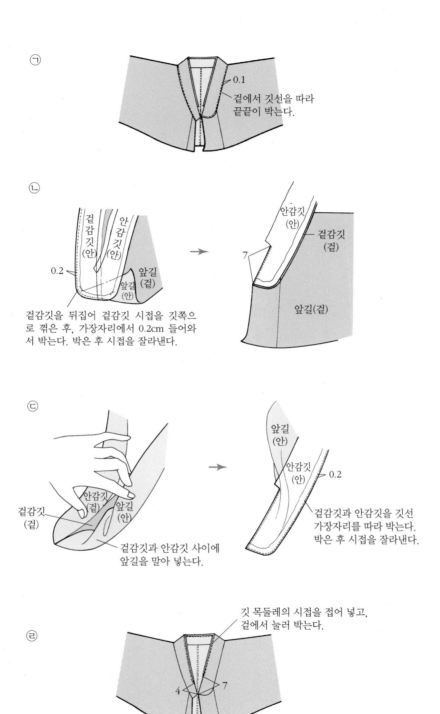

ㄱ

0.1
겉에서 깃선을 따라
끝끝이 박는다.

ㄴ

겉감깃(안)
안감깃(안)
0.2
앞길(겉)
앞길(안)

겉감깃을 뒤집어 겉감깃 시접을 깃쪽으
로 꺾은 후, 가장자리에서 0.2cm 들어와
서 박는다. 박은 후 시접을 잘라낸다.

안감깃(안)
겉감깃(겉)
7
앞길(겉)

ㄷ

겉감깃(겉)
안감깃(겉)
앞길(안)

겉감깃과 안감깃 사이에
앞길을 말아 넣는다.

앞길(안)
안감깃(안)
0.2

겉감깃과 안감깃을 깃선
가장자리를 따라 박는다.
박은 후 시접을 잘라낸다.

ㄹ

깃 목둘레의 시접을 접어 넣고,
겉에서 눌러 박는다.

4   7

그림 2-1-43 여자 깨끼저고리의 깃 만들어 달기

7. 여자 적삼

적삼은 홑겹으로 만들어서 여름 또는 늦은 봄이나 초가을에 입는 저고리이다. 솔기를 가늘게 처리하여 통째로 빨아 입을 수 있는 것이 특징이다. 적삼의 종류에는 겉에 입는 적삼과 저고리 밑에 받쳐 입는 속적삼이 있다. 보통 사(紗) 종류의 얇은 비단이나, 모시·삼베·무명 등으로 만든다. 바느질은 곱솔로 한다.

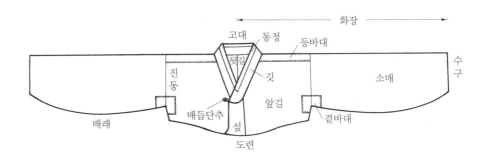

그림 2-1-44 여자 적삼의 구조

1) 본뜨기

필요한 치수는 가슴둘레, 저고리길이, 화장이다.
적삼의 본뜨기는 민저고리와 같으나, 등바대와 곁바대를 붙이는 것이 다르다. 치수

표 2-1-13 여자 적삼의 참고치수		크기(신장)	소(155)	중(160)	대(165) (단위: cm)
항목			소(155)	중(160)	대(165)
가슴둘레 (B)			82	86	90
저고리길이			25	26	27
화장			72	74	76
진동 (B/4+0.5)			21	22	23
고대/2 (B/10−0.5)			7.7	8.1	8.5
겉섶	윗너비 (깃너비+1)		5.3	5.4	5.5
	아랫너비 (깃너비+1.2)		5.5	5.6	5.7
안섶	아랫너비 (깃너비−1.4)		2.9	3	3.1
깃너비			4.3	4.4	4.5
겉깃길이 (B/4+0.5)			21	22	23

는 저고리와 같이 하여도 무방하지만 길이, 품, 화장을 각각 조금씩 작게 하는 것이
좋다.

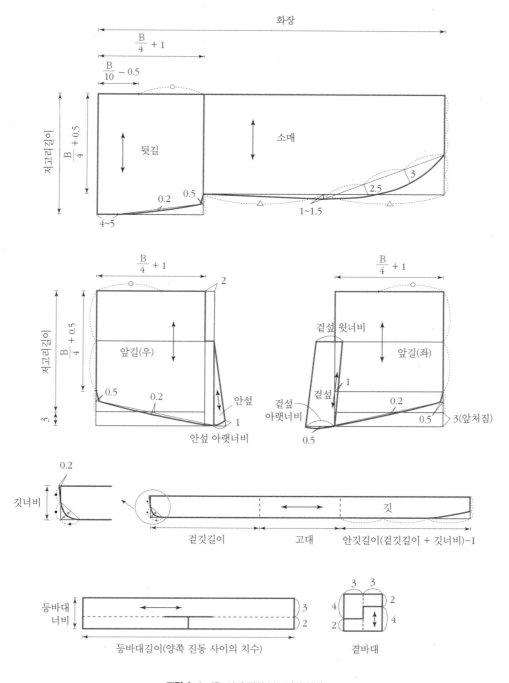

그림 2-1-45 여자 적삼 본뜨기의 실제

2) 마름질

필요한 옷감은 노방이나 사(紗) 종류의 얇은 비단이나, 모시·삼베·무명 등으로 만든다.

옷감 너비	옷감 계산방법	옷감 필요량
표 2-1-14 여자 적삼의 옷감 계산방법 및 필요량		
55cm	저고리길이 × 2 + 소매너비 × 4 + 깃길이 + 시접	300cm
110cm	저고리길이 × 4 + 시접	125cm

■ 마름질의 실제

적삼은 앞·뒤의 어깨솔기를 붙여서 마름질한다. 등바대와 곁바대는 저고리 길을 마를 때와 같은 식서방향으로 마름질해야 빨아도 모양이 변하지 않는다. 시접은 1.5cm 내외로 한다.

3) 바느질

(1) 등솔 박기

곱솔로 박는다(45쪽 제1장 한복 만들기의 기초 '5. 바느질의 기초' 참조).

(2) 등바대 대기

등바대의 시접을 한 번 꺾어 박고 시접을 베어낸 후 다시 꺾어 길에 대고 박는다. 이때 등바대를 적삼의 어깨선에 잘 맞추어 앞쪽으로 2cm, 위쪽으로 3cm 정도 되도록 한다.

(3) 섶과 소매 달기

모두 곱솔로 한다.

(4) 곁바대 대기

① 곁바대는 앞에만 대거나 앞뒤에 대기도 하며, 외출복으로 할 경우에는 곁바대를 대지 않기도 한다.
② 곁바대의 시접을 꺾어 다려 적삼의 겨드랑이에 잘 맞추어 댄 다음, 밑만 남기고 박는다.

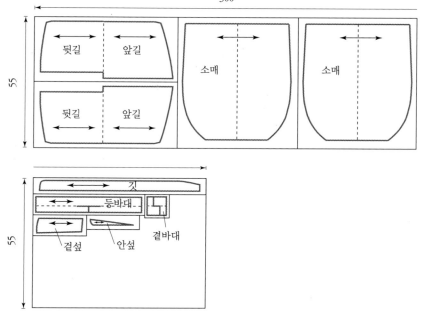

여자 적삼 겉감 마름질(55cm 너비)

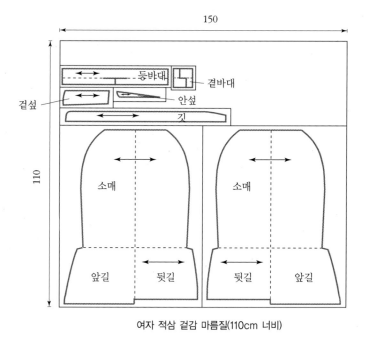

여자 적삼 겉감 마름질(110cm 너비)

그림 2-1-46 여자 적삼 마름질의 실제

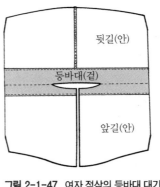
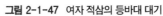

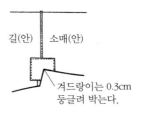

그림 2-1-47 여자 적삼의 등바대 대기 **그림 2-1-48** 여자 적삼의 곁바대 대기

(5) 부리 · 도련 · 배래 박기

도련과 섶코는 늘어나기 쉬우므로 노방이나 아사 심을 대고 꺾어 박은 다음 남은 시접은 잘라낸다. 섶코 만들기는 그림 2-1-49의 ⓛ을 참조한다. 배래는 곱솔로 한다.

(6) 깃 만들어 달기

① 겉감깃과 안감깃을 따로 만드는데 완성선보다 0.3cm 크게 꺾어 만든다. 이때 겉감깃에는 심감을 대고 시침하여 시접을 꺾어 겉깃을 만든다.

② 먼저 겉감깃과 안감깃을 마주 대고 깃머리쪽을 7cm까지 곱솔로 하여 붙인다. 안섶쪽에 달리는 깃도 4cm 정도 세 번 곱솔로 박는다.

③ 겉감깃을 깃선보다 0.3cm 바깥쪽으로 놓고 그림 2-1-43의 ㉠과 같이 겉쪽에서 깃의 가장자리를 따라 0.1cm 안을 박는다.

④ 겉감깃을 뒤집어 시접을 깃쪽으로 꺾은 후, ㉡과 같이 깃 가장자리에서 0.2cm 들어와서 박는다. 이는 ㉠의 박음선을 안쪽에서 싸 박는 것이므로 ㉠의 박음선이 겉으로 빠져 나오지 않도록 유의하며 박는다.

⑤ ㉢과 같이 겉감깃에 안감깃을 붙이기 위해 앞길 겉에서 섶코를 잡고 2~3번 꼬아, 마치 싸매듯이 앞길을 겉감깃과 안감깃 사이에 말아 넣은 다음 안감깃으로 겉감깃을 덮어 놓고 시침하여 돌려 박는다.

⑥ 겉감깃과 안감깃 양쪽 모두 잘 박혔는지 확인한 후, 겉감깃과 안감깃의 시접을 베어내고 앞길을 빼서 정리한다. 시접 정리가 잘 되어야 솔기가 예쁘게 나온다.

⑦ 겉감과 안감의 고대 부분 시접을 정리하여 안으로 집어 넣은 후, ㉣과 같이 가장자리를 따라 눌러 박는다.

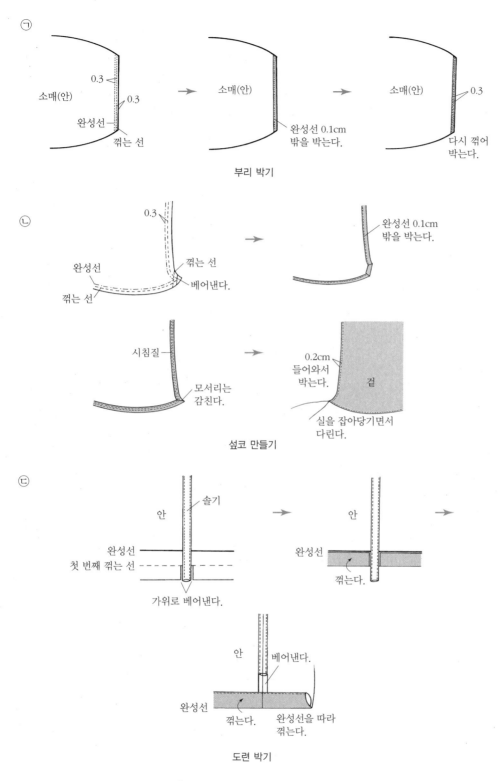

ㄱ

0.3

소매(안)

0.3

완성선

꺾는 선

소매(안)

완성선 0.1cm
밖을 박는다.

소매(안)

0.3

다시 꺾어
박는다.

부리 박기

ㄴ

0.3

완성선

꺾는 선

꺾는 선

베어낸다.

완성선 0.1cm
밖을 박는다.

시침질

모서리는
감친다.

0.2cm
들어와서
박는다.

겉

실을 잡아당기면서
다린다.

섶코 만들기

ㄷ

안

솔기

완성선

첫 번째 꺾는 선

가위로 베어낸다.

안

완성선

꺾는다.

안

베어낸다.

완성선

꺾는다.

완성선을 따라
꺾는다.

도련 박기

그림 2-1-49 여자 적삼의 부리 · 도련 박기

(7) 단추와 단춧고리 달기

① 겉깃쪽에 단추를 달고, 오른쪽 길에 단춧고리를 만들어 단다.
② 단추는 매듭단추를 달며, 단춧고리를 달 때는 안쪽에 헝겊을 대어 튼튼하게 한다.

(8) 동정 달기

그림 2-1-22의 ㉠과 같이 동정의 끝을 깃 끝에서 깃너비만큼 올라간 위치에 닿게 한다. 깃 안쪽에 동정의 겉을 대고 동정 시접의 1/2 또는 1/2보다 약간 작은 위치를 재봉틀로 박거나 곱게 홈질한다. 동정을 겉쪽으로 넘겨서 매만진 후 ㉡과 같이 안쪽은 1cm 간격으로, 겉에 나오는 땀은 0.2cm 정도로 숨뜨기한다. 동정너비나 깃너비는 유행을 많이 따른다. 시중에 파는 동정을 사용하기도 하고 심을 넣지 않고 헝겊으로만 만들어 겉에서 박아 달기도 한다.

8. 17세기 여자 저고리

조선 초·중기의 여자 저고리는 현대의 저고리와 달리 저고리길이가 허리선까지 내려오고, 품이 넉넉하여 생활한복으로 응용하여 만들어 입어도 손색이 없다. 기존 유물의 치수를 그대로 가져와서 만들어도 가능하나, 입는 사람의 치수를 고려하여 조정하고자 할 때 다음의 사항을 참고한다.

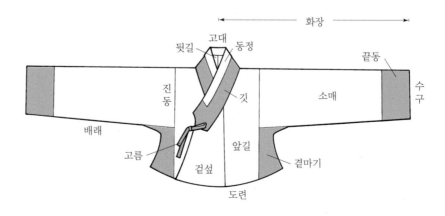

그림 2-1-50 17세기 여자 저고리의 구조

1) 본뜨기

필요한 치수는 가슴둘레, 저고리길이, 화장이다.

■ 본뜨기의 실제

① 뒷품은 B/4+2로 한다. 화장은 입는 사람의 치수대로 한다. 저고리길이는 기존 유물의 치수(46~48cm)를 그대로 사용하거나 등길이+4~5cm로 한다. 앞길이는 앞처짐을 주어 저고리길이+2.5~3cm로 한다.

② 진동선은 겨드랑이 점에서 중심쪽으로 6~7cm 들여서 그린다.

③ 겉섶선은 유물에서는 앞중심선과 일치하나, 현대 여성의 체형을 고려하여 겉섶선을 그림과 같은 사선으로 정한다. 안섶선은 앞중심선으로 한다.

④ 고대는 B/10로 한다.

⑤ 깃넓이는 유물의 치수(9.5cm)대로 하면 목을 움직이는 데 불편할 수 있으므로 입는 사람의 체형에 따라 1.5~2.5cm 줄여도 좋다. 또는 그림과 같이 목을 감싸는 부분만 1~1.5cm 정도 치수를 줄이는 방법도 있다. 겉깃길이는 보통 저고리와 같이 겉깃의 끝을 진동선과 같은 높이에 자연스럽게 놓았을 때 나오는 치수로 하며, 안깃길이는 겉깃길이+깃너비로 한다. 동정의 넓이는 깃넓이×2/5로 하고, 동정의 길이는 그림을 참조한다.

⑥ 곁마기는 유물의 치수를 그대로 사용하면 실제 착용했을 때 양 곁마기 끝이 어색하게 튀어나와 보일 수 있으므로, 요즘의 감각에 맞도록 곁마기 끝을 1~1.5cm 정도 다소 줄여도 무방하다.

⑦ 고름은 요즘의 저고리 고름보다 좁고 짧게 만든다. 넓이 2cm, 길이 30~40cm로 한다.

2) 마름질

저고리 옷감으로 봄·가을에는 숙고사, 생고사, 국사, 자미사, 진주사, 항라, 갑사, 명주 등 다양한 소재가 사용된다. 여름에는 모시, 은조사, 생명주 등 시원한 소재를 주로 사용하며, 겨울에는 양단, 공단, 모본단 등을 사용한다. 색상은 주로 분홍색, 노랑색, 연두색, 옥색, 미색, 흰색 등을 사용한다.

■ 옷감의 필요량

깃과 고름, 곁마기, 끝동의 색을 다르게 하여 만들 경우, 회장감은 깃길이를 기준으

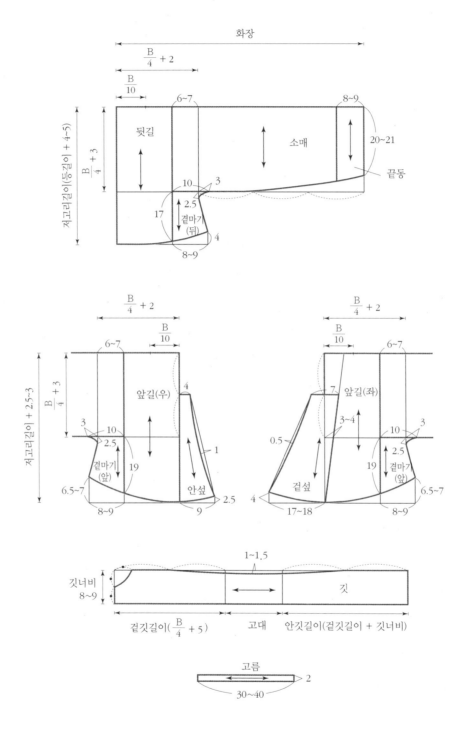

그림 2-1-51 17세기 여자 저고리 본뜨기의 실제

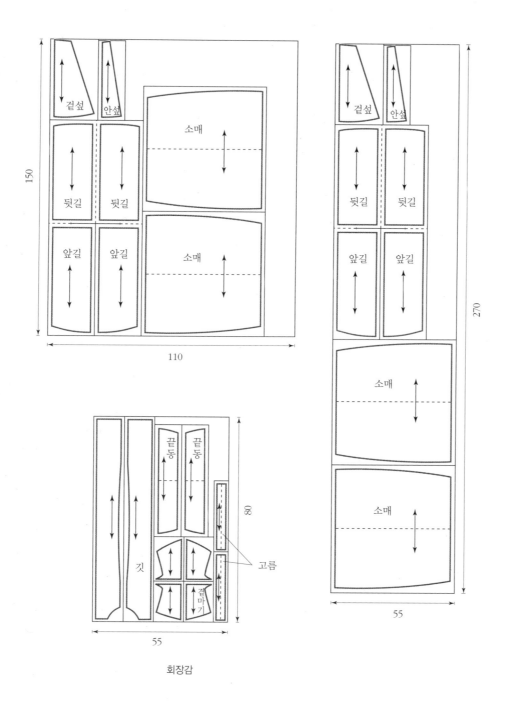

겉섶　안섶

소매

뒷길　뒷길

앞길　앞길

소매

150

110

겉섶　안섶

뒷길　뒷길

앞길　앞길

270

소매

소매

55

끝동　끝동

깃

고름

겉마기

고름

80

55

회장감

그림 2-1-52 17세기 여자 저고리 마름질의 실제

로 준비한다.

표 2-1-15 17세기 여자 저고리의 옷감 계산방법 및 필요량

구성	옷감 너비	옷감 계산 방법	옷감 필요량
길	55cm	저고리길이 × 3 + 소매너비 × 4 + 시접	270cm
	110cm	저고리길이 × 3	150cm
회장	55 · 110cm	깃길이	80cm

■ **마름질의 실제**

① 겉감에서 앞길 좌우, 뒷길 좌우, 겉섶, 안섶, 소매를 마른다.

② 회장감에서 깃, 고름, 곁마기, 끝동을 마른다. 이때 곁마기가 가로로 마름질되지 않도록 주의하고, 같은 쪽을 여러 장 마름질하지 않도록 주의한다.

③ 안감은 기본 저고리와 같은 방법으로 마르는데 섶과 곁마기 및 끝동을 이어서 한 꺼번에 마르는 것이 바느질하기에 편리하다.

3) 바느질

(1) 등솔 · 어깨솔 박기

등솔은 고대에서 도련쪽으로 바느질한다. 완성선에서 시접쪽으로 0.1cm 나가서 박 는다. 시접은 입어서 오른쪽으로 가도록 완성선을 꺾어 다린다.

어깨솔은 고대를 표시한 후 고대점에서 진동까지 박고, 이때 되돌아 박기를 하여 고 대점이 풀리지 않도록 한다. 시접은 뒷길쪽으로 꺾는다.

(2) 섶 달기

그림 2-1-16과 같이 겉섶의 섶선(곧은솔)을 꺾은 후 앞길 겉의 겉섶선에 댄다. 겉에 서 한올뜨기를 한 후 펴서 안에서 등솔과 같은 방법으로 시접쪽으로 0.1cm 나가서 박 는다. 요즘에는 겉섶에 심을 대기도 한다. 안섶은 겉섶을 달 때와 같은 방법으로 섶선 (어슨솔)을 길의 안섶선(곧은올)에 붙인다. 시접은 길쪽으로 꺾는다.

(3) 소매 만들기

① 곁마기를 단다. 17세기 여자 저고리의 곁마기는 삼회장저고리와는 달리 소매 위 에 덧붙이는 것이 아니라 소매와 이어지는 것이다.

② 소매의 겉과 곁마기의 겉을 마주 대고 시침한다. 이때 곁마기의 앞·뒤가 바뀌지 않도록 주의한다.

③ 완성선을 박고 시접은 곁마기쪽으로 꺾어 다림질한다.

④ 소맷부리쪽에서 소매의 중심과 끝동의 중심을 맞추어 시침하고 완성선을 꺽는다. 이때 시접은 소매쪽으로 꺾거나 가름솔로 처리한다.

(4) 소매 달기

길의 겉감과 소매의 겉감을 마주 놓고 어깨선과 소매 중심선을 잘 맞춘 후, 곱게 박아 시접은 가름솔로 처리한다.

(5) 안 만들기

겉감과 같은 방법으로 바느질한다. 단, 겉섶과 안섶의 위치를 겉감과 반대로 해야 겉과 안을 맞출 때 섶의 위치가 겉감과 일치하게 된다.

어깨솔, 진동솔, 섶솔을 붙여 앞·뒷길을 한 장으로 마름질한 후, 등솔만 박아 완성하기도 한다.

(6) 겉과 안 맞추기

겉감과 안감을 겉끼리 마주 댄다. 등솔, 어깨솔, 진동 중심, 앞 뒤 진동선, 겉섶, 안섶 등에 시침핀을 꽂아 고정시켜 놓은 후 앞·뒤 도련과 수구를 박는다. 이때 앞·뒤 겨드랑 밑 치수가 잘 맞는지 반드시 확인한 후 박는 것이 좋다. 도련은 곡선이 늘어나지 않도록 밀어 넣으면서 박는다. 수구는 완성선 끝에서 양쪽으로 1.5~2cm 나간 지점까지 더 나아가 박는다.

(7) 배래와 옆선 박기

① 겉감과 안감의 뒷길 사이에 앞길을 뒤집으면서 밀어넣어 겉감과 겉감, 안감과 안감이 마주 닿도록 한다. 옷을 잘 정리하여 배래와 옆선을 맞추어 시침한다. 이때 옆선은 배래와 이어져서 박게 되므로 특별히 진동 끝점과 옆선이 만나는 부분은 세심하게 시침한 후 네 겹을 한꺼번에 박는다.

② 회장저고리에서 가장 중요한 부분은 배래에서 곁마기가 만나는 부분과 끝동선이 어긋나지 않도록 하는 것이다. 배래를 박음질하기 전에 겉감의 곁마기선과 끝동선이 이어지는 부분을 시침하여 잘 맞추어 진동 아래 옆선부터 배래 끝까지 한 번에

박는다. 이때 겨드랑이 부분을 튼튼하게 하기 위해서 두 번 박아주는 것이 좋다.

③ 진동 아랫점에 가윗집을 넣을 때는 겨드랑이 끝점에서 0.3cm되는 부분까지 정확하게 자른다. 옆선의 시접은 뒷쪽으로 0.2cm 넘겨서 꺾어 다림질하고, 배래의 시접은 겉감쪽으로 0.2cm 넘겨서 꺾어 다린 후 뒤집어서 모양이 바로 잡히도록 손질한다.

(8) 깃 만들어 달기

겉깃 안에 심을 댄 후 완성선에서 0.2cm 바깥쪽을 박아 고정시킨 후, 그림 2-8-9의 ㉠과 같이 겉깃과 안깃을 마주 대고 깃 중심선을 박는다. 당코 부분의 시접을 0.5cm 정도로 잘라낸 후 겉으로 뒤집어 당코 모양을 만든다. 깃의 시접을 안쪽으로 꺾어 다린다.

만든 깃을 ㉡과 같이 깃 위치에 놓는다. 깃을 만들 때 표시해 둔 고대점을 저고리의 고대에 맞춘 후 ㉡과 같은 순서로 시침핀을 꽂고 겉에서 한올시침을 한다. 깃을 길쪽으로 젖힌 후 시침선을 따라 박는다. 깃머리는 바늘땀이 보이지 않도록 겉에서 곱게 공그르기한다. 고대의 시접을 정리하여 깃 사이에 넣는다. 저고리 안쪽에서 안깃을 따라 공그르기 또는 새발뜨기를 한다.

(9) 고름 만들어 달기

고름은 그림 2-1-21의 ㉠과 같이 안에서 접어 박은 후 시접을 꺾고 다림질하여 뒤집는다. 고름에 심감을 넣을 경우에는 고름폭의 반만 넣는다. 긴고름은 박은 솔기가 위로 가게 하여 겉깃과 겉섶의 중간에 단다. 짧은고름은 안섶쪽에 다는데, 고대점과 진동선의 1/2에서 내린 선과 긴고름의 높이에서 나간 직선이 만나는 지점에 단다.

(10) 동정 달기

그림 2-1-22의 '동정 만들기'를 참조하여 동정을 만드는데, 동정 끝의 각도는 90°로 한다. 깃 안쪽에 동정의 겉을 대고 동정 시접의 1/2 또는 1/2보다 약간 작은 위치를 재봉틀로 박거나 곱게 홈질한다. 이때, 동정의 끝은 깃끝에서 깃너비 또는 깃너비 + 1~2cm만큼 올라간 위치에 닿게 한다. 동정을 겉쪽으로 넘겨서 매만진 후 ㉡과 같이 안쪽은 1cm 간격으로, 겉에 나오는 땀은 0.2cm 정도로 숨뜨기한다.

9. 남아 저고리

남아 저고리의 구조는 어른의 저고리와 같으며, 화사한 색으로 만들어 주로 돌이나 명절 때 입힌다. 어른용과 달리 색동 소매에 섶을 다른 색으로 대어 오방장두루마기같이 만들 수도 있다. 이때 깃·고름·끝동은 남색으로 하며, 금박을 찍거나 박쥐매듭을 달아 장식하기도 한다.

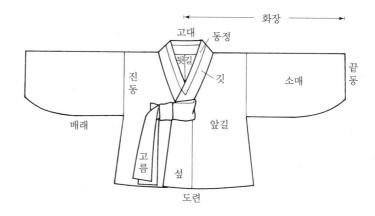

그림 2-1-53 남아 저고리의 구조

1) 본뜨기

필요한 치수는 가슴둘레, 저고리길이, 화장이다.

표 2-1-16 남아 저고리의 참고치수							(단위: cm)
항목	연령(신장)		돌(80)	3~4세(105)	5~6세(115)	7~8세(128)	9~10세(138)
가슴둘레(B)			50	56	60	66	72
저고리길이			30	33	36	39	42
화장			36	44	50	56	62
진동(B/4+1)			13.5	15	16	17.5	19
고대/2(B/10)			5	5.6	6	6.6	7.2
겉깃길이			14	14.5	15.5	17	18.5
겉섶	위(깃너비+1)		5	5.4	5.8	6.2	6.6
	아래(깃너비+2)		6	6.4	6.8	7.2	7.6
안섶	위(깃너비-1.5)		2.5	2.9	3.3	3.7	4.1
	아래(깃너비)		4	4.4	4.8	5.2	5.6
깃너비			4	4.4	4.8	5.2	5.6
고름너비			4	4	4.5	4.7	5
고름길이	긴고름		100	40	45	48	53
	짧은고름		30	35	40	43	48

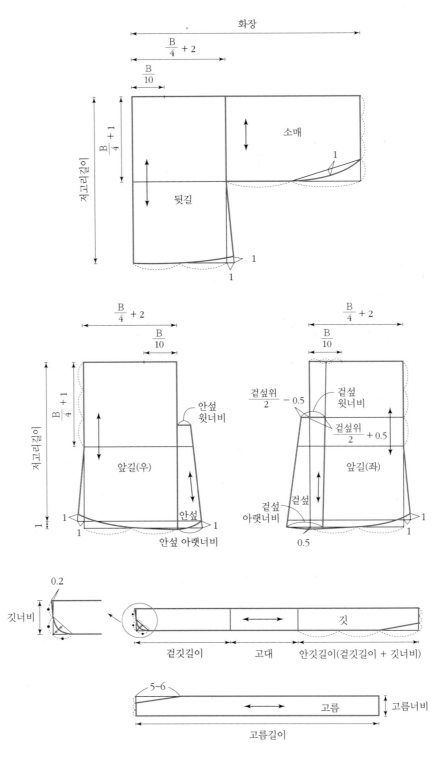

그림 2-1-54 남아 저고리 본뜨기의 실제

2) 마름질

저고리 옷감으로 봄·가을에는 숙고사, 생고사, 국사, 자미사, 진주사, 항라, 갑사, 명주 등 다양한 소재가 사용된다. 여름에는 모시, 삼베, 생항라 등 시원한 소재를 주로 사용하며, 겨울에는 명주, 양단, 무명 등을 사용한다. 색상은 주로 옥색, 미색, 연분홍색, 흰색 등을 주로 사용한다. 안감은 겉감보다 가볍고 얇고 부드러운 것이 좋으며,

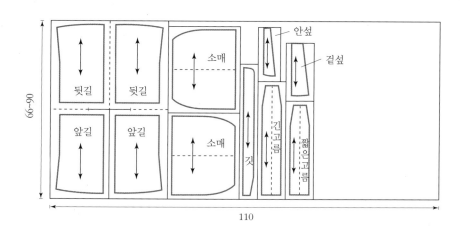

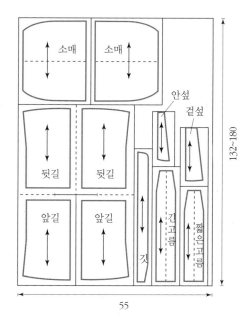

그림 2-1-55 남아 저고리 마름질의 실제

겉감의 색상에 맞는 것으로 선택한다. 일반적으로 겉감이 얇을 경우에는 노방주를 사용하며, 두꺼울 경우에는 얇은 평직의 면직물이나 숙고사, 명주 등을 사용한다.

표 2-1-17 남아 저고리의 옷감 계산방법 및 필요량

옷감 너비	옷감 계산방법	옷감 필요량
55cm	저고리길이 × 2 + 소매너비 × 4 + 시접	132~180cm
110cm	저고리길이 × 2 + 시접	66~90cm

■ 마름질의 실제

옷본에 시접을 두고 직선으로 마름질한다. 안감은 겉감과 같은 방법으로 마르나, 길에 섶을 붙여서 한 장으로 마르면 바느질하기에 편리하다. 시접은 1.5cm 내외로 하고, 깃과 고름은 1cm 정도로 한다.

3) 바느질

바느질 방법은 남자 저고리 바느질법과 같으며 구체적인 방법은 남자 저고리 그림을 참조한다.

(1) 등솔·어깨솔 박기

등솔은 고대에서 도련쪽으로 바느질한다. 완성선에서 시접쪽으로 0.1cm 나가서 박는다. 시접은 입어서 오른쪽으로 가도록 완성선을 꺾어 다린다.

어깨솔은 고대를 표시한 후 고대점에서 진동까지 박고, 이때 되돌아 박기를 하여 고대점이 풀리지 않도록 한다. 시접은 뒷길쪽으로 꺾는다.

(2) 섶 달기

그림 2-1-5와 같이 겉섶의 섶선(곧은솔)을 꺾은 후 앞길 겉의 겉섶선에 댄다. 겉에서 한올뜨기를 한 후 펴서 안에서 등솔과 같은 방법으로 시접쪽으로 0.1cm 나가서 박는다. 요즘에는 겉섶에 심을 대기도 한다. 안섶은 겉섶을 달 때와 같은 방법으로 섶선(어슨솔)을 길의 안섶선(곧은올)에 붙인다. 시접은 길쪽으로 꺾는다.

(3) 소매 달기

어깨솔에 소매의 중심선을 맞추어 시침핀을 꽂고 좌우 진동 크기를 맞춘다. 진동의 완성선까지만 박고 반드시 되돌아 박기를 하여 실이 풀리지 않도록 한다. 진동의 양 끝의 올이 풀려서 겨드랑이 밑 치수가 달라지면 겉과 안을 맞추기가 어렵다. 시접은 가름솔로 한다.

(4) 안 만들기

겉감과 같은 방법으로 바느질한다. 단, 겉섶과 안섶의 위치를 겉감과 반대로 해야 겉과 안을 맞출 때 섶의 위치가 겉감과 일치하게 된다.

어깨솔, 진동솔, 섶솔을 붙여 앞·뒷길을 한 장으로 마름질한 후, 등솔만 박아 완성 하기도 한다.

(5) 겉과 안 맞추기

겉감과 안감을 겉끼리 마주 댄다. 등솔, 어깨솔, 진동 중심, 앞·뒤 진동선, 겉섶, 안 섶 등에 시침핀을 꽂아 고정시켜 놓은 후 앞·뒤 도련과 수구를 박는다. 이때 앞·뒤 양옆 겨드랑 밑 치수가 잘 맞는지 반드시 확인한 후 박는 것이 좋다. 도련은 곡선이 늘 어나지 않도록 옷감을 밀어 넣으면서 박는다. 수구는 완성선 끝에서 양쪽으로 1.5~ 2cm 나간 지점까지 더 나가서 박는다.

(6) 배래와 옆선 박기

겉감과 안감의 뒷길 사이에 앞길을 뒤집으면서 밀어넣어 겉감과 겉감, 안감과 안감 이 마주 닿도록 한다. 어깨선은 안감이 겉감보다 0.2~0.3cm 작게 되도록 시침핀을 꽂는데, 이렇게 하면 안감이 겉감보다 약간 작아지기 때문에 완성선을 박고 뒤집은 후 안감이 겉감 밖으로 밀려나오지 않는다.

소맷부리와 옆선의 끝을 잘 맞추어 시침핀을 꽂은 후 그림 2-1-8의 ㉠과 같이 배래 와 옆선을 한 번에 박는다. 약 1~1.5cm 정도로 시접을 정리한 후, 겉감쪽으로 꺾어서 다린다. 옛날에는 저고리를 전부 뜯어서 세탁한 후, 다시 만들어 입었기 때문에 시접을 자르지 않았으나 요즘은 한꺼번에 세탁을 하므로 깔끔하게 시접을 정리해도 무방하다.

고대로 뒤집어서 잘 매만진다. 깃을 달기 편하도록 고대 부분을 평평하게 하여 시침 핀을 꽂거나 ㉡과 같이 어슷시침한다.

(7) 깃 만들어 달기

그림 2-1-9의 ㉠과 같이 겉깃 안에 심을 대고 완성선에서 0.2cm 바깥쪽을 박아 고

정시킨다. 깃의 시접을 안쪽으로 꺾어 다린다. 깃머리둘레는 완성선 바깥쪽을 곱게 홈질한 후 완성선에 깃본을 대고 실을 잡아당겨 시접을 안쪽으로 오그린다. 주름 사이에 살짝 풀을 발라 다리면 형태가 고정된다.

만든 깃을 깃 위치에 놓는다. 깃을 만들 때 표시해 둔 고대점을 저고리의 고대에 맞춘 후 ⓛ과 같은 순서로 시침핀을 꽂고 겉에서 한올시침을 한다. 깃을 길쪽으로 젖힌 후 시침선을 따라 박는다. 깃머리는 바늘땀이 보이지 않도록 겉에서 곱게 공그르기한다. 고대의 시접을 정리하여 깃 사이에 넣는다. 저고리 안쪽에서 안깃을 따라 공그르기 또는 새발뜨기를 한다.

(8) 고름 만들어 달기

고름은 그림 2-1-10의 ㉠과 같이 안에서 접어 박은 후 시접을 꺾고 다림질하여 뒤집는다. 고름에 심감을 넣을 경우에는 고름폭의 반만 넣는다. 긴고름은 박은 솔기가 위로 가게 하여 겉깃과 겉섶의 중간에 단다. 짧은고름은 안섶쪽에 다는데, ⓛ과 같이 고대점에서 바로 내리거나 1cm 정도 밖으로 나가서 내린 선과 긴고름의 높이에서 나간 직선이 만나는 지점에 단다.

안고름은 ㉢과 같이 안깃 안쪽과 왼쪽 겨드랑이 안쪽에 단다.

(9) 동정 달기

그림 2-1-11의 ㉠과 같이 동정의 끝을 깃 끝에서 깃너비만큼 올라간 위치에 닿게 한다. 깃 안쪽에 동정의 겉을 대고 동정 시접의 1/2 또는 1/2보다 약간 작은 위치를 재봉틀로 박거나 곱게 홈질한다. 동정을 깃 겉쪽으로 넘겨서 매만진 후 ⓛ과 같이 안쪽은 1cm 간격으로, 겉에 나오는 땀은 0.2cm 정도로 숨뜨기한다. 동정너비나 깃너비는 유행을 많이 따른다. 시중에 파는 동정을 사용하기도 하지만 그림 2-1-22의 '동정 만들기'를 참조하여 만들어 달면 저고리가 훨씬 품위 있어 보인다.

10. 여아 저고리

여아 저고리는 주로 돌이나 명절 때 입히며 구조가 어른의 저고리와 같다. 여러 가지 색의 옷감을 이어 만든 색동은 주로 소매 부분에 사용되나 섶에도 이용할 수 있다. 깃·고름·끝동에는 금박을 찍어 화려하게 장식한다. 고대 양끝에 박쥐매듭을 달거나 바느질선에 잣을 물리는 등 어린이의 저고리는 어른용보다 아기자기하게 만들 수 있다.

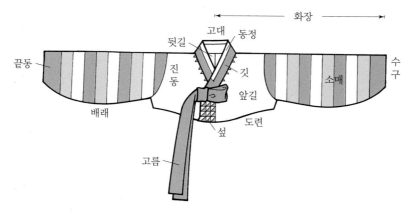

그림 2-1-56 여아 저고리의 구조

1) 본뜨기

필요한 치수는 가슴둘레, 저고리길이, 화장이다.

항목		연령(신장)	돌(78)	3~4세(102)	5~6세(115)	7~8세(127)	9~10세(139)
가슴둘레(B)			48	54	58	64	70
저고리길이			16	17	18	19	20
화장			35	44	50	56	62
진동(B/4+0.5)			12.5	14	15	16.5	18
고대/2(B/10−0.2)			4.6	5.2	5.6	6.2	6.8
겉깃길이			13.5	14	14.5	15.5	17.5
겉섶	위(깃너비+1)		4	4	4.2	4.2	4.5
	아래(깃너비+1.2)		4.2	4.2	4.4	4.4	4.7
안섶	위		2	2	2.5	2.5	2.7
	아래		2.8	2.8	3	3	3.2
깃너비			3.2	3.5	3.5	4	4.2
고름너비			4.5	4.5	5	5	5.5
고름길이	긴고름		50	55	60	65	70
	짧은고름		45	50	55	60	65

표 2-1-18 여아 저고리의 참고치수 (단위: cm)

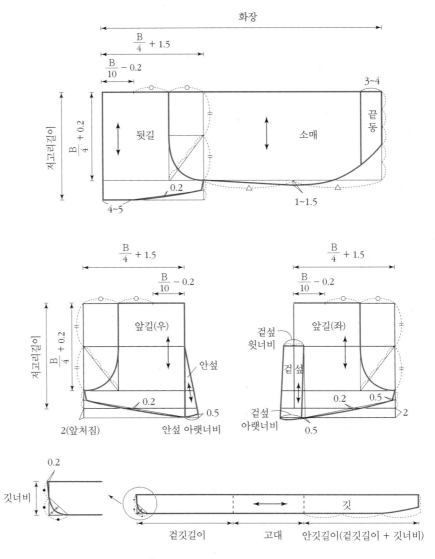

그림 2-1-57 여아 저고리 본뜨기의 실제

2) 마름질

저고리 옷감으로 봄·가을에는 숙고사, 생고사, 국사, 자미사, 진주사, 항라, 갑사, 은조사, 명주 등 다양한 소재가 사용된다. 여름에는 모시, 삼베, 생명주 등 시원한 소재를 주로 사용하며, 겨울에는 양단, 공단, 모본단 등을 사용한다. 색상은 주로 분홍색, 노랑색, 연두색, 옥색, 미색, 흰색 등을 사용한다. 소매는 색색의 옷감을 이어 붙여서 만들거나 색동옷감을 이용한다.

표 2-1-19 여아 저고리의 옷감 계산방법 및 필요량(돌쟁이 치수 기준)

구성	옷감 너비	옷감 계산방법	옷감 필요량
길	55cm	저고리길이 × 2 + 시접	40cm
	110cm	저고리길이 × 2 + 시접	40cm
색동	110cm	소매너비 × 2 + 시접	35cm
고름	55 · 110cm	긴고름길이	52cm

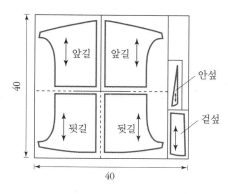

여아 색동저고리 길 마름질

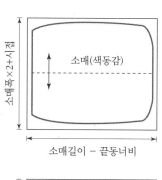

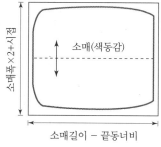

여아 색동저고리 소매 마름질

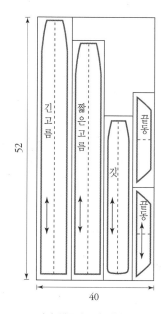

여아 색동저고리 회장 마름질

그림 2-1-58 여아 저고리 마름질의 실제

■ **마름질의 실제**

① 앞길과 뒷길을 붙여서 마르는 것이 좋다.

② 섶은 저고리의 진동 부분을 마르고 남은 부분에서 마르기도 한다. 또한 섶 부분은 색동을 이어 따로 만들어 붙이기도 한다.

③ 안감은 보통 저고리처럼 마른다.

④ 고름감에서 깃, 고름, 끝동을 마른다.

⑤ 소매의 색동 부분을 색동 폭에 맞추어 여유분을 두고 마른다.

⑥ 직선의 시접은 1.5cm 내외로 하고 곡선의 시접은 1cm 이내로 한다.

3) 바느질

바느질 방법은 여자 색동저고리와 같으며, 구체적인 방법은 여자 색동저고리 그림을 참조한다.

(1) 등솔 · 어깨솔 박기

등솔은 고대에서 도련쪽으로 바느질한다. 완성선에서 시접쪽으로 0.1cm 나가서 박는다. 시접은 입어서 오른쪽으로 가도록 완성선을 꺾어 다린다.

어깨솔은 고대를 표시한 후 고대점에서 진동까지 박고, 이때 되돌아 박기를 하여 고대점이 풀리지 않도록 한다. 시접은 뒷길쪽으로 꺾는다.

(2) 섶 달기

그림 2-1-16과 같이 겉섶의 섶선(곧은솔)을 꺾은 후 앞길 겉의 겉섶선에 댄다. 겉에서 한올뜨기를 한 후 펴서 안에서 등솔과 같은 방법으로 시접쪽으로 0.1cm 나가서 박는다. 요즘에는 겉섶에 심을 대기도 한다. 안섶은 겉섶을 달 때와 같은 방법으로 섶선(어슨솔)을 길의 안섶선(곧은올)에 붙인다. 시접은 길쪽으로 꺾는다.

(3) 색동 잇기

① 색동의 색상 배열을 정한다. 예전에는 주로 분홍색, 노랑색, 연두색, 남색, 다홍색, 자주색 등을 사용하였으나, 현대에는 개인의 취향에 따라 비슷한 계열의 색상들을 모아서 색동을 잇기도 한다.

② 그림 2-1-36의 ㉠과 같이 처음 시작되는 두 장의 색동감을 겉끼리 마주 대고 직

선으로 곧게 박는다. 시접은 가름솔로 한다. 색동 부분의 다림질은 하나의 색동을 이을 때마다 한 번씩 해주어야 색동의 폭을 일정하게 할 수 있다.

③ 가름솔로 다려진 색동의 선부터 색동의 폭을 다시 재서 정확하게 그린다. 다음에 이어질 색동감을 대고 직선으로 곧게 박는다. 색동의 폭은 보통 2~3cm로 하나 개인의 취향과 유행에 따라 색동 폭은 조절할 수 있다.

④ 위의 방법을 반복해서 색동을 끝까지 잇는다.

(4) 끝동 잇기

색동 소매의 중심과 끝동의 중심을 맞춰 시침하고 완성선을 박는다. 이때 시접은 소매쪽으로 꺾거나 가름솔로 처리한다.

(5) 소매 달기

① 소매의 진동 부분에 중심점을 표시한 후 진동의 둥근 곡선 부분을 그린다.

② 그림 2-1-37의 ㉠과 같이 소매의 둥근 진동선의 시접을 안쪽으로 꺾어 다린다.

③ ㉡과 같이 소매의 겉을 길의 겉 어깨선에 소매 중심점을 맞추어 한올뜨기 시침한 후, 소매를 젖혀 놓고 박는다. 이때 진동의 끝점까지만 정확하게 박고 양끝이 풀리지 않게 되돌아 박는다.

④ ㉢과 같이 시접은 소매쪽으로 꺾어 다리며 진동 부분의 시접을 0.7~1cm 사이로 정리하면 가윗집을 넣지 않고도 시접을 부드럽게 접어 넘길 수 있다.

(6) 안 만들기

겉감과 같은 방법으로 바느질한다. 단, 겉섶과 안섶의 위치를 겉감과 반대로 해야 겉과 안을 맞출 때 섶의 위치가 겉감과 일치하게 된다.

어깨솔, 진동솔, 섶솔을 붙여 앞·뒷길을 한 장으로 마름질한 후, 등솔만 박아 완성하기도 한다.

(7) 겉과 안 맞추기

겉감과 안감을 겉끼리 마주 댄다. 등솔, 어깨솔, 진동 중심, 앞·뒤 진동선, 겉섶, 안섶 등에 시침핀을 꽂아 고정시켜 놓은 후 앞·뒤 도련과 수구를 박는다. 이때 앞·뒤 겨드랑 밑 치수가 잘 맞는지 확인한 후 박는 것이 좋다. 도련은 곡선이 늘어나지 않도록 옷감을 밀어 넣으면서 박는다. 수구는 완성선 끝에서 양쪽으로 1.5~2cm 나간 지점까지 더 나가서 박는다. 섶코 만들기는 그림 2-1-18의 ㄴ을 참조한다.

(8) 배래와 옆선 박기

겉감과 안감의 뒷길 사이에 앞길을 뒤집으면서 밀어넣어 겉감과 겉감, 안감과 안감이 마주 닿도록 한다. 어깨선은 안감이 겉감보다 0.2~0.3cm 작게 되도록 시침핀을 꽂는데, 이렇게 하면 안감이 겉감보다 약간 작아지기 때문에 완성선을 박고 뒤집은 후 안감이 겉감 밖으로 밀려나오지 않는다.

소맷부리와 옆선의 끝을 잘 맞추어 시침핀을 꽂은 후, 그림 2-1-19의 ㄱ과 같이 배래와 옆선을 한 번에 박는다. 약 1~1.5cm 정도로 시접을 정리한 후, 겉감쪽으로 꺾어서 다린다. 옛날에는 저고리를 전부 뜯어서 세탁한 후, 다시 만들어 입었기 때문에 시접을 자르지 않았으나 요즘은 한꺼번에 세탁을 하므로 깔끔하게 시접을 정리해도 무방하다.

고대로 뒤집어서 잘 매만진다. 깃을 달기 편하도록 고대 부분을 평평하게 하여 시침핀을 꽂거나 그림 2-1-19의 ㄴ과 같이 어슷시침한다.

(9) 깃 만들어 달기

그림 2-1-20의 ㄱ과 같이 겉깃 안에 심을 대고 완성선에서 0.2cm 바깥쪽을 박아 고정시킨다. 깃의 시접을 안쪽으로 꺾어 다린다. 깃머리둘레는 완성선 바깥쪽을 곱게 홈질한 후 완성선에 깃본을 대고 실을 잡아당겨 시접을 안쪽으로 오그린다. 주름 사이에 살짝 풀을 발라 다리면 형태가 고정된다.

만든 깃을 ㄴ과 같이 깃 위치에 놓는다. 깃을 만들 때 표시해 둔 고대점을 저고리의 고대에 맞춘 후 ㄴ과 같은 순서로 시침핀을 꽂고 겉에서 한올시침을 한다. 깃을 길쪽으로 젖힌 후 시침선을 따라 박는다. 깃머리는 바늘땀이 보이지 않도록 겉에서 곱게 공그르기한다. 고대의 시접을 정리하여 깃 사이에 넣는다. 저고리 안쪽에서 안깃을 따라 공그르기 또는 새발뜨기를 한다.

(10) 고름 만들어 달기

고름은 그림 2-1-21의 ㄱ과 같이 안에서 접어 박은 후 시접을 꺾고 다림질하여 뒤집는다. 고름에 심감을 넣을 경우에는 고름폭의 반만 넣는다. 긴고름은 박은 솔기가 위로 가게 하여 겉깃과 겉섶의 중간에 단다. 짧은고름은 안섶쪽에 다는데, 고대점에서 바로 내리거나 1cm 정도 밖으로 나가서 내린 선과 긴고름의 높이에서 나간 직선이 만나는 지점에 단다.

(11) 동정 달기

그림 2-1-22의 ㉠과 같이 동정의 끝을 깃 끝에서 깃너비만큼 올라간 위치에 닿게 한다. 깃 안쪽에 동정의 겉을 대고 동정 시접의 1/2 또는 1/2보다 약간 작은 위치를 재봉틀로 박거나 곱게 홈질한다. 동정을 겉쪽으로 넘겨서 매만진 후 ㉡과 같이 안쪽은 1cm 간격으로, 겉에 나오는 땀은 0.2cm 정도로 숨뜨기한다. 동정너비나 깃너비는 유행을 많이 따른다. 시중에 파는 동정을 사용하기도 하지만 그림 2-1-22의 '동정 만들기'를 참조하여 만들어 달면 저고리가 훨씬 품위 있어 보인다.

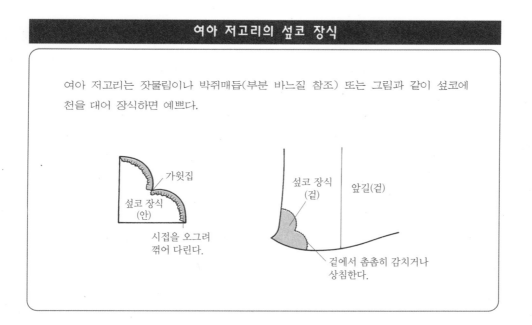

여아 저고리의 섶코 장식

여아 저고리는 잣물림이나 박쥐매듭(부분 바느질 참조) 또는 그림과 같이 섶코에 천을 대어 장식하면 예쁘다.

가윗집

섶코 장식
(안)

시접을 오그려
꺾어 다린다.

섶코 장식
(겉)

앞길(겉)

겉에서 촘촘히 감치거나
상침한다.

韓服

바지는 고대에서 현재에 이르기까지 우리옷의 기본 양식이다. 삼국시대에는 남녀 모두 바지를 입었는데, 신분에 따라 바지통과 길이, 옷감의 종류에 차이가 있었다. 현재의 남자 바지와 같이 사폭이 있는 형태는 조선시대에 이르러 등장한 것으로 보이며, 계절에 따라 홑바지(고의)·겹바지·솜바지·누비바지 등으로 다양하게 만들어 입었다. 여자의 바지는 조선시대에 이르러 속옷화되어 치마 안에 입게 되었으며 그 종류도 다양하여 속속곳·바지·단속곳·너른바지 등 여러 종류를 겹쳐 입어 치마를 부풀리는 역할을 하였다. 한편, 경북지방의 특징적인 여자의 홑바지로 허리 아래에 돌아가며 긴 구멍을 내어 만든 '살창고쟁이'도 있었다. 아동용으로는 용변을 가리기 편리하도록 밑을 터서 만든 풍차바지나 개구멍 바지가 있다.

1. 남자 바지

남자 바지는 허리띠와 대님을 매는 번거로움이 있으나 통이 넉넉하고 여유가 있어 좌식생활에 편리하다. 겨울철에는 명주에 솜을 두어 만들어 입으면 방한용으로 좋다. 홑으로 만든 고이는 여름철에 입는다. 현대에는 바지의 사폭선에 지퍼를 달거나 대님을 단추로 대신하는 등 활동성과 실용성을 보완한 생활한복도 등장하고 있다.

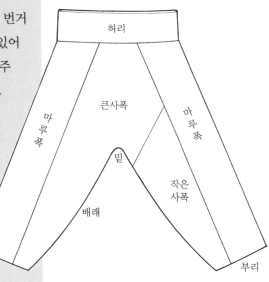

그림 2-2-1 남자 바지의 구조

1) 본뜨기

필요한 치수는 엉덩이둘레, 바지길이이다.

표 2-2-1 남자 바지의 참고치수		소(170)	중(175)	대(180) (단위: cm)
항목 크기(신장)		소(170)	중(175)	대(180)
바지길이		105	110	115
엉덩이둘레(H)		95	100	105
허리너비		15	16	17
부리 (H/4 + 3)		27	28	29
허리띠	길이	165	165	165
	폭	8	8	8
대님	길이	85	85	85
	폭	3.5	3.5	3.5

2) 마름질

바지의 옷감으로 봄·가을에는 숙고사, 생고사, 국사, 자미사, 진주사, 항라, 갑사 등 다양한 소재가 사용된다. 여름에는 모시, 삼베, 생항라 등 시원한 소재를 주로 사용하며, 겨울에는 명주, 양단, 무명 등을 사용한다. 색상은 주로 흰색, 옥색, 연갈색, 은색, 연보라, 회색 등으로 지나치게 화려한 색을 피해서 배색한다.

안감은 겉감보다 가볍고 얇고 부드러운 것이 좋으며, 겉감의 색상에 맞는 것으로 선택한다. 겉감은 견직물로 하더라도 안감을 면으로 하면 위생적이고 실용적이다.

표 2-2-2 남자 바지의 옷감 계산방법 및 필요량		
옷감 너비	옷감 계산방법	옷감 필요량
55cm	바지길이 × 4 + 시접	460cm
110cm	바지길이 × 2 + 시접	230cm

韓 服　바 지

■ 마름질의 실제

바지는 크기가 크기 때문에 마름질할 때 본을 잘 배치하여 옷감이 낭비되지 않도록 주의한다. 마루폭은 반드시 골로 재단하여야 하며, 허리띠는 옷감이 충분할 경우 하나로 재단하지만 옷감의 부족할 경우에는 허리띠 중간을 이어도 무방하다. 시접은 1.5cm 내외로 한다.

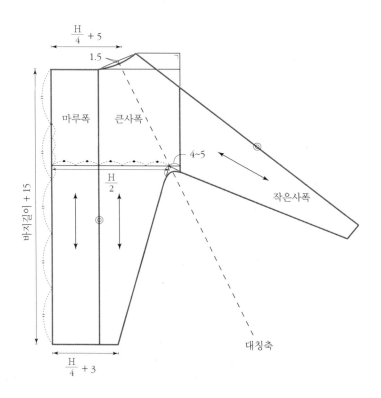

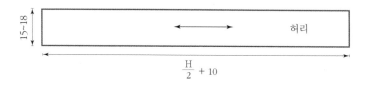

그림 2-2-2 남자 바지 본뜨기의 실제

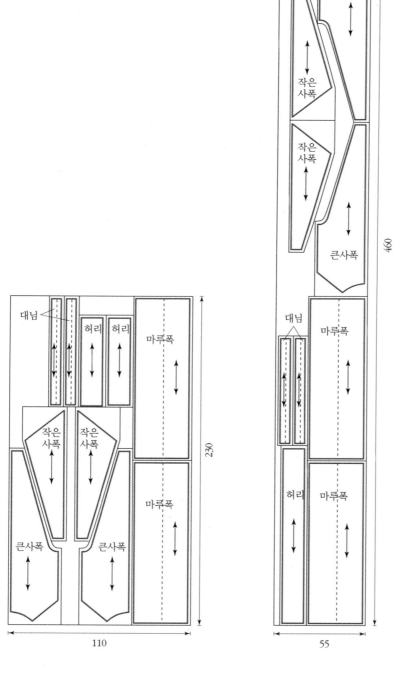

대님
허리 허리
마루폭
작은 사폭 작은 사폭
큰사폭 큰사폭
마루폭
230
110

큰사폭
작은 사폭
작은 사폭
큰사폭
460
대님
마루폭
허리 마루폭
55

그림 2-2-3 남자 바지 마름질의 실제

3) 바느질

(1) 사폭 붙이기

① 큰사폭의 곧은솔기와 작은사폭의 어슨솔기를 마주 대어 시침하고, 박은 후 시접은 큰사폭쪽으로 꺾어 다린다. 이때 작은사폭의 어슨솔기가 늘어나지 않도록 작은사폭을 큰사폭 아랫쪽에 놓고 큰사폭쪽에서 박는다.

② 큰사폭과 작은사폭이 바지를 입었을 때 앞, 뒤의 같은 방향에 놓이도록 하여 2장을 만든다.

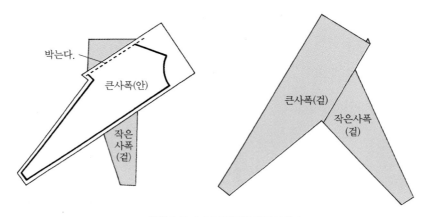

그림 2-2-4 남자 바지의 사폭 붙이기

(2) 마루폭 붙이기

사폭의 겉과 마루폭의 겉을 마주 대어 시침하고, 부리에서 허리 방향으로 바느질한

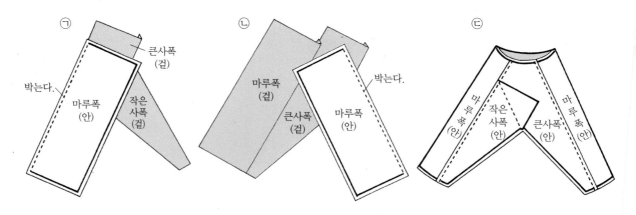

그림 2-2-5 남자 바지의 마루폭 붙이기

다. 시접은 마루폭쪽으로 꺾는다. 마
루폭을 접어 넘긴 후 같은 방법으로
남은 사폭을 붙인다.

(3) 배래 박기

배래 전체를 한 번에 박는다. 밑아
래는 그림 2-2-6의 '①, ②'와 같이
화살표 방향으로 곡선을 두 번 박는
데, 다 박은 후 곡선 부분에 가윗집
을 준다.

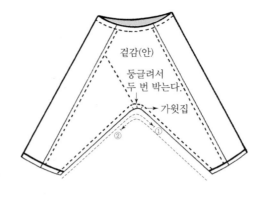

그림 2-2-6 남자 바지의 배래 박기

(4) 바지허리 달기

바지허리는 양끝을 박아 시접을 가른다. 허리를 이은 솔기를 앞 작은사폭선에 맞추
고 허리둘레를 바지에 맞추어 바느질한다. 시접은 허리쪽으로 꺾는다.

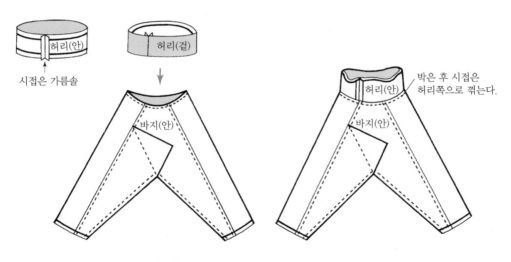

그림 2-2-7 남자 바지의 바지허리 달기

(5) 안 만들기

겉 만들기와 같다. 안과 겉의 사폭 위치가 같도록 주의하여 바느질한다. 한쪽 마루
폭에 창구멍을 20cm 가량 낸다.

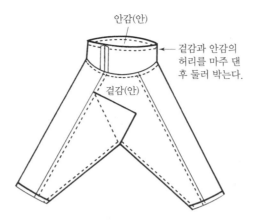

안감(안)

겉감과 안감의
허리를 마주 댄
후 둘러 박는다.

겉감(안)

그림 2-2-8 남자 바지의 겉과 안 맞추기

(6) 겉과 안 맞추기

안감을 뒤집어서 안감의 겉이 밖으로 나오도록 한다. 그림 2-2-8과 같이 안감의 겉
과 겉감의 겉이 맞닿게 겉감 안에 안감을 끼운 후, 허리의 윗둘레를 둘러 박는다. 이때
안감을 겉감에 약간 당기듯이 맞춰야 나중에 안감이 겉으로 밀려나오지 않는다.

(7) 바짓부리 박기

겉감 속에 끼운 안감을 그림 2-2-9와 같이 허리 위쪽으로 빼낸 후, 겉감과 안감의

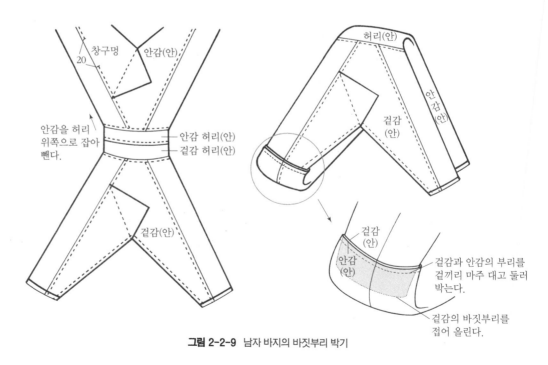

그림 2-2-9 남자 바지의 바짓부리 박기

부리를 겉끼리 마주 대고 둘레를 바느질한다. 시접은 겉감쪽으로 꺾는다.

(8) 뒤집어 창구멍 막기

창구멍으로 부리를 잡아당기면서 뒤집은 후 창구멍을 곱게 공그른다.

(9) 허리띠와 대님 만들기

그림 2-2-10과 같이 허리띠를 길이 방향으로 접어 창구멍을 남기고 박는다. 시접을 잘 접어 다리고 창구멍으로 뒤집은 후 공그르기를 하여 정리한다. 대님도 같은 방법으로 만든다.

그림 2-2-10 남자 바지의 허리띠 만들기

2. 풍차바지

풍차바지는 3~4세까지의 어린이에게 입히는 것으로, 용변을 가리기에 편리하도록 밑이 트였고, 뒤로 여며 입는다. 겨울에는 솜을 두거나 누벼 만들기도 한다.

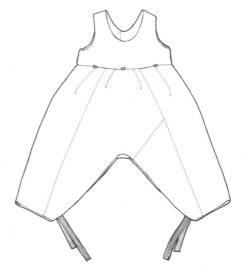

그림 2-2-11 풍차바지의 구조

1) 본뜨기

필요한 치수는 바지의 경우 엉덩이둘레와 바지길이이고, 조끼허리의 경우는 가슴둘레와 저고리길이이다.

표 2-2-3 풍차바지의 참고치수			(단위: cm)
항목 \ 연령(신장)		백일(71)	돌(80)
바지길이		43	50
엉덩이둘레		46	48
가슴둘레		44	50
조끼허리길이		22.5	26
밑길이		26	30
밑너비	상	4.5	5
	하	7	9
대님	길이	35	40
	너비	2	2

2) 마름질

풍차바지의 옷감으로는 부드럽고 가벼운 면직물, 견직물, 합성섬유, 인조견 등이 쓰인다. 색상은 흰색, 옥색, 분홍색, 연보라색 등을 주로 사용한다.

표 2-2-4 풍차바지의 옷감 계산방법 및 필요량		
옷감 너비	옷감 계산방법	옷감 필요량
55cm	바지길이 × 2 + 조끼허리길이 × 2 + 시접	170cm
110cm	바지길이 × 2 + 조끼허리길이 + 시접	140cm

■ 마름질의 실제

풍차바지는 성인 남자와 달리 밑을 다는데, 재단할 때 밑의 올 방향을 주의하여 배치하도록 한다. 일반적으로 조끼허리와 바지는 같은 색의 옷감으로 만들지만 디자인에 따라 다른 색으로 하기도 한다. 조끼허리는 옷감이 충분할 경우 하나로 재단하지만, 옷감이 부족할 경우에는 조끼허리의 옆선을 이어도 무방하다. 시접은 직선 부분의 경우 1.5cm 내외로 하고 곡선 부분은 1cm 이내로 한다.

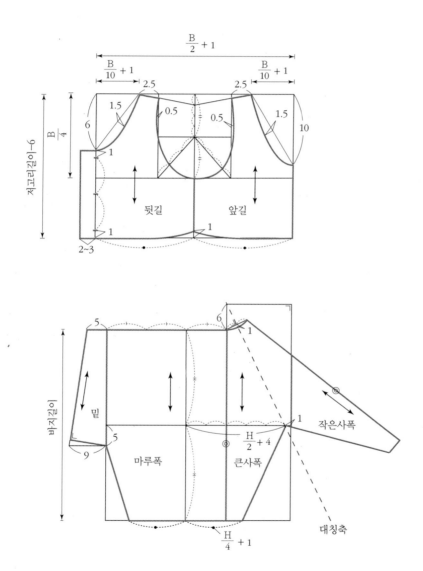

그림 2-2-12 풍차바지 본뜨기의 실제

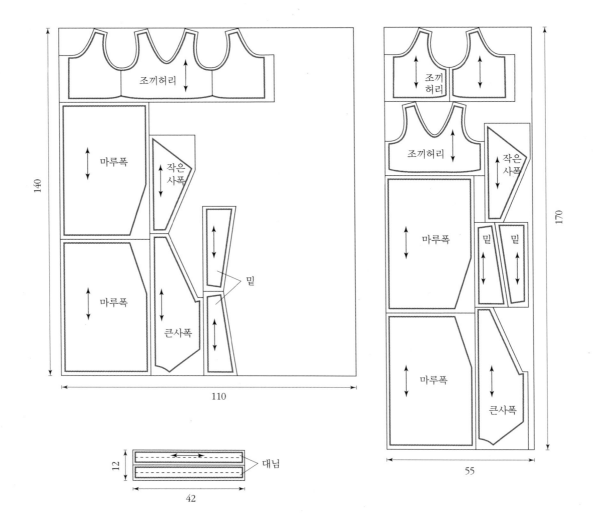

그림 2-2-13 풍차바지 마름질의 실제

3) 바느질

(1) 사폭 붙이기

큰사폭의 곧은솔기와 작은사폭의 어슨솔기를 마주 대어 시침하고, 박은 후 시접은 큰사폭쪽으로 꺾어 다린다. 이때 작은사폭의 어슨솔기가 늘어나지 않도록 작은사폭을 큰사폭 아래쪽에 놓고 큰사폭쪽에서 박는다.

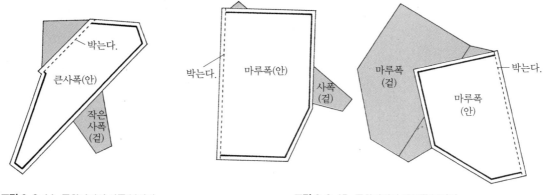

그림 2-2-14 풍차바지의 사폭 붙이기   그림 2-2-15 풍차바지의 마루폭 붙이기

(2) 마루폭 붙이기

사폭의 양옆을 마루폭에 마주 대어 시침하고, 부리에서 허리 방향으로 바느질한다. 이때 사폭을 이은 쪽을 마루폭 아래에 놓고 마루폭쪽에서 바느질하여야 솔기가 늘어나지 않는다. 시접은 마루폭쪽으로 꺾는다.

(3) 밑 달기

양 마루폭 끝에 밑의 어슨솔기를 붙여 바느질한 후, 시접은 가름솔로 한다. 이때 마루폭쪽에서 바느질해야 솔기가 늘어나지 않는다. 밑의 끝점까지만 정확하게 박는다.

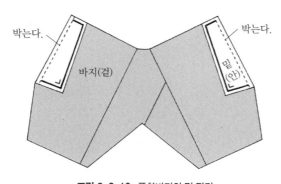

그림 2-2-16 풍차바지의 밑 달기

(4) 안 만들기

겉과 같은 방법으로 만드는데 큰사폭과 작은사폭의 위치는 겉감과 반대 방향으로

해야 겉과 안을 맞출 때 겉감과 안감의 사폭 위치가 일치하게 된다.

(5) 겉과 안 맞추기

겉감과 안감을 겉끼리 마주 대고 허리를 제외한 가장자리를 둘러 박는다. 그림 2-2-17과 같이 밑부분은 둥글게 박고 가윗집을 3~4개 넣는다. 시접은 겉감쪽으로 꺾어 넘긴 다음 뒤집는다.

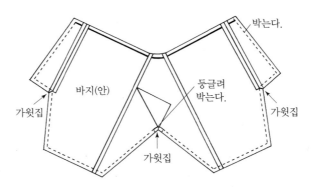

그림 2-2-17 풍차바지의 겉과 안 맞추기

(6) 주름 잡기

허리를 완성선에서 시접 방향으로 0.2cm 나가서 박는다. 허리에 주름의 위치를 표시하여 시침한다. 주름 분량은 조끼둘레와 바지허리둘레의 차이이다. 앞주름은 앞중심을 향하여 좌우 각각 1~2개씩 잡고, 뒷주름은 뒷중심을 향하여 각각 2~3개씩 잡는다. 주름은 그림 2-2-18의 번호순서대로 잡는다.

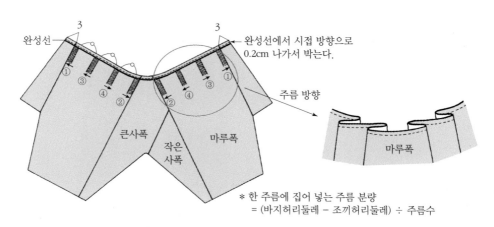

＊ 한 주름에 집어 넣는 주름 분량
= (바지허리둘레 - 조끼허리둘레) ÷ 주름수

그림 2-2-18 풍차바지의 주름 잡기

(7) 조끼허리 달기

조끼허리를 겹으로 만들어 조끼
허리의 겉허리선에 대고, 바지 중
심과 허리 중심을 맞춰 시침하여
박는다. 구체적인 방법은 166쪽
'뒤트기 조끼허리(겹으로 할 때)'
를 참조한다. 시접은 조끼허리쪽
으로 넘기고, 조끼허리 안감의 허
리선 시접을 접어 넣어 바지 안감
허리선에 감침질하여 붙인다.

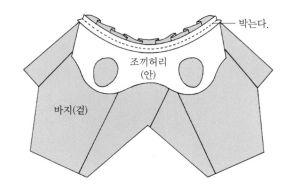

그림 2-2-19 풍차바지의 조끼허리 달기

(8) 배래 감치기

배래를 잘 맞춘 후 그림 2-2-20과 같이 겉감의 부리쪽에서 10~15cm 가량을 곱게
감침질한다.

(9) 대님 달기

대님은 그림 2-2-20과 같이 부리에서 배래쪽으로 2~3cm 올라간 위치에 감침질하
여 붙인다.

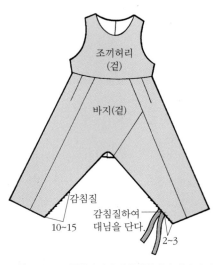

그림 2-2-20 풍차바지의 배래 감치기와 대님 달기

3. 단속곳

단속곳은 밑이 막히고 바지통이 넓은 속옷으로 요즘의 속치마 역할을 하는 옷이다. 간편한 속치마의 등장으로 개화기 이후 입지 않게 되었다. 그러나 조끼허리를 달아 속치마 대용으로 만들어 입으면 매우 편리하다.

그림 2-2-21 단속곳의 구조

1) 본뜨기

필요한 치수는 가슴둘레, 단속곳길이이다.

표 2-2-5 단속곳의 참고치수			소	중	대
항목 \ 크기		(단위: cm)			
단속곳길이			88	90	92
가슴둘레(B)			82	86	90
허리너비			10	11	12
밑너비			10	11	12
바대너비			3.5	3.5	3.5
끈너비			5	5	5
끈길이	긴 것		90	100	110
	짧은 것		75	80	85

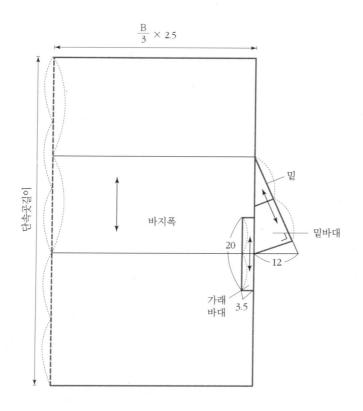

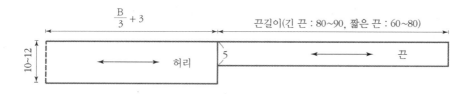

그림 2-2-22 단속곳 본뜨기의 실제

2) 마름질

단속곳의 옷감은 주로 흰색의 무명, 옥양목 등의 면직물과 인조견, 모시, 명주, 숙고
사, 국사, 항라 등을 사용한다.

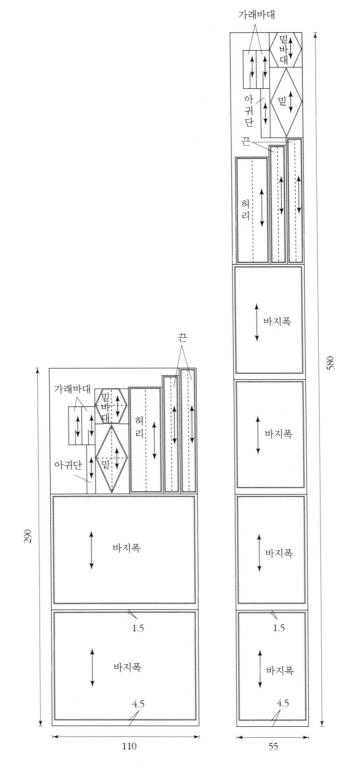

가래바대
밑바대
아귀단
밑
끈
허리
바지폭
580

끈
가래바대
밑바대
허리
아귀단
밑
바지폭
1.5
바지폭
4.5
290
110

바지폭
1.5
바지폭
4.5
55

그림 2-2-23 단속곳 마름질의 실제

옷감 너비	옷감 계산방법	옷감 필요량
55cm	단속곳길이 × 6 + 시접	580cm
110cm	단속곳길이 × 3 + 시접	290cm

표 2-2-6 단속곳의 옷감 계산방법 및 필요량

■ 마름질의 실제

단속곳을 만들 때 넓은 폭의 옷감을 사용할 경우에는 바지폭을 하나로 재단하고, 좁은 폭의 옷감을 사용할 경우에는 따로 재단하여 만든다. 단속곳은 부리의 단을 접어 올려 바느질하므로 부리 부분의 시접을 4~5cm 두고 마름질한다. 이외 시접은 1.5cm 내외로 한다.

3) 바느질

(1) 폭 붙이기

넓은 폭의 옷감을 사용한 경우에는 바지통을 한 장으로 재단하였으므로 폭을 따로 붙이지 않아도 된다. 좁은 폭의 옷감을 사용한 경우에는 두 장의 폭을 겉과 겉끼리 마주 대고 박은 후, 시접은 뒤쪽으로 꺾는다. 홑겹일 때는 쌈솔이나 통솔로 바느질한다.

(2) 가래바대 대기

바지폭의 안에 가래바대의 겉을 대고 눌러 박는다.

(3) 밑 달기

먼저 바지폭과 밑을 겉끼리 맞대고 시침한 후, 바지폭의 안쪽에 밑바대를 대어 밑, 바지폭 가래바대, 밑바대의 4겹을 겹쳐서 박는다. 그림 2-2-25와 같이 ①-①′, ②-②′를 맞추어 박는다.

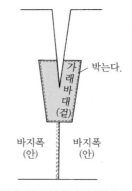

그림 2-2-24 단속곳의 가래바대 대기

(4) 아귀 트기

입어서 오른쪽 옆에 15~20cm의 아귀를 튼다. 아귀에는 1.5cm의 안단을 대어 그림 2-2-26과 같이 바느질한다.

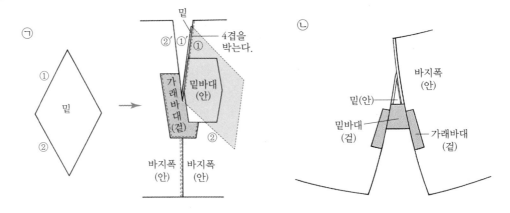

그림2-2-25 단속곳의 밑 달기

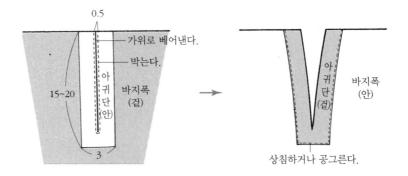

그림 2-2-26 단속곳의 아귀 트기

(5) 단 박기

단 끝은 시접을 접어 넣어 공그르기하거나 단분을 꺾어 박는다.

(6) 띠허리 만들기

① 허리끈은 겉쪽이 마주 닿도록 반을 접은 후 완성선을 박아 뒤집는다.
② 띠허리감을 길이로 반을 접어 완성선을 표시한다. 이때 바지가 달릴 부분의 시접을 미리 꺾어 다려 놓으면 띠허리를 달 때 편리하다.
③ 띠허리감 사이에 미리 만들어 놓았던 끈을 솔기가 위로 가도록 끼운 후 양옆을 튼튼하게 박아서 뒤집는다.

(7) 바지허리 주름 잡기

① 단속곳 허리를 완성선에서 시접 방향으로 0.2cm 나가서 박는다.

② 허리에 주름의 위치를 표시하여 시침한다. 주름 분량은 단속곳 허리둘레와 띠허리둘레의 차이이다.

　　*한 주름에 접어 넣을 분량 = (단속곳 허리둘레 − 띠허리둘레) ÷ 주름수

③ 주름은 앞뒤 중심을 향하여 좌우 각각 3~4개씩 잡는다.

(8) 허리 달기

① 허리감과 주름 잡은 바지허리의 겉쪽이 마주 닿도록 놓고 완성선을 박은 후 시접은 허리쪽으로 꺾어 다린다.

② 바지허리 안쪽에서 시접을 꺾어 넣은 후 곱게 공그르기하거나 감친다.

치마는 저고리와 함께 기본이 되는 여자 옷이다. 치마길이가 길고 폭이 넓으며 허리에 잔주름을 잡아 옷 움직임에 따라 선의 흐름이 아름답게 나타나는 것이 특징이다. 치마의 종류에는 형태에 따라 뒤트기 치마, 통치마 등이 있으며, 만드는 방법에 따라 홑치마, 겹치마, 깨끼치마, 솜치마, 누비치마 등이 있다. 궁중에는 직금단이나 금박을 두른 스란치마나 대란치마를 입었으며, 홑치마의 안단에 다른 색의 선을 두른 선단치마도 있다. 치마는 폭, 허리, 끈의 세 부분으로 구성되는 간단한 구조를 가지고 있으며, 전체적으로 직선 모양이면서 치마폭에 주름을 잡아 허리에 달아 입는다. 조끼허리는 치마의 형태에 따라 뒤트기, 앞트기 등으로 한다.

1. 치마

치마의 기본형은 치마폭을 다 붙이지 않고 평면으로 하여 양쪽에 선단을 만들어 둘러 입는 모양이다.

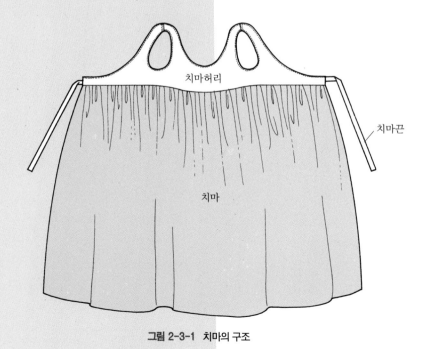

그림 2-3-1 치마의 구조

1) 본뜨기

치마는 옷감너비에 따라 치마폭 수가 결정되므로 치마길이만 재면 따로 본뜰 필요가 없다.

(1) 치 마

필요한 치수는 치마길이, 가슴둘레, 저고리길이이다. 치마길이는 같은 신장의 경우에도 저고리길이와 입는 용도에 따라 약간의 차이가 있으며, 입는 사람의 취향에 따라서도 일정하지 않다.

표 2-3-1 치마의 참고치수				(단위: cm)
항목 \ 크기	소	중	대	저고리와의 관계
가슴둘레 (B)	82	86	90	
치마허리길이	23	24	25	저고리길이 − 2
치마길이 (총길이−치마허리길이＋구두굽 높이)	115	120	125	
허리끈너비	2~2.5	2~2.5	2~2.5	

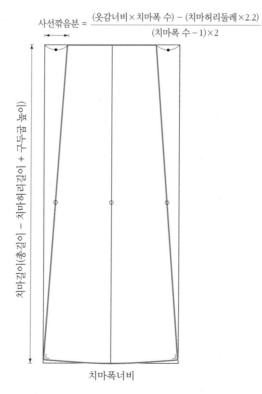

$$사선깎음분 = \frac{(옷감너비 \times 치마폭 \ 수) - (치마허리둘레 \times 2.2)}{(치마폭 \ 수 - 1) \times 2}$$

치마폭너비

그림 2-3-2 치마 본뜨기의 실제

(2) 치마허리

① 끈허리

허리길이는 가슴둘레+16cm로 하고 허리너비는 5~6cm로 하는데, 저고리길이에 따라 적당히 조절할 수 있다.

② 조끼허리

저고리길이와 가슴둘레를 재어서 조끼허리 본을 뜨는데, 목둘레선과 진동의 곡선이 자연스럽게 이어지도록 한다.

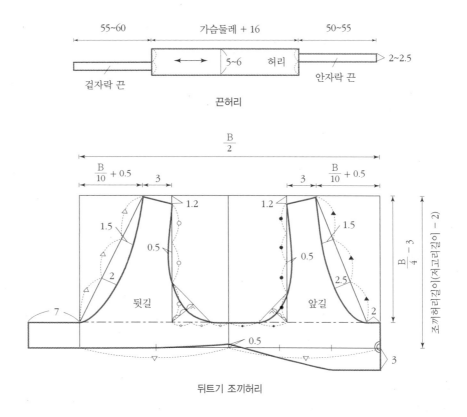

그림 2-3-3 치마허리 본뜨기의 실제

2) 마름질

치마의 옷감으로는 봄·가을에는 숙고사, 생고사, 국사, 자미사, 진주사, 항라, 갑사, 은조사, 명주 등 다양한 소재를 사용한다. 여름에는 모시, 삼베, 생명주 등 시원한 소재를 사용하며, 겨울에는 양단, 공단, 모본단 등을 사용한다. 색상은 주로 자주색, 다홍색, 분홍색, 남색 등을 사용하지만, 요즘에는 저고리 색상에 맞추어 다양한 색상의 치마를 만들어 입기도 한다.

치마허리감은 흰색 옥양목이나 포플린, 아사 등을 사용한다. 요즘에는 치마허리감으로 치마감이나 저고리 안감을 사용하기도 한다.

표 2-3-2 치마의 옷감 계산방법 및 필요량

옷감 너비		옷감 계산방법	옷감 필요량
55cm	5폭	(치마길이 + 시접) × 5	600~650cm
	6폭	(치마길이 + 시접) × 6	720~780cm
110cm	2.5폭	(치마길이 + 시접) × 2.5	360~390cm
	3폭	(치마길이 + 시접) × 3	360~390cm

(1) 치 마

치마폭은 치수대로 매 폭의 길이가 똑같이 되도록 마른다. 한 폭의 길이는 치마길이 +시접(밑단+허리 시접, 5~6cm)로 정한다. 치마폭이 넓은 경우에는 허리둘레를 줄여 사선으로 마르는데, 이때 가운데 폭은 양쪽을 줄여 주며 가장 자리폭은 한 쪽만 줄이고 안자락과 겉자락은 직선으로 남겨 둔다. 줄이는 분량이 너무 많으면 전통적인 치마의 느낌을 상실하고 보기에도 흉하므로 적당하게 조절한다.

안감은 겉감과 같은 방법으로 마른다.

(2) 치마허리

① 끈허리

허리감은 보통 흰색의 옥양목이나 포플린을 사용하나 여름철에는 아사나 모시가 시원하여 좋다. 끈허리는 가슴을 조여 입기 때문에 올 방향에 주의하여 마르고, 시접은 각 1cm로 한다.

② 조끼허리

조끼허리를 마름질할 때에는 올의 방향에 크게 신경을 쓰지 않아도 되며, 곧은올 방향으로만 본을 배치하도록 한다. 뒤트기 조끼허리는 앞중심을 골로 하여 마름질한다.

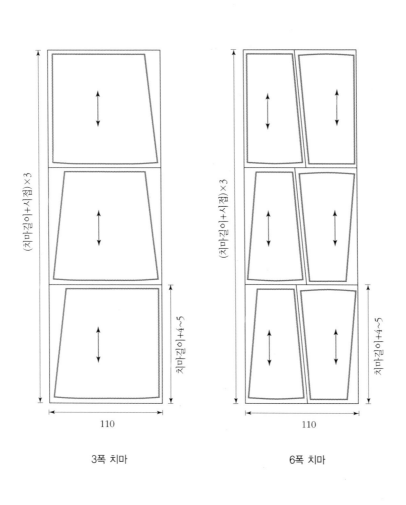

(치마길이+시접)×3

치마길이+4~5

110

3폭 치마

(치마길이+시접)×3

치마길이+4~5

110

6폭 치마

(치마길이+시접)×6

치마길이+4~5

55

그림 2-3-4 치마 마름질의 실제

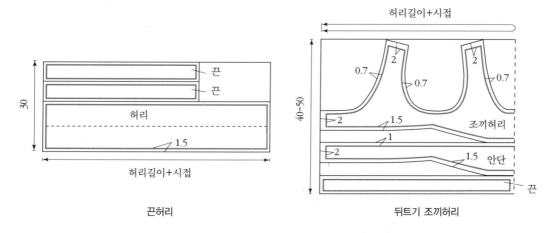

끈허리

뒤트기 조끼허리

그림 2-3-5 치마허리 마름질의 실제

3) 바느질

(1) 치마허리 만들기

① 끈허리 만들기

① 그림 2-3-6의 끈 만들기를 참조하여 끈 2개를 만든다.

② 허리감을 길이로 반을 접어 완성선을 표시한다.

③ 치마가 달릴 부분의 시접을 미리 꺾어 다린다.

④ 허리감 사이에 만들어 놓았던 끈을 솔기가 위로 가도록 끼워 놓는다.

⑤ 그림 2-3-7과 같이 양 옆을 튼튼하게 두 번 박은 후 뒤집는다.

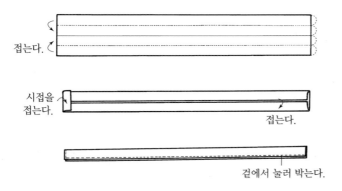

그림 2-3-6 치마 끈허리의 끈 만들기

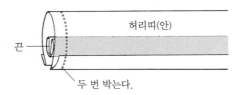

그림 2-3-7 치마 끈허리의 허리 만들기

② 조끼허리 만들기

■ 뒤트기 조끼허리(홑으로 할 때)

① 그림 2-3-6과 같이 끈 2개를 만든다.

② 조끼허리의 시접과 안단의 시접을 표시한다.

③ 그림 2-3-8의 ㉠, ㉡과 같이 목둘레와 진동둘레의 시접을 가늘게 0.3cm 간격으로 두 번 꺾어 박는다. 시접에 가위집을 주지 않는다.

④ ㉢과 같이 안단을 대고 눌러 박는다.

⑤ 안단을 꺾어 다린 후 ㉣, ㉤과 같이 허리끈을 끼워 넣고 가장자리를 박아 안단은 뒤집어 다린다.

⑥ 어깨솔기를 쌈솔로 하는데, ㉥과 같이 한 번 박은 후 뒷길 시접을 베어내고 앞길 시접으로 뒷길 시접을 싸서 다시 눌러 박는다.

■ 뒤트기 조끼허리(겹으로 할 때)

① 마름질해 놓은 조끼허리감 2장에 각각 완성선을 표시한다.

② 겉감과 안감의 겉끼리 마주 대고 그림 2-3-9의 ㉠과 같이 목둘레와 진동둘레를 박는다.

③ 그림 2-3-6과 같이 끈 2개를 만들어 옆선에 끼워 넣고 박는다.

④ 목둘레와 진동둘레의 시접을 0.5~0.7cm 남기고 베어낸 후 시접을 겉감쪽으로 꺾어 다린다.

⑤ 그림 2-3-9의 ㉡과 같이 양쪽 앞 어깨 부분을 뒤집어 뒤 어깨 속으로 잘 맞추어 끼워 넣는다.

⑥ ㉢과 같이 어깨를 박는다.

⑦ 뒤 어깨를 뒤집어 앞 어깨를 빼낸 후 ㉣과 같이 모양을 정리한다.

⑧ 안감이 밀려나오지 않도록 잘 다린 후 목둘레와 진동둘레는 끝에서 0.2~0.3cm 들어가서 상침한다.

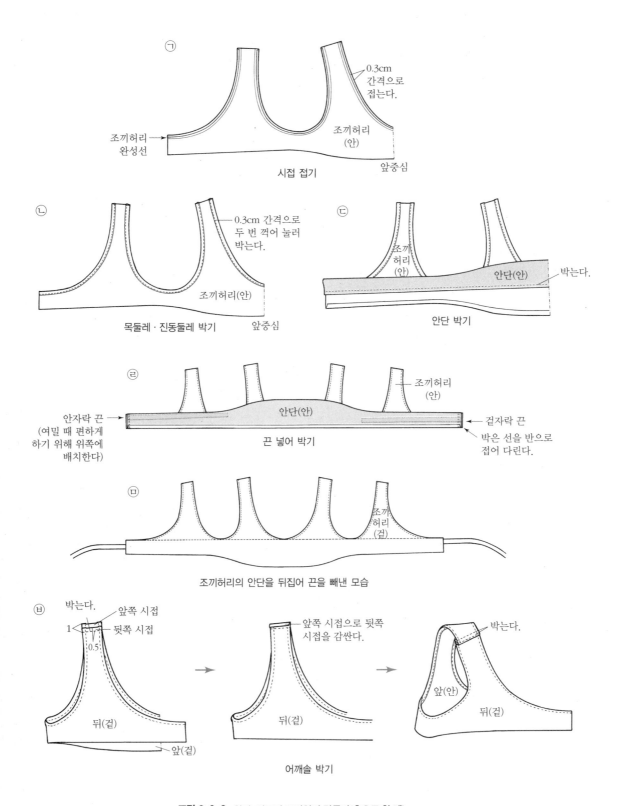

그림 2-3-8 치마 뒤트기 조끼허리 만들기(홑으로 할 때)

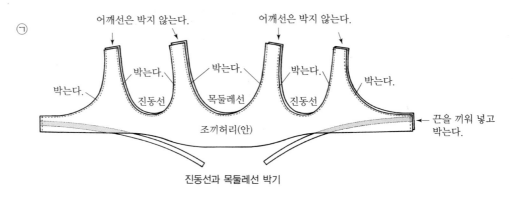

ㄱ

어깨선은 박지 않는다.   어깨선은 박지 않는다.

박는다.   박는다.   박는다.   박는다.

박는다.   진동선   목둘레선   진동선   박는다.

조끼허리(안)

끈을 끼워 넣고 박는다.

진동선과 목둘레선 박기

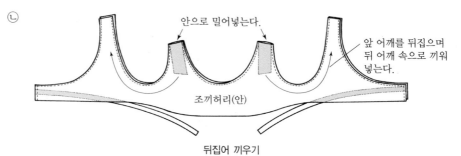

ㄴ

안으로 밀어넣는다.

조끼허리(안)

앞 어깨를 뒤집으며 뒤 어깨 속으로 끼워 넣는다.

뒤집어 끼우기

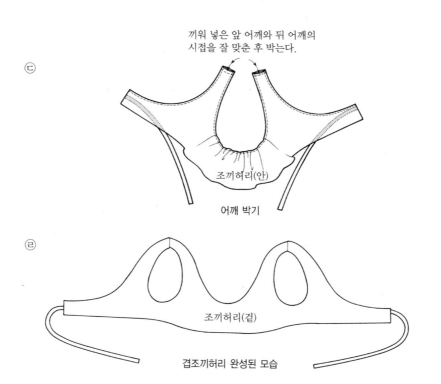

ㄷ

끼워 넣은 앞 어깨와 뒤 어깨의 시접을 잘 맞춘 후 박는다.

조끼허리(안)

어깨 박기

ㄹ

조끼허리(겉)

겹조끼허리 완성된 모습

그림 2-3-9 치마 뒤트기 조끼허리 만들기(겹으로 할 때)

(2) 치마폭 잇기

① 옷감의 무늬와 방향을 살핀 후 밑단쪽에서부터 박는다. 두 폭을 나란히 하여 서
　로 밀리지 않도록 주의한다.

② 시접은 주름 방향과 같은 쪽(겉자락에서 안자락 방향)으로 꺾는 것이 주름잡기에
　편하다. 그러나 두꺼운 감이면 가름솔로 하기도 한다.

③ 안감도 같은 방법으로 박고 시접은 겉감과 반대 방향으로 꺾는다.

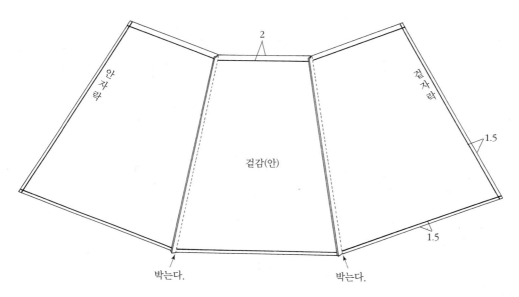

그림 2-3-10　치마의 치마폭 잇기

(3) 단과 모서리하기

① 겉감의 겉과 안감의 겉을 마주 대고 솔기마다 핀으로 시침하여 평평하게 펼친
　후, 안감의 양 옆단과 밑단이 겉감보다 각각 3cm 작도록 잘라낸다.

② 겉감과 안감에 시접을 1.5cm 정도로 하여 바느질선을 표시해 놓는다.

③ 치마의 모서리는 그림 2-3-11의 ㉠과 같이 겉감의 점 2, 3과 안감의 점 1이 모두
　한 곳에서 만나도록 해야 한다. ㉡과 같이 먼저 1점이 2점이 만나도록 밑단을 박
　는다. 그리고 나서 ㉢과 같이 3점을 끌어다가 2점에 대고 옆단을 박는다.

④ 밑단과 옆단을 모두 박은 다음 겉감의 모서리를 ㉣과 같이 접어 직각으로 박는다.

⑤ 시접을 단쪽으로 가도록 꺾어 다린 후 뒤집어 단을 ㉤과 같이 정리한다.

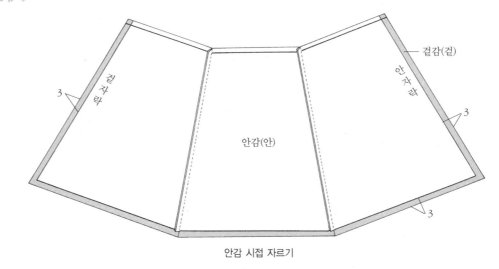

안감 시접 자르기

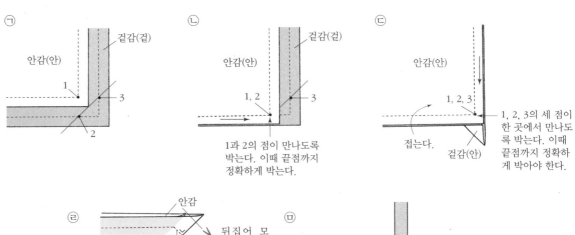

ㄱ

안감(안)　겉감(겉)

1

3

2

ㄴ

안감(안)　겉감(겉)

1, 2　　3

1과 2의 점이 만나도록
박는다. 이때 끝점까지
정확하게 박는다.

ㄷ

안감(안)

1, 2, 3

접는다.

겉감(안)

1, 2, 3의 세 점이
한 곳에서 만나도
록 박는다. 이때
끝점까지 정확하
게 박아야 한다.

ㄹ

안감

겉감(안)

박는다.

뒤집어 모
양을 확인
한 후 시접
을 자른다.

ㅁ

안감(겉)　겉감(겉)

그림 2-3-11 치마의 단과 모서리하기

(4) 주름 잡기

① 주름을 잡을 때 겉감과 안감이 서로 밀리지 않도록 주름선 위를 한 번 박아 고정
시킨다. 이때 그림 2-3-12의 ㉠과 같이 치맛자락이 늘어지지 않도록 안자락쪽은
옆선에서 8~10cm 정도에서부터 2cm 정도 내려 휘어지게 주름선을 박는다.

② 치마 주름 분량은 표 2-3-3을 참고로 하여 계산한다.

③ 주름은 겉감을 위로 놓고, 겉자락쪽에서 시작하여 안자락쪽으로 잡아간다.

④ 주름의 방향은 안자락쪽을 향하도록 왼편 주름을 잡는데, 주름을 한 개씩 접어
가며 시침핀을 세로로 꽂는다.

⑤ 주름을 다 잡은 후 시침핀을 꽂은 상태에서 그림 2-3-12의 ⓛ과 같이 굵은 실로
주름 한 개에 한땀씩 시침하여 고정시킨다.

⑥ 재봉틀에 놓고 완성선에서 시접쪽으로 0.2cm 정도 떨어져 주름의 모양이 흐트러
지지 않도록 손으로 눌러가며 박는다.

표 2-3-3 치마 주름분량 계산하기	
주름 수	(치마허리둘레) ÷ 주름너비
속주름 분량	[(치마폭둘레 − 치마허리둘레)] ÷ 주름 수
주름너비는 옷감의 종류와 취향에 따라 조절할 수 있으나, 보통 0.5~1cm 정도로 한다.	

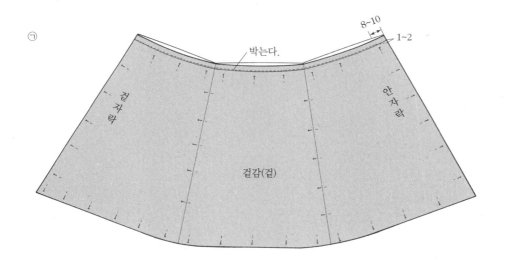

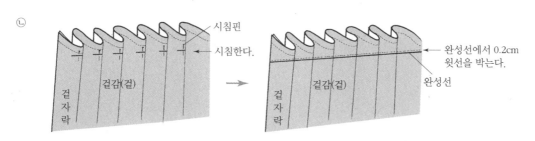

그림 2-3-12 치마의 주름 잡기

(5) 허리 달기

① 그림 2-3-13의 ㉠과 같이 치마의 겉과 허리의 겉을 맞대고 겉자락쪽에서 안자락
　쪽으로 시침하여 박는다.
② ㉡과 같이 치마 안에서 허리시접을 접어 넣고 곱게 감친다.

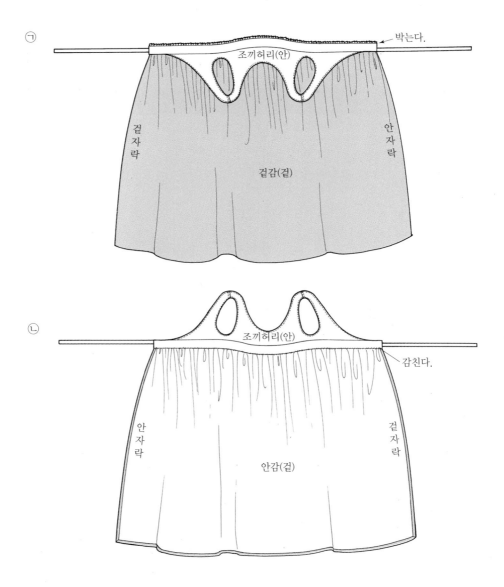

그림 2-3-13 치마의 치마허리 달기

도련치마는 도련단에 선을 두른 의례용 치마로, 홑치마 안쪽 좌우 선단과 아랫단에
별도의 감으로 재단한 덧단을 대어 만든다. 덧단은 치마감과 같은 색으로 두르기도
하지만, 보통 치마감이 홍색인 경우에는 청색의 덧단을 두르고, 치마감이 청색인 경
우에는 홍색의 덧단을 두름으로써 치마를 입고 움직일 때 흔들리는 치맛자락이 보다
아름다워 보이는 효과를 지닌다.

도련치마의 구조

① 덧단의 겉과 치마의 겉을 마주 대고 도련을 따라 완성선을 박는다.
② 덧단을 치마의 안쪽으로 꺾어 다린 후, 그림과 같이 모서리의 시접을 접고 치마에
대어 공그르기하거나 감침질하여 고정시킨다.

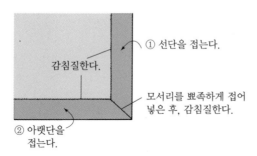

감침질한다.

① 선단을 접는다.

모서리를 뾰족하게 접어
넣은 후, 감침질한다.

② 아랫단을
접는다.

도련치마의 단과 모서리하기

2. 통치마

통치마는 풀치마의 비활동적인 점을 개량하여 양쪽 선단이 없이 통으로 만든 치마로, 입고 벗기에 편하고 활동적이며 만들기도 쉽다. 보통은 길이를 짧게 하여 만들어 입지만 용도에 따라 긴 치마로도 입는다. 보통 앞트기 조끼허리를 단다.

1) 본뜨기

(1) 치 마

그림 2-3-14 통치마의 구조

필요한 치수는 치마길이, 가슴둘레, 저고리길이이다.

치마는 옷감너비에 따라 치마폭 수가 결정되므로 치마길이만 재면 따로 본뜰 필요가 없다.

(2) 치마허리

통치마용으로는 앞트기 조끼허리를 한다. 저고리 길이와 가슴둘레를 재어서 조끼허리의 본을 뜨는데, 목둘레선과 진동의 곡선이 자연스럽게 이어지도록 한다.

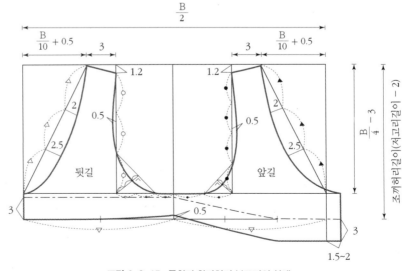

그림 2-3-15 통치마 치마허리 본뜨기의 실제

2) 마름질

치마의 옷감으로는 봄·가을에는 숙고사, 생고사, 국사, 자미사, 진주사, 항라, 갑
사, 은조사, 명주 등 다양한 소재가 사용된다. 여름에는 모시, 삼베, 생명주 등 시원한
소재를 사용하며, 겨울에는 양단, 공단, 모본단 등을 사용한다. 색상은 주로 자주색,
다홍색, 분홍색, 남색 등을 사용하지만, 요즘에는 저고리 색상에 맞추어 다양한 색상
의 치마를 만들어 입기도 한다.

표 2-3-4 통치마의 옷감 계산방법 및 필요량

옷감 너비		옷감 계산방법	옷감 필요량
55cm	4폭	(치마길이 + 시접) × 4	380~420cm
110cm	2폭	(치마길이 + 시접) × 2	190~210cm

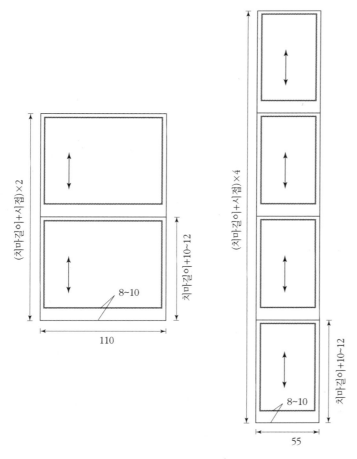

그림 2-3-16 통치마 마름질의 실제

치마허리감은 흰색 옥양목이나 포플린, 아사 등을 사용한다. 요즘에는 치마허리감
으로 치마감이나 저고리 안감으로 사용하기도 한다.

(1) 치 마

통치마의 마르기는 풀치마와 같으나 치마길이는 짧고 폭은 좁게 만든다.

치마폭은 매 폭의 길이가 똑같이 되도록 하며, 한 폭의 길이는 치마길이+10~12cm
로 정한다. 여기에서 10~12cm은 허리시접 2cm와 단분 8~10cm를 합한 것이다.

통치마는 보통 홑으로 만드나 용도에 따라서는 안감을 넣기도 한다.

(2) 치마허리

조끼허리를 마름질할 때에는 올의 방향에 크게 신경을 쓰지 않아도 되며, 곧은올 방
향으로만 본을 배치하도록 한다. 앞트기 조끼허리는 뒷중심을 골로 하여 마른다.

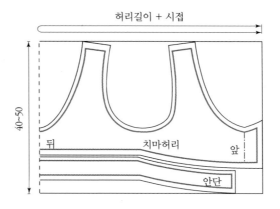

그림 2-3-17 통치마 치마허리 마름질의 실제

3) 바느질

(1) 앞트기 조끼허리 만들기

① 조끼허리와 안단의 시접을 꺾어 표시한다.

② 밑 안단을 앞 안단 끝에 대고 양끝을 박아 시접을 앞 안단쪽으로 꺾는다.

③ 그림 2-3-18의 ㉡과 같이 앞 안단의 목둘레를 박고 앞 안단을 뒤집는다.

④ 뒤트기 조끼허리와 같은 방법으로 목둘레와 진동둘레를 두 번 접어 박은 후 어깨
　를 박는다.

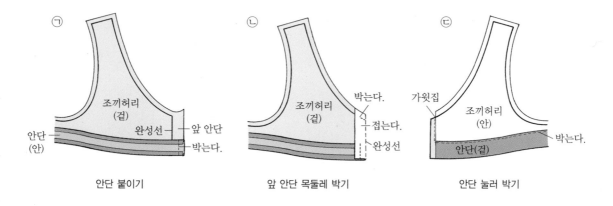

| ㄱ | ㄴ | ㄷ |

조끼허리
(겉)

안단
(안)
완성선 — 앞 안단
박는다.

안단 붙이기

조끼허리
(겉)

박는다.
접는다.
완성선

앞 안단 목둘레 박기

가윗집
조끼허리
(안)

안단(겉)
박는다.

안단 눌러 박기

그림 2-3-18 통치마의 앞트기 조끼허리 만들기

⑤ ㄷ과 같이 안단을 눌러 박는다.

(2) 치마폭 잇기

치마폭을 연결한다. 시접은 한쪽으로 꺾는데 주름의 방향과 같은 쪽으로 꺾는 것이
주름 잡기에 편리하다.

(3) 주름 잡기

표 2-3-3을 참조로 하여 주름 분량을 계산한다. 통치마 주름너비는 보통 3~4cm
정도로 넓다. 체형과 치마길이에 따라서 적당히 조절한다.

(4) 통으로 만들기와 단하기

① 그림 2-3-20과 같이 아귀를 10~15cm 정도 남기고 통으로 박는다.
② 아귀 끝은 안쪽에 힘받이 감을 대고 박으면 튼튼하다.
③ 단너비를 8~10cm로 하여 단분을 꺾어 시침한 후 공그르거나 감친다.

(5) 허리 달기

아귀를 잘 맞추고 치마와 같은 방법으로 조끼허리를 단다.

(6) 단추나 끈 달기

조끼허리 여밈단을 잘 맞추어 단추나 가는 끈을 단다.

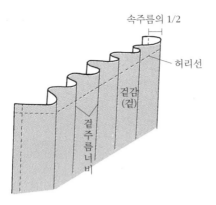

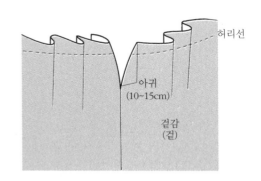

그림 2-3-19 통치마의 주름 잡기

그림 2-3-20 통으로 만들기

그림 2-3-21 통치마의 단추 달기

3. 여아 치마

여아 치마는 어른 치마와 같은 구조이며, 활동하기 편하도록 통치마로 만들어 입히기도 한다.

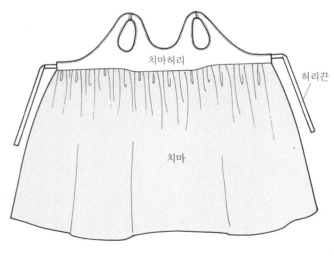

그림 2-3-22 여아 치마의 구조

1) 본뜨기

(1) 치 마

필요한 치수는 치마길이, 가슴둘레, 저고리길이이다.

치마는 옷감의 너비에 따라 치마폭 수가 결정되므로 치마길이만 재면 본뜰 필요가 없다.

항목＼연령(신장)	돌(78)	3－4세(102)	5－6세(115)	7－8세(127)	9－10세(139)
치마길이	55	65	78	93	103
치마허리길이	14	16	18	20	22
가슴둘레(B)	48	54	58	64	70
허리끈길이	35~45	35~45	35~45	35~45	35~45
허리끈너비	1.5~2	1.5~2	1.5~2	1.5~2	1.5~2

표 2-3-5 여아 치마의 참고치수 (단위: cm)

(2) 치마허리

조끼허리를 마름질할 때에는 올의 방향에 크게 신경을 쓰지 않아도 되며, 곧은올 방향으로만 본을 배치하도록 한다. 뒤트기 조끼허리는 앞중심을 골로 하여 마름질한다.

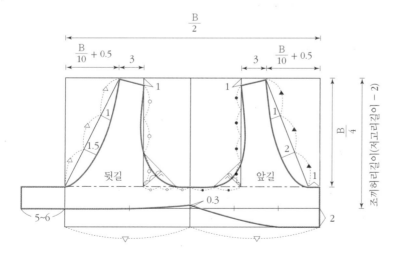

그림 2-3-23 여아 치마허리 본뜨기의 실제

2) 마름질

치마의 옷감으로는 봄·가을에는 숙고사, 생고사, 국사, 자미사, 진주사, 항라, 갑사, 은조사, 명주 등 다양한 소재를 사용한다. 여름에는 모시, 삼베, 생명주 등 시원한 소재를 사용하며, 겨울에는 양단, 공단, 모본단 등을 사용한다. 색상은 주로 자주색, 다홍색, 분홍색, 남색 등을 사용하지만, 요즘에는 저고리 색상에 맞추어 다양한 색상의 치마를 만들어 입기도 한다.

치마허리감은 흰색 옥양목이나 포플린, 아사 등을 사용한다. 요즘에는 치마허리감으로 치마감이나 저고리 안감을 사용하기도 한다.

표 2-3-6 여아 치마의 옷감 계산방법 및 필요량(3-4세 치수 기준)

옷감 너비		옷감 계산방법	옷감 필요량
55cm	3폭	(치마길이 + 시접) × 3	180cm
110cm	2폭	(치마길이 + 시접) × 2	120cm

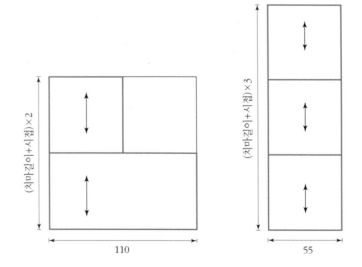

그림 2-3-24 여아 치마 마름질의 실제

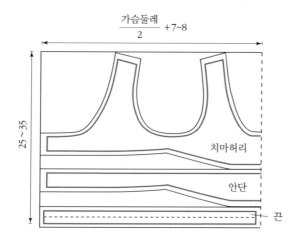

$$\frac{가슴둘레}{2} + 7 \sim 8$$

25~35

치마허리

안단

끈

그림 2-3-25 여아 치마 조끼허리 마름질의 실제

(1) 치 마

치마폭은 치수대로 매 폭의 길이가 똑같이 되도록 마른다. 한 폭의 길이는 치마길이
+시접(밑단+허리 시접)로 정한다.

안감은 겉감과 같은 방법으로 마른다.

(2) 치마허리

조끼허리를 마름질할 때에는 올의 방향에 크게 신경을 쓰지 않아도 되며, 곧은올 방
향으로만 본을 배치하도록 한다. 뒤트기 조끼허리는 앞중심을 골로 하여 마름질한다.

3) 바느질

(1) 치마허리 만들기

① 뒤트기 조끼허리(홑으로 할 때)

① 그림 2-3-6과 같이 끈 2개를 만든다.

② 조끼허리의 시접과 안단의 시접을 표시한다.

③ 그림 2-3-8의 ㉠, ㉡과 같이 목둘레와 진동둘레의 시접을 가늘게 0.3cm 간격으
로 두 번 꺾어 박는다.

④ ㉢과 같이 안단을 대고 눌러 박는다.

⑤ 안단을 꺾어 다린 후 ②, ⑩과 같이 허리끈을 끼워 넣고 가장자리를 박아 안단은 뒤집어 다린다.

⑥ 어깨솔기를 쌈솔로 하는데, ⑭과 같이 한 번 박은 후 뒷길 시접을 베어내고 앞길 시접으로 뒷길 시접을 싸서 다시 눌러 박는다.

② 뒤트기 조끼허리(겹으로 할 때)

① 마름질해 놓은 조끼허리감 2장에 각각 시접을 표시한다.

② 겉감과 안감의 겉끼리 마주 대고 그림 2-3-9의 ㉠과 같이 목둘레와 진동둘레를 박는다.

③ 그림 2-3-6과 같이 끈 2개를 만들어 옆선에 끼워 넣고 박는다.

④ 목둘레와 진동둘레의 시접을 0.5~0.7cm 남기고 베어낸 후 시접을 겉감쪽으로 꺾어 다린다.

⑤ 그림 2-3-9의 ㉡과 같이 양쪽 앞 어깨 부분을 뒤집어 뒤 어깨 속으로 잘 맞추어 끼워 넣는다.

⑥ ㉢과 같이 어깨를 박는다.

⑦ 뒤 어깨를 뒤집어 앞 어깨를 빼낸 후 ㉣과 같이 모양을 정리한다.

⑧ 안감이 밀려나오지 않도록 잘 다린 후 목둘레와 진동둘레는 끝에서 0.2~0.3cm 들어가서 상침한다.

(2) 치마폭 잇기

① 옷감의 무늬와 방향을 살핀 후 밑단쪽에서부터 박는다. 두 폭을 나란히 하여 서로 밀리지 않도록 주의한다.

② 시접은 주름 방향과 같은 쪽으로 꺾는 것이 주름잡기에 편하다. 그러나 두꺼운 감이면 가름솔로 하기도 한다.

③ 안감도 같은 방법으로 박고 시접은 겉감과 반대 방향으로 꺾는다.

(3) 단과 모서리하기

① 겉감의 겉과 안감의 겉을 마주 대고 솔기마다 핀으로 시침하여 평평하게 펼친 후, 안감의 양 옆단과 밑단이 겉감보다 각각 3cm 작도록 잘라낸다.

② 겉감과 안감에 시접을 1.5cm 정도로 하여 바느질선을 표시해 놓는다.

③ 치마의 모서리는 그림 2-3-11의 ㉠과 같이 겉감의 점 2, 3과 안감의 점 1이 모두

한 곳에서 만나도록 해야 한다. ⓒ과 같이 먼저 1점과 2점이 만나도록 밑단을 박는다. 그리고 나서 ⓒ과 같이 3점을 끌어다가 2점에 대고 옆단을 박는다.

④ 밑단과 옆단을 모두 박은 다음 겉감의 모서리를 ⓔ과 같이 접어 직각으로 박는다.

⑤ 시접을 단쪽으로 가도록 꺾어 다린 후 뒤집어 단을 ⓜ과 같이 정리한다.

(4) 주름 잡기

① 주름을 잡을 때 겉감과 안감이 서로 밀리지 않도록 주름선 위를 한 번 박아 고정시킨다. 이때 그림 2-3-12의 ㉠과 같이 치맛자락이 늘어지지 않도록 안자락쪽은 옆선에서 3~5cm 정도에서부터 1~2cm 정도 내려 휘어지게 주름선을 박는다.

② 치마 주름 분량은 표 2-3-3을 참고로 하여 계산한다.

③ 주름은 겉감을 위로 놓고, 겉자락쪽에서 시작하여 안자락쪽으로 잡아간다.

④ 주름의 방향은 안자락쪽을 향하도록 왼편 주름을 잡는데, 주름을 한 개씩 접어가며 시침핀을 세로로 꽂는다.

⑤ 주름을 다 잡은 후 시침핀을 꽂은 상태에서 그림 2-3-12의 ㉡과 같이 굵은 실로 시침하여 고정시킨다.

⑥ 재봉틀에 놓고 완성선에서 시접쪽으로 0.2cm 정도 떨어져 주름의 모양이 흐트러지지 않도록 손으로 눌러가며 박는다.

(5) 허리 달기

① 그림 2-3-13의 ㉠과 같이 치마의 겉과 허리의 겉을 맞대고 겉자락쪽에서 안자락쪽으로 시침하여 박는다.

② ㉡과 같이 치마 안에서 허리시접을 접어 넣고 곱게 감친다.

韓服

배자는 앞섶을 마주 여미는 맞깃(대금, 對衿)형 의복의 한 가지이다. 배자는 소매와 옷길이가 긴 예복용 배자, 소매는 짧고 옷길이가 긴 것, 소매도 짧고 옷길이도 짧은 것 등 그 종류가 매우 다양하다. 그 중에서 일상복으로 착용되었던 배자는 '등걸이'라고 하는데, 소매가 없고 길이가 저고리길이를 약간 넘는 정도의 상의이다. 배자는 남녀노소가 다 입을 수 있지만, 서울 이남지방의 여성들은 배자를 즐겨 입지 않았다. 반면, 평양지방에서는 혼례복으로 배자를 입을 만큼 많이 애용하였고, 봄·가을은 물론 여름철에도 멋을 내기 위해 배자를 입기도 하였다. 해방 이후 서울 이남지방에서는 안을 동물의 가죽을 댄 갖배자가 어린이나 중년 이상의 여성들 사이에 유행한 적도 있었다.

1. 남자 배자

남자 배자는 조선 후기에 왕부터 서민에 이르기까지 저고리 위에 보편적으로 착용한 옷으로 오늘날 조끼와 같은 옷이다. 보통 겹옷으로 뒷길이가 길고 앞길이가 짧으며, 양옆이 완전히 트여 있어 앞길의 옆선에서 이어져 나오는 끈을 뒷길의 옆선에 있는 고리에 끼워 앞쪽에서 묶어 입는다. 배자는 조끼와 달리 깃과 동정이 있다.

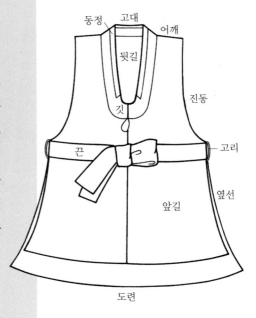

그림 2-4-1 남자 배자의 구조

1) 본뜨기

필요한 치수는 가슴둘레, 등길이이다.

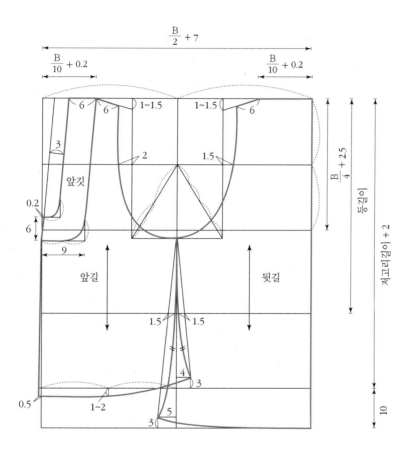

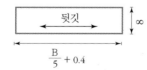

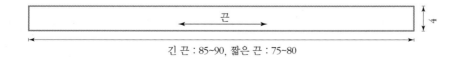

긴 끈 : 85~90, 짧은 끈 : 75~80

그림 2-4-2 남자 배자 본뜨기의 실제

2) 마름질

배자는 저고리 위에 입는 옷이므로 저고리와 조화를 이루는 옷감을 선택하는 것이 좋다. 배자의 옷감으로는 봄·가을에는 숙고사, 국사, 갑사 등의 옷감을 사용하고, 겨울에는 양단, 공단 등을 사용한다. 색은 주로 남색, 자주색, 옥색, 황색 등으로 한다.

표 2-4-1 남자 배자의 옷감 계산방법 및 필요량		
옷감 너비	옷감 계산방법	옷감 필요량
55cm	배자길이 × 3 + 시접	200~220cm
110cm	배자길이 × 1.5 + 시접	100~110cm

■ 마름질의 실제

뒷길은 등솔시접 없이 골로 마른다. 체격이 커서 등솔이 골로 마름질이 안 될 경우에는 뒷길을 따로 재단하여 등솔을 잇고 시접은 깨끗하게 가름솔로 다린다. 심감을 댈 경우에는 겉감과 똑같이 마름질하여 겉감의 안쪽에 시침실로 고정한 후 한 장으로 생각하고 바느질한다. 시접은 직선 부분을 1.5cm 내외로 하고 진동의 곡선 부분은 1cm 이내로 한다. 안감은 겉감과 똑같이 마름질한다.

3) 바느질

(1) 앞길 깃 만들기

① 그림 2-4-4와 같이 앞길의 양쪽에 깃선을 그린 후 안쪽에서 완성선을 따라 정확히 박는다.
② 양쪽 깃선의 박은 선을 안쪽에서 꺾어 다린 후 박음선 0.1cm 바깥쪽을 곱게 박는다. 0.1cm 시접은 깃쪽으로 꺾어서 다린다.

(2) 끈과 고리 만들기

① 그림 2-4-5와 같이 앞길 옆선에 끼워 박을 끈을 만든다. 끈의 길이 방향으로 겉쪽이 마주 닿도록 반을 접은 후 끈 폭에 맞추어 박는다. 박은 선을 한쪽 방향으로 꺾어 다린 후 창구멍으로 뒤집는다.
② 끈을 끼울 고리는 49쪽 제1장 한복 만들기의 기초 '6. 부분 바느질'의 헝겊 고리

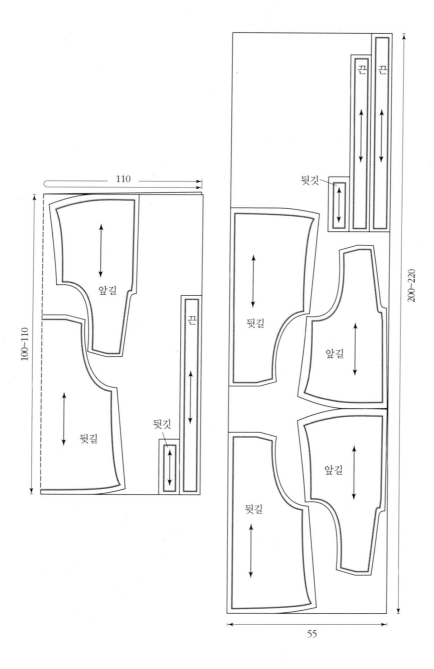

그림 2-4-3 남자 배자 마름질의 실제

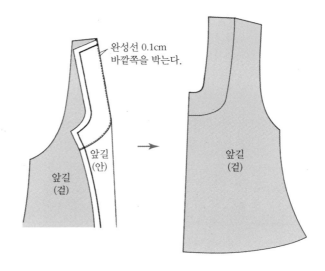

그림 2-4-4 남자 배자의 앞길 깃 만들기

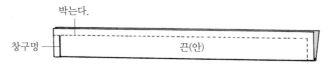

그림 2-4-5 남자 배자의 끈 만들기

를 만드는 방법을 참조하여 만든다. 고리의 폭과 길이는 끈폭에 따라 조정될 수 있다. 일반적으로는 고리의 폭을 0.5cm 내외로 하고 고리의 길이는 끈 폭 + 여유 분(1cm 내외) + 시접분으로 한다.

(3) 앞길 만들기

① 겉감의 겉과 안감의 겉을 마주 대고 진동, 깃선, 도련을 박는다. 옆선을 박을 때에는 미리 만들어 놓은 끈을 끼워 박는다. 이때 끈을 끼워 박을 위치는 진동선에서 끈을 끼우는 고리의 폭 만큼 내려와서 달아야 착용 시 모양이 예쁘다.

② 그림 2-4-6과 같이 긴 끈을 입어서 왼쪽 앞길 옆선에 끼우고 짧은 끈을 입어서 오른쪽 옆선에 끼워 박는다. 이때 저고리 고름을 다는 형식과 같이 솔기 부분을 위로 향하게 해서 박는다.

③ 시접은 모두 겉감쪽으로 꺾어 다린다. 곡선 부분의 시접을 0.7~1cm 사이로 정리하면 가윗집을 넣지 않고도 시접을 부드럽게 접어 넘길 수 있다.

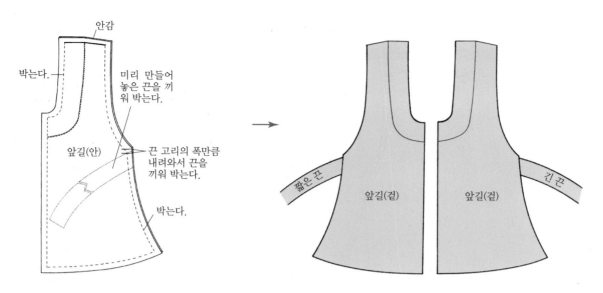

그림 2-4-6 남자 배자의 앞길 만들기

(4) 뒷길 만들기

① 겉감의 겉과 안감의 겉을 마주 대고 진
동, 옆선, 도련을 박는다. 옆선을 박을
때에는 미리 만들어 놓은 끈 고리를 끼
워 박는다.

② 끈 고리는 진동끝점에서 고리의 한쪽
끝을 끼우고 끈 너비만큼 내려온 위치
에 고리의 나머지 한쪽 끝을 끼운다.
이때 고리가 너무 팽팽하지 않도록 여
유분을 주어 끈 고리의 모양이 부드러
운 곡선의 형태가 되도록 한다.

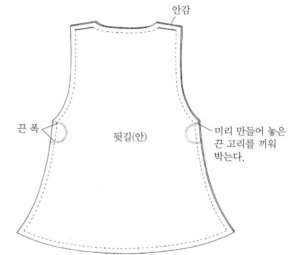

그림 2-4-7 남자 배자의 뒷길 만들기

③ 모든 시접을 겉감쪽으로 꺾어 다린다.
앞길과 마찬가지로 곡선 부분의 시접을 0.7~1cm 사이로 정리하면 가윗집을 넣
지 않고도 시접을 부드럽게 접어 넘길 수 있다.

(5) 앞길과 뒷길 잇기

① 뒷길이 뒤집어지지 않은 상태에서 뒤집은 형태의 앞길을 뒷길 속으로 끼워 넣어
어깨선을 맞춘다. 이때 뒷길의 안쪽에서는 겉감과 안감의 겉이 마주 놓인 상태가

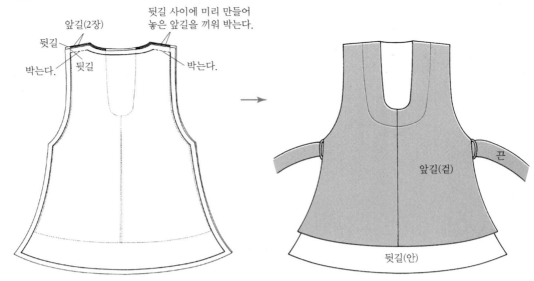

韓 服

앞길(2장)

뒷길 사이에 미리 만들어
놓은 앞길을 끼워 박는다.

뒷길

박는다. 뒷길   박는다.

앞길(겉)

끈

뒷길(안)

그림 2-4-8 남자 배자의 앞길과 뒷길 잇기

된다. 어깨점과 진동점을 정확하게 맞춘다.

② 어깨선의 4겹을 잘 맞추어 박는다.

(6) 뒷깃 만들기

① 뒷고대선의 치수와 깃 폭에 맞추어 뒷깃을 재단한다. 그림 2-4-9의 ㉠과 같이 겉깃과 안깃의 겉을 마주 대고 깃의 위쪽을 박는다. 시접을 겉감쪽으로 꺾어 다려 뒤집는다.

② 뒷고대의 겉에 겉깃의 겉을 마주 대고 고대선을 따라 시침한다. 뒷고대선의 완성선을 따라 깨끗하게 박고 시접은 깃쪽으로 꺾어 다린다.

③ 뒷고대의 양쪽 터진 부분(고대막이)의 시접을 깃 안쪽 방향으로 꺾어 다린 후 ㉢과 같이 앞깃과 맞추어 공그르기로 잇는다.

④ ㉣과 같이 뒷깃의 안쪽 깃의 고대쪽 시접과 양쪽 터진 부분(고대막이)의 시접을 깃 안쪽 방향으로 꺾어 다리고 앞깃에 공그르기로 잇는다.

(7) 동정 달기

동정을 만들어 좌우 대칭이 되도록 단다.

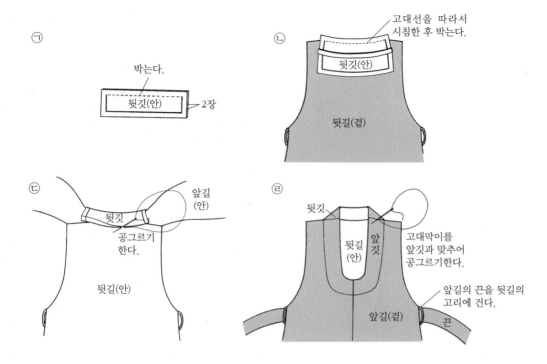

ㄱ

박는다.

뒷깃(안) ─ 2장

ㄴ

고대선을 따라서
시침한 후 박는다.

뒷깃(안)

뒷길(겉)

ㄷ

앞길
(안)

뒷깃

공그리기
한다.

뒷길(안)

ㄹ

뒷깃

뒷길
(안)

앞
깃

고대막이를
앞깃과 맞추어
공그리기한다.

앞길의 끈을 뒷길의
고리에 건다.

앞길(겉)

끈

그림 2-4-9 남자 배자의 뒷깃 만들기

2. 여자 배자

여자 배자는 진동을 색동저고리와 같이 둥글게 하고 소매를 달지 않는 옷으로서 저
고리 위에 장식용으로 덧입는다. 겨울에는 배자의 안쪽에 모피를 넣어서 방한용으로
입었다.

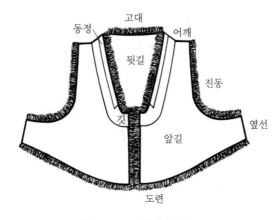

동정
고대
어깨

뒷길

진동

깃

옆선

앞길

도련

그림 2-4-10 여자 배자의 구조

1) 본뜨기

필요한 치수는 가슴둘레, 배자길이이다.

여자 배자는 저고리 위에 덧입는 옷이므로 길이와 품을 저고리보다 1~2cm 정도 크게 하여 배자 아래로 저고리의 도련선이 보이지 않도록 한다. 진동은 둥글게 파 주고 고대는 저고리와 같게 한다.

표 2-4-2 여자 배자의 참고치수				(단위: cm)
항목 크기	소	중	대	저고리와의 관계
가슴둘레(B)	82	86	90	
배자길이	28	29	30	저고리길이 + 3
진동(B/4+2)	22.5	23.5	24.5	저고리진동 + 1.5
고대/2(B/10)	8.2	8.6	9	저고리고대 + 0.5
깃너비	3	3	3.5	

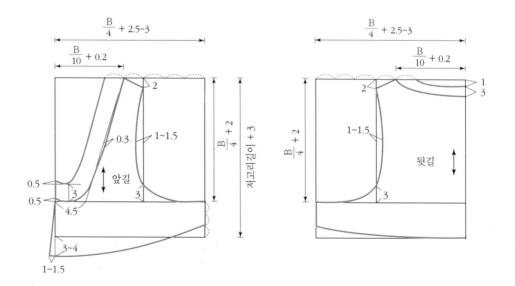

그림 2-4-11 여자 배자 본뜨기의 실제

2) 마름질

배자는 저고리 위에 입는 옷이므로 자주 입는 저고리와 조화를 이루는 옷감을 선택
하는 것이 좋다. 보통 봄 · 가을에는 숙고사, 국사, 항라, 갑사 등을 사용하고 겨울에
는 양단, 공단, 모본단 등을 사용한다. 주로 남색, 자주색, 갈색 등 보통 진한 색으로
만든다.

표 2-4-3 여자 배자의 옷감 계산방법 및 필요량		
옷감 너비	옷감 계산방법	옷감 필요량
55cm	배자길이 × 2 + 시접	68~72cm
110cm	배자길이 + 시접	34~36cm

■ 마름질의 실제

뒷길은 등솔시접 없이 골로 마르고 섶과 깃은 앞길에 붙여서 마른다. 체격이 커서
등솔이 골로 마름질이 안 될 경우는 뒷길을 따로 재단하여 등솔을 잇고 시접은 깨끗하
게 가름솔로 다린다. 심감을 댈 경우에는 겉감과 똑같이 마름질하여 겉감의 안쪽에 시
침실로 고정한 후 한 장으로 생각하고 바느질한다. 시접은 직선 부분은 1.5cm 내외로
하고 진동의 곡선 부분은 1cm 이내로 한다. 안감은 겉감과 똑같이 마름질한다.

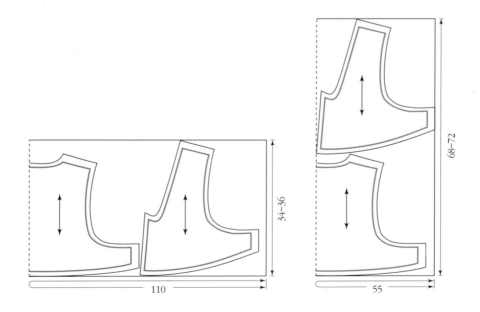

그림 2-4-12 여자 배자 마름질의 실제

3) 바느질

(1) 깃 만들기

① 앞길 양쪽에 깃선을 그린 후 안쪽에서 완성선을 따라 정확히 박는다.

② 양쪽 깃선의 박음선을 안쪽에서 꺾어 다린 후, 박음선 0.1cm 바깥쪽을 곱게 박는다. 0.1cm 시접은 깃쪽으로 꺾어서 다린다.

③ 뒷길에 깃선을 그린 후 앞길과 동일한 방법으로 만든다.

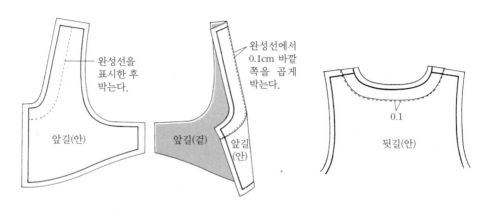

완성선을
표시한 후
박는다.

완성선에서
0.1cm 바깥
쪽을 곱게
박는다.

앞길(안)

앞길(겉)

앞길
(안)

0.1

뒷길(안)

그림 2-4-13 여자 배자의 깃 만들기

(2) 앞길 만들기

겉감과 안감의 겉을 마주 대고 진동, 앞깃의 곡선 도련을 박은 후 시접을 겉감쪽으로 꺾어 다려서 뒤집는다. 이때 곡선 부분의 시접을 0.7~1cm 사이로 정리하면 가윗집을 넣지 않고도 시접을 부드럽게 접어 넘길 수 있다.

(3) 뒷길 만들기

뒷길의 겉감과 안감의 겉을 마주 대고 진동과 도련을 박은 후 시접을 겉감쪽으로 꺾어 다린다. 앞길과 마찬가지로 곡선 부분의 시접을 0.7~1cm 사이로 정리하면 가윗집을 넣지 않고도 시접을 부드럽게 접어 넘길 수 있다.

(4) 앞길과 뒷길 잇기

① 뒤집은 앞길을 뒤집지 않은 뒷길의 겉감과 안감 사이로 끼워 넣어 어깨선과 옆선을 맞춘다.

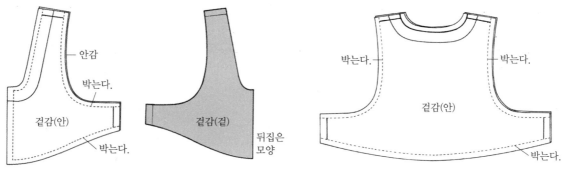

그림 2-4-14 여자 배자의 앞길 만들기	그림 2-4-15 여자 배자의 뒷길 만들기

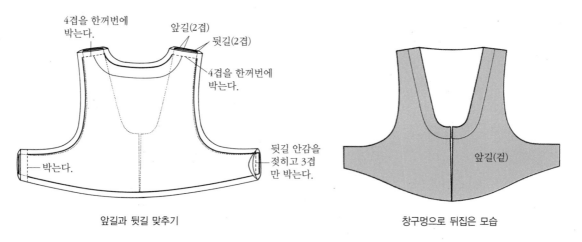

앞길과 뒷길 맞추기   창구멍으로 뒤집은 모습

그림 2-4-16 여자 배자의 앞길과 뒷길 잇기와 뒤집기

② 어깨선의 4겹과 옆선의 4겹을 잘 맞추어 박는다. 이때 한쪽 옆선은 4겹을 같이
   박고, 다른 한쪽 옆선은 안감 1겹을 젖히고 3겹만 바느질한다.

③ 모든 시접을 깨끗하게 다린 후 남겨둔 안감 1장 사이로 뒤집어서 창구멍을 공그
   르기하거나 감친다.

(5) 동정 달기

동정을 만들어 좌우 대칭이 되도록 단다.

(6) 털 달기

기호에 따라서 안 전체와 가장자리에 털을 대기도 한다. 가장자리에 털을 댈 때에는
도련과 진동둘레에만 2~3cm의 털을 시쳐서 두른다.

韓服

조끼는 개화기 때 서양문물과 함께 우리나라에 들어온 의복으로 현재 남자 한복의 중요한
요소이다. 조선시대의 남자들은 바지·저고리 위에 배자를 입었지만, 배자와 비슷하면서도
주머니가 달린 서양복의 조끼가 들어오면서 이를 본떠 만들어 입게 되었고, 그 편리함에
배자 대신 조끼를 입게 되었다. 주로 겨울과 봄·가을에는 겹조끼를 입고 여름에는 홑조끼
를 입는다. 조끼는 일반적으로 마고자와 같은 감을 사용하여 만들기도 하며 금이나 은칠
보, 호박, 자마노 등으로 만든 단추를 달아 여며 입는다. 어린이의 조끼에는 수(壽), 복(福),
희(囍) 등의 길상문자나 모란, 박쥐 등의 문양을 수놓거나 금박하여 장식하기도 한다.

1. 남자 조끼

조끼는 진동이 둥글게 파이고 주머니와
안단 등이 있어 전통적인 우리옷과는 다른
특성을 지니고 있다. 그러나 앞길과 뒷길
을 각각 완성한 후 연결하여 만드는 과정
이 서양의 조끼 제작법과 다른 전통적인
구성방식을 따르고 있다.

조끼에는 단추와 단춧구멍이 있어 앞중
심선에서 마주 여며 입으며, 앞길 양쪽에
주머니가 있고 왼쪽 가슴에는 작은 주머니
한 개가 더 있다.

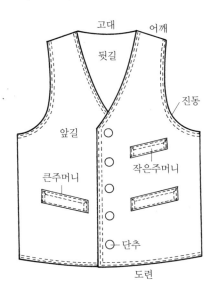

그림 2-5-1 남자 조끼의 구조

1) 본뜨기

조끼는 저고리 위에 덧입는 옷이므로 저고리 치수를 참조하여 길이와 품을 저고리보다 약간 길게 한다. 고대는 저고리의 깃선이 보이지 않게 하기 위하여 저고리와 같게 하거나 0.2cm 정도 작게 한다.

표 2-5-1 남자 조끼의 참고치수					(단위: cm)
항목 \ 크기(신장)		소(170)	중(175)	대(180)	저고리와의 관계
가슴둘레(B)		92	96	100	
조끼길이		62	64	66	저고리길이 + 2
진동(B/4+3)		26	27	28	저고리진동 + 0.5
고대/2(B/10−0.7)		9	9.4	9.8	저고리고대 − 0.2
주머니(대)	길이	15	16	17	
	너비	3	3	3	
주머니(소)	길이	8	9	10	
	너비	2.5	2.5	2.5	

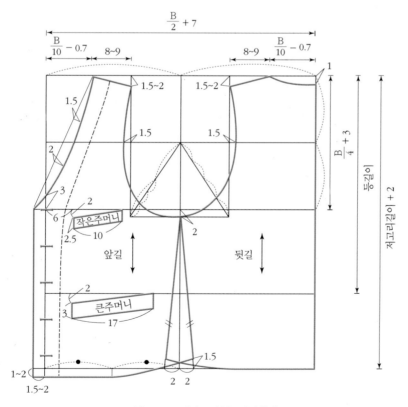

그림 2-5-2 남자 조끼 본뜨기의 실제

2) 마름질

조끼의 옷감은 마고자와 같은 것으로 선택한다. 주로 봄·가을에는 숙고사, 국사, 자미사 등, 겨울에는 양단, 모본단 등을 사용한다.

표 2-5-2 남자 조끼의 옷감 계산방법 및 필요량		
옷감 너비	옷감 계산방법	옷감 필요량
55cm	조끼길이 × 3 + 시접 + 여유분	230~250cm
110cm	조끼길이 × 1.5 + 시접 + 여유분	120~135cm

■ **마름질의 실제**

조끼의 뒷길은 등솔시접 없이 골선으로 마르는데, 체격이 커서 등솔이 골로 마름질이 안 될 경우에는 뒷길을 따로 재단하여 등솔을 잇고 시접은 깨끗하게 가름솔로 다린다. 심감을 댈 경우에는 겉감과 똑같이 마름질하여 겉감의 안쪽에 시침실로 고정한 후 한 장으로 생각하고 바느질한다. 시접은 직선 부분은 1.5cm 내외로 하고 진동의 곡선 부분은 1cm 이내로 한다. 조끼는 안단과 주머니 부분이 필요하므로 겉감으로는 안단과 입술감을 준비하고, 안감으로는 속주머니감을 준비한다.

3) 바느질

(1) 조끼 주머니 만들기

① 그림 2-5-4의 ㉠과 같이 주머니 속감과 입술 심감을 준비한다. 입술의 심감은 면아사나 노방을 3~4겹 정도로 접어서 사용하면 힘이 있어서 좋다. 심감은 입술 모양대로 정확하게 잘라서 사용한다.
② 주머니 속감 위에 입술 심감을 대고 ㉡과 같이 박는다.
③ 입술 심감을 박은 후 ㉢과 같이 접어 다린다.
④ 입술 심감 양옆의 시접을 1cm 간격으로 베어내고 심감에서 1cm 아랫선을 ㉣과 같이 정확한 위치까지 자른다.
⑤ 입술 심감 주변의 시접을 ㉤, ㉥과 같이 접어 다린다.
⑥ 입술을 ㉦과 같이 꺾은 후 두 줄로 상침한다.

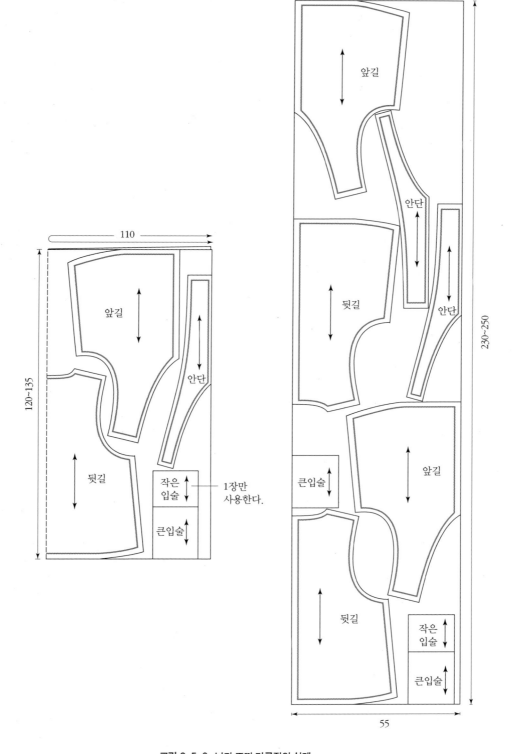

앞길

안단

안단

뒷길

앞길

큰입술

작은
입술

큰입술

110

120~135

230~250

55

앞길

안단

뒷길

작은
입술

큰입술

1장만
사용한다.

그림 2-5-3 남자 조끼 마름질의 실제

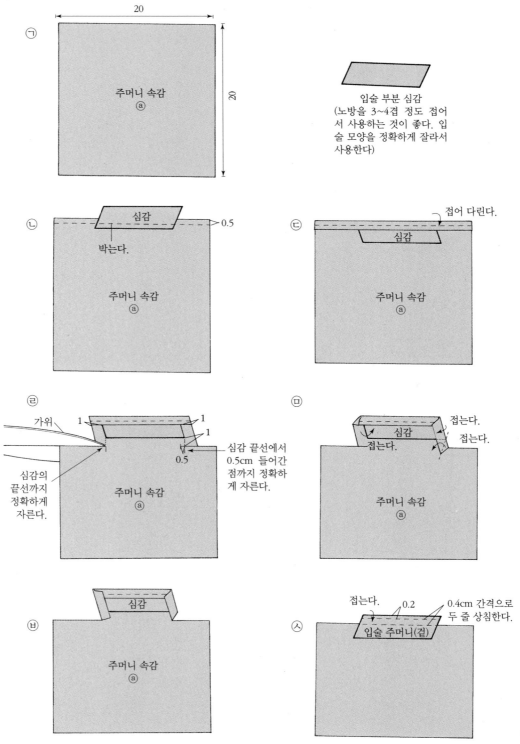

조 끼 (韓服)

20

주머니 속감
ⓐ

20

입술 부분 심감
(노방을 3~4겹 정도 접어
서 사용하는 것이 좋다. 입
술 모양을 정확하게 잘라서
사용한다)

ㄴ

심감

0.5

박는다.

주머니 속감
ⓐ

ㄷ

접어 다린다.

심감

주머니 속감
ⓐ

ㄹ

가위

1

1

1

0.5

심감의
끝선까지
정확하게
자른다.

심감 끝선에서
0.5cm 들어간
점까지 정확하
게 자른다.

주머니 속감
ⓐ

ㅁ

접는다.

심감

접는다.

접는다.

주머니 속감
ⓐ

ㅂ

심감

주머니 속감
ⓐ

ㅅ

접는다.

0.2

0.4cm 간격으로
두 줄 상침한다.

입술 주머니(겉)

그림 2-5-4 남자 조끼의 주머니 만들기

(2) 주머니 달기

① 앞길 겉쪽의 주머니 입구 부분에서 0.5cm 내려온 선에 ⟩━⟨ 모양으로 주머니 위치를 표시한다. 앞길 왼쪽에는 작은 주머니와 큰주머니, 오른쪽에는 큰주머니를 표시한다.

② 표시한 주머니 위치를 그림 2-5-5의 ㉠과 같이 ⟩━⟨ 모양으로 정확하게 자른다.

③ 안감으로 주머니 속감 ⓑ를 재단하여 앞길의 주머니선의 위쪽에 정확하게 대고, ㉡과 같이 주머니 입구 선을 박는다. 이때 박음질의 시작과 끝부분은 되돌아 박기를 한다.

그림 2-5-5 남자 조끼의 주머니 달기

④ ㉢과 같이 주머니 속감을 ╲━╱ 모양으로 잘라낸 선 안쪽으로 밀어넣어 다린다.

⑤ 그림 2-5-4에서 미리 만들어 놓은 입술이 달린 주머니 속감을 주머니선에서 끼워 입술을 ㉣과 같이 위로 끌어올린다.

⑥ 앞길 주머니선의 아래쪽 시접을 입술 아래로 밀어 넣고, 겉쪽으로 입술 모양을 정리한 후 시침한다.

⑦ ㉤과 같이 입술의 양옆과 아랫부분을 상침하여 앞길에 고정시킨다. 이때 주머니 속감 ⓑ는 위로 올리고 상침을 해야 주머니 입구가 막히지 않는다.

⑧ 앞길 도련길이에 맞추어 주머니 속감의 길이를 정리한다.

⑨ ㉥과 같이 앞길 안쪽에서 주머니 속감 두 장을 맞대고 둘러 박는다.

(3) 안단 대기

그림 2-5-6과 같이 안단의 시접분을 꺾어서 다림질한 후 안감의 겉쪽에 맞추어 놓고 안단선을 눌러 박는다.

(4) 앞길 만들기

그림 2-5-7과 같이 겉감의 겉과 안감의 겉을 마주 대어 놓고 어깨솔기와 옆선을 빼고 앞목둘레선, 앞중심선, 도련선, 진동선을 박는다. 진동과 앞목둘레 곡선 부분의 시접을 0.7~1cm 사이로 정리하면 가윗집을 넣지 않고도 시접을 부드럽게 접어 넘길 수 있다. 시접을 겉감쪽으로 꺾어 다리고 뒤집는다.

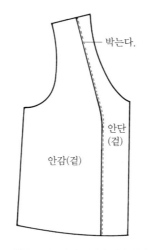

박는다.

안단
(겉)

안감(겉)

그림 2-5-6 남자 조끼의 안단 대기

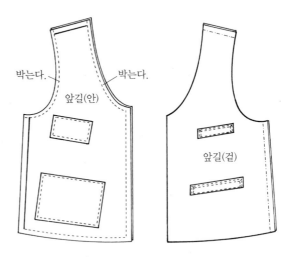

박는다. 박는다.

앞길(안)

앞길(겉)

그림 2-5-7 남자 조끼의 앞길 만들기

그림 5-9-8 남자 조끼의 뒷길 만들기

그림 2-5-9 남자 조끼의 앞길과 뒷길 잇기

(5) 뒷길 만들기

① 뒷길의 겉감과 안감의 겉을 마주 대어 놓고 진동, 뒷목둘레, 아랫도련을 박는다. 시접은 겉쪽으로 꺾어 다린다.

② 뒷목둘레와 진동의 곡선 부분의 시접을 0.7~1cm 사이로 정리하면 가윗집을 넣지 않고도 시접을 부드럽게 접어 넘길 수 있다.

(6) 앞길과 뒷길 잇기

① 그림 2-5-9와 같이 뒷길 사이에 뒤집어 놓은 앞길을 끼워 넣어 어깨선을 맞춘다. 이때 어깨점과 진동점을 정확하게 맞추어야 한다.

② 양 어깨솔기와 옆선 4겹을 박는다. 이때 그림 2-5-9와 같이 한쪽 옆선의 중간에 10~15cm 정도는 안감의 한 장을 젖히고 3겹만 박아 창구멍을 낸다. 시접을 정리한 후 겉감쪽으로 꺾어 다리고 창구멍으로 뒤집는다.

③ 창구멍은 시접을 접어서 정리한 후 공그르기하거나 감침질한다.

(7) 상침하기

① 뒤집은 조끼를 반듯하게 정리한 후 그림 2-5-10과 같이 겉감쪽에서 뒷목둘레, 앞목둘레, 앞중심선, 앞도련, 뒷도련, 옆선의 순서로 상침한다.

② 진동 부분은 진동선과 옆선이 만나는 부분부터 시작하여 상침한다. 상침의 간격은 완성선에서 0.2cm 들어간 선을 먼저 박고 0.4cm 떨어진 곳에 두 번째 상침선을 박는다. 상침의 선은 옷의 크기와 옷감의 두께에 따라 조절할 수 있다.

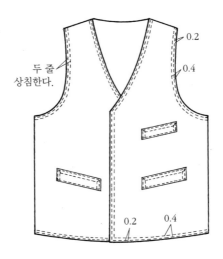

두 줄
상침한다.

0.2

0.4

0.2 0.4

그림 2-5-10 남자 조끼의 상침하기

(8) 단추 달기

① 앞 왼쪽 길에 단춧구멍 위치를 표시하여 놓고 단춧구멍을 만들고 오른쪽 길에 단
   추를 단다.
② 단추의 위치는 3~5개 사이로 조끼의 길이에 맞추어 조절한다.
③ 조끼 단추를 다는 방법은 52쪽 제1장 한복 만들기의 기초 '6. 부분 바느질' 을 참
   조한다.

2. 남아 조끼

남아의 조끼는 성인의 조끼와 만드는 방
법이 같다. 다만 길이가 짧으므로 단추를 3
~4개를 단다. 또한 어린 아기들의 경우에
는 조끼의 길에 여러 가지 화려한 색의 자수
나 금박을 장식하기도 한다. 금박은 조끼를
완성한 후 찍으면 되지만, 자수는 조끼를 만
들기 전에 미리 수를 놓아야 한다.

그림 2-5-11 남아 조끼의 구조

1) 본뜨기

남아 저고리의 치수를 기준으로 하여 여유분을 더한다. 고대는 저고리의 깃선이 보이지 않기 위하여 저고리와 같게 하거나 0.2cm 정도 작게 한다.

표 2-5-3 남아 조끼의 참고치수						(단위: cm)
항목＼연령(신장)	돌(80)	3~4세(105)	5~6세(115)	7~8세(128)	9·10세(138)	저고리와의 관계
가슴둘레(B)	50	56	60	66	72	
조끼길이	32	35	38	41	44	저고리길이 + 1~1.5
진동(B/4+2)	14.5	16	17	18.5	20	저고리진동 + 0.5
고대/2(B/10)	5	5.6	6	6.6	7.2	저고리고대

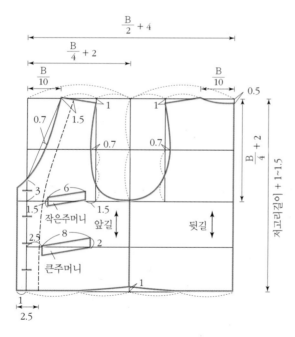

그림 2-5-12 남아 조끼 본뜨기의 실제

2) 마름질

조끼의 옷감은 마고자와 같은 것으로 선택한다. 주로 봄·가을에는 숙고사, 국사, 자미사 등, 겨울에는 양단, 모본단 등을 사용한다.

표 2-5-4 남아 조끼의 옷감 계산방법 및 필요량		
옷감 너비	옷감 계산방법	옷감 필요량
55cm	조끼길이 × 3 + 시접 + 여유분	150cm
110cm	조끼길이 + 시접 + 여유분	50cm

■ **마름질의 실제**

조끼의 뒷길은 등솔시접 없이 골선으로 마른다. 심감을 댈 경우에는 겉감과 똑같이 마름질하여 겉감의 안쪽에 시침실로 고정한 후 한 장으로 생각하고 바느질한다. 시접은 직선 부분은 1.5cm 내외로 하고 진동의 곡선 부분은 1cm 이내로 한다. 조끼는 안단과 주머니 부분이 필요하므로 겉감으로는 안단과 입술감을 준비하고, 안감으로는 속주머니감을 준비한다.

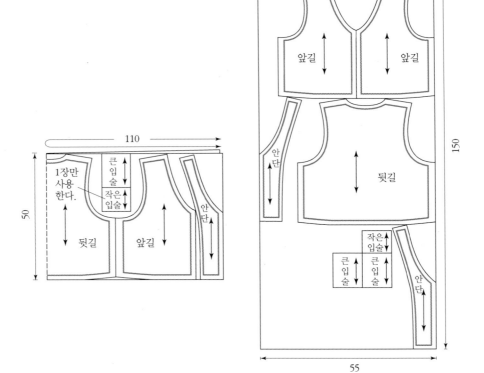

그림 2-5-13 남아 조끼 마름질의 실제

3) 바느질

남자 조끼의 바느질 방법과 같으며, 구체적인 바느질 방법은 남자 조끼의 그림을 참조한다. 남아 조끼는 성인용과 달리 금박이나 자수를 하여 장식하기도 한다.

(1) 조끼 주머니 만들기

① 그림 2-5-4의 ㉠과 같이 주머니 속감과 입술 심감을 준비한다. 입술의 심감은 면아사나 노방을 3~4겹 정도로 접어서 사용하면 힘이 있어서 좋다. 심감은 입술 모양대로 정확하게 잘라서 사용한다.

② 주머니 속감 위에 입술 심감을 대고 ㉡과 같이 박는다.

③ 입술 심감을 박은 후 ㉢과 같이 접어 다린다.

④ 입술 심감 양옆의 시접을 1cm 간격으로 베어내고 심감에서 1cm 아랫선을 ㉣과 같이 정확한 위치까지 자른다.

⑤ 입술 심감 주변의 시접을 ㉤, ㉥과 같이 접어 다린다.

⑥ 입술을 ㉦과 같이 꺾은 후 두 줄로 상침한다.

(2) 주머니 달기

① 앞길 겉에 주머니 위치를 ⟩⟨ 모양으로 표시한다. 앞길 왼쪽에는 작은 주머니와 큰주머니, 오른쪽에는 큰주머니를 표시한다.

② 표시한 주머니 위치를 그림 2-5-5의 ㉠과 같이 ⟩⟨ 모양으로 정확하게 자른다.

③ 주머니 속감 한 장을 앞길의 주머니선의 위쪽 시접에 정확하게 대고, ㉡과 같이 박는다. 이때 박음질의 시작과 끝부분은 되돌아 박기를 한다.

④ ㉢과 같이 주머니 속감을 ⟩⟨ 모양으로 잘라낸 선 안쪽으로 밀어넣어 다린다.

⑤ 그림 2-5-4에서 미리 만들어 놓은 입술이 달린 주머니 속감을 주머니선에서 끼워 입술을 ㉣과 같이 위로 끌어올린다.

⑥ 앞길 주머니선의 아래쪽 시접을 입술 아래로 밀어 넣고, 겉쪽으로 입술 모양을 정리한 후 시침한다.

⑦ ㉤과 같이 입술의 양옆과 아랫부분을 상침하여 앞길에 고정시킨다.

⑧ 앞길 도련길이에 맞추어 주머니 속감의 길이를 정리한다.

⑨ ㉥과 같이 앞길 안쪽에서 주머니 속감을 둘러 박는다.

(3) 안단 대기

그림 2-5-6과 같이 안단의 시접분을 꺾어서 다림질한 후 안감의 겉쪽에 맞추어 놓고 안단선을 눌러 박는다.

(4) 앞길 만들기

그림 2-5-7과 같이 겉감의 겉과 안감의 겉을 마주 대어 놓고 어깨솔기와 옆선을 빼고 앞목둘레선, 앞중심선, 도련선, 진동선을 박는다. 진동과 앞목둘레 곡선 부분의 시접을 0.7~1cm 사이로 정리하면 가윗집을 넣지 않고도 시접을 부드럽게 접어 넘길 수 있다. 시접을 겉감쪽으로 꺾어 다리고 뒤집는다.

(5) 뒷길 만들기

① 뒷길의 겉감과 안감의 겉을 마주 대어 놓고 진동, 뒷목둘레, 아랫도련을 박는다. 시접은 겉쪽으로 꺾어 다린다.
② 뒷목둘레와 진동의 곡선 부분의 시접을 0.7~1cm 사이로 정리하면 가윗집을 넣지 않고도 시접을 부드럽게 접어 넘길 수 있다.

(6) 앞길과 뒷길 잇기

① 그림 2-5-9와 같이 뒷길 사이에 뒤집어 놓은 앞길을 끼워 넣어 어깨선을 맞춘다. 이때 어깨점과 진동점을 정확하게 맞추어야 한다.
② 양 어깨솔기와 옆선 4겹을 박는다. 이때 그림 2-5-9와 같이 한쪽 옆선의 중간에 10~15cm 정도는 안감의 한 장을 젖히고 3겹만 박아 창구멍을 낸다. 시접을 정리한 후 겉감쪽으로 꺾어 다리고 창구멍으로 뒤집는다.
③ 창구멍은 시접을 접어서 정리한 후 공그르기하거나 감침질한다.

(7) 상침하기

① 뒤집은 조끼를 반듯하게 정리한 후 그림 2-5-10과 같이 겉감쪽에서 뒷목둘레, 앞목둘레, 앞중심선, 앞도련, 뒷도련, 옆선의 순서로 상침한다.
② 진동 부분은 진동선과 옆선이 만나는 부분부터 시작하여 상침한다. 상침의 간격은 완성선에서 0.2cm 들어간 선을 먼저 박고 0.4cm 떨어진 곳에 두 번째 상침선을 박는다. 상침의 선은 옷의 크기와 옷감의 두께에 따라 조절할 수 있다.

(8) 단추 달기

① 앞 왼쪽 길에 단춧구멍 위치를 표시하여 놓고 단춧구멍을 만들고 오른쪽 길에 단추를 단다.

② 단추의 위치는 3∼4개 사이로 조끼의 길이에 맞추어 조절한다.

③ 조끼 단추를 다는 방법은 52쪽 제1장 한복 만들기의 기초 '6. 부분 바느질'을 참조한다.

韓 고 服

마고자는 덧저고리, 덧동옷이라고도 한다. 방한용으로 겨울철에 많이 입었고, 남부지방에서보다는 서울 이북지방에서 즐겨 입었으며 여자보다는 남자들이 즐겨 입었다. 겨울철에는 동물의 털가죽을 안에 대어 만든 갖마고자를 만들어 입기도 하였다. 개성지방의 여자들은 마고자를 많이 입은 반면, 서울 이남지방의 여성들은 마고자를 즐겨 입지 않았다. 하지만 해방 이후 남북한의 풍속이 섞이면서 중년 이상의 여성들에게 마고자가 유행한 적도 있다. 마고자는 각종 단(緞) 종류로 만드는 것이 일반적이지만, 한여름에도 멋을 내기 위해 여성들은 깨끼마고자를 만들어 입기도 하였다.

1. 남자 마고자

남자 마고자는 저고리와 조끼 위에 덧입어 방한의 효과와 함께 품위 유지를 겸한 옷으로, 오늘날 남자 한복의 기본 품목 중 하나로 널리 착용되고 있다. 형태는 저고리와 비슷하나 깃과 고름이 없고, 앞길 좌우가 대칭이며 양 옆선의 끝을 약간 터놓은 것이 다르다. 옷고름 대신 호박 등으로 만든 단추를 달아 여며 입는다.

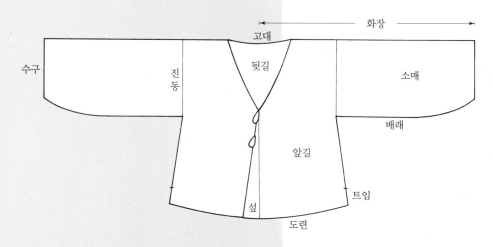

그림 2-6-1 남자 마고자의 구조

1) 본뜨기

마고자는 저고리와 조끼 위에 덧입는 옷이므로 저고리보다 조금 크게 만들어야 한다. 저고리의 치수를 참고로 하여 길이와 품 등을 조절하며, 길이·품·화장은 모두 저고리보다 크게 한다. 한복을 입었을 때 단정해 보이려면 저고리 깃솔기나 조끼 깃선이 감추어지도록 하고, 고대와 앞목선은 저고리보다 짧게 해야 한다.

표 2-6-1 남자 마고자의 참고치수				(단위: cm)
항목 크기(신장)	소(170)	중(175)	대(180)	저고리와의 관계
가슴둘레	92	96	100	
마고자길이	63	65	67	저고리길이 + 3
화장	79	81	83	저고리화장 + 1
진동(B/4+3.5)	26.5	27.5	28.5	저고리진동 + 1
고대/2(B/10−0.7)	8.5	8.9	9.3	저고리고대 − 0.2
옆트임	7	7.5	8	

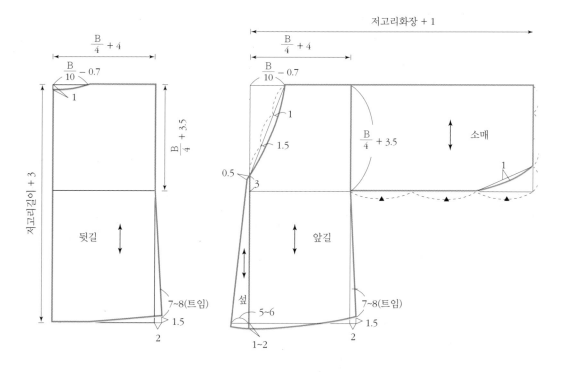

그림 2-6-2 남자 마고자 본뜨기의 실제

2) 마름질

남자 마고자는 바지, 저고리와의 배색을 고려하여 보통 조끼와 같은 옷감으로 한다. 겨울에는 양단, 모본단과 같이 두꺼운 견직물을, 봄 · 가을에는 숙고사, 국사, 자미사, 갑사 등의 얇은 견직물을 사용한다. 안감은 겨울용으로는 보통 얇은 면직물을, 봄 · 가을용으로는 겉감과 동일한 옷감 또는 노방을 사용한다. 옷의 맵시를 더하기 위하여 심감을 넣기도 한다.

표 2-6-2 남자 마고자의 옷감 계산방법 및 필요량

옷감 너비	옷감 계산방법	옷감 필요량
55cm	마고자길이 × 4 + 소매너비 × 4 + 시접	400cm
110cm	마고자길이 + 소매너비 × 4 + 시접	190~200cm

■ 마름질의 실제

마고자는 주로 방한용이나 외출용으로 입기 때문에 고급 소재로 만드는 경우가 많다. 시접은 넉넉하게 하여 직선으로 마름질하는데, 1.5cm 내외로 한다.

마름질할 때에는 옷감의 안쪽에 옷본을 시침핀으로 고정하고 각 부분의 여유분과 시접을 붙여서 직선으로 마른다. 심감을 댈 경우에는 겉감과 똑같이 마름질하여 겉감의 안쪽에 시침실로 고정한 후 한 장으로 생각하고 바느질한다.

안감은 겉감과 같은 방법으로 마름질하는데 어깨솔, 진동솔, 섶솔을 이어서 한 장으로 마르는 것이 바느질하기에 편리하다.

3) 바느질

겹저고리의 바느질 방법과 같으나 깃과 고름을 달지 않고 안감의 등솔이나 옆선에 창구멍을 만들어 뒤집는다.

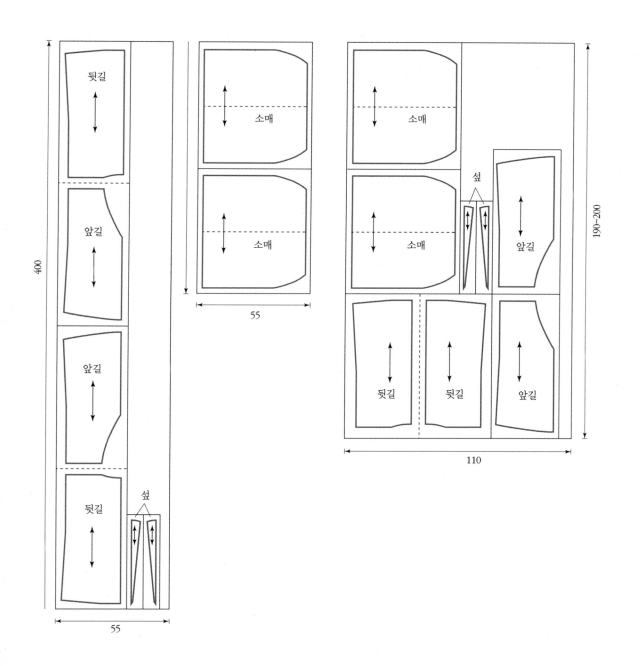

그림 2-6-3 남자 마고자 마름질의 실제

(1) 등솔 · 어깨솔 박기

① 뒷길의 겉과 겉을 마주 대고 등솔선을 맞추어 시침한 후 고대쪽에서 도련쪽으로
끝까지 홈솔로 박는다. 시접은 입어서 오른쪽 방향으로 꺾는다.

② 앞길과 뒷길의 겉을 마주 대고 어깨선을 맞추어 시침한 후 고대점부터 진동쪽으
로 어깨선을 홈솔로 박는다. 이때 고대점은 시작 부분을 정확하게 해야 하며 반
드시 되돌아 박기를 한다. 시접은 뒷길쪽으로 꺾는다.

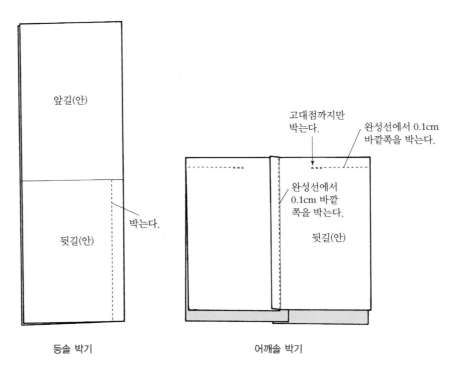

등솔 박기   어깨솔 박기

그림 2-6-4 남자 마고자의 등솔 · 어깨솔 박기

(2) 섶 달기

마고자는 양쪽 섶의 모양이 대칭이므로 양쪽 섶을 다는 방법은 동일하다.

그림 2-6-5와 같이 섶감 안쪽에 심감을 붙이고 앞길 곧은솔기선에 섶의 어슨솔기
를 대고 홈솔로 박은 후 시접은 길쪽으로 꺾는다. 이때 어슨솔기인 섶을 곧은솔인 길
의 밑에 놓고 박아야 섶선이 늘어나지 않는다.

(3) 소매 달기

길의 겉과 소매의 겉을 마주 대고 길의 어깨점과 소매의 중심점을 잘 맞추어 시침한 후 완성선을 박는다. 이때 진동의 끝점까지만 정확하게 박고 양끝이 풀리지 않게 되돌아 박는다. 시접은 가름솔로 깨끗하게 눌러 다린다.

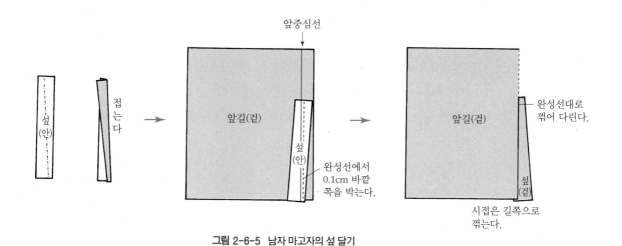

그림 2-6-5 남자 마고자의 섶 달기

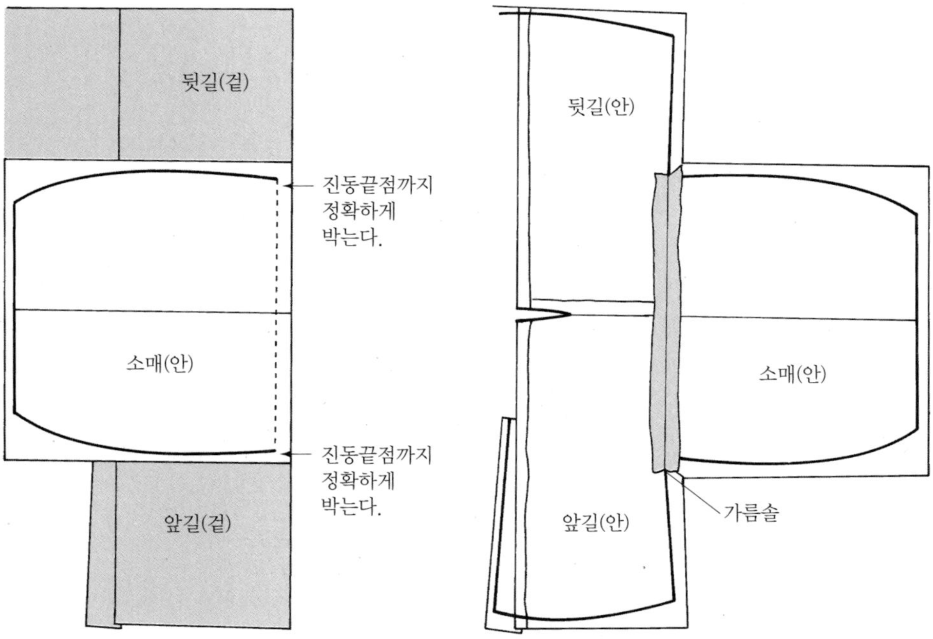

그림 2-6-6 남자 마고자의 소매 달기

(4) 안 만들기

겉감과 같은 방법으로 바느질한다. 앞길과 뒷길의 소매와 섶을 한 장으로 마름질하여 등솔만 박아 완성하기도 한다.

(5) 겉과 안 맞추기

① 겉감의 겉과 안감의 겉을 마주 대어 평평하게 펴놓고 등솔, 어깨솔, 진동솔, 도련, 수구들을 차례로 맞춘 후 정확하게 시침하여 놓는다.
② 수구를 잘 맞추어 완성선을 박은 후 시접은 1.5cm 내외로 정리하여 자르고 겉감 쪽으로 0.1cm 넘겨서 꺾어 다린다.
③ 뒷도련을 잘 맞추어 박는데, 이때 옆선의 트임이 끝나는 부분은 바늘땀이 풀리지 않도록 되돌아 박기를 한다.
④ 앞도련은 옆선의 트임부터 도련, 섶선, 깃선까지 한 번에 박아야 한다. 이때 옆선의 앞, 뒤트임 부분을 정확하게 맞추어야 한다.
⑤ 깃둘레 부분의 곡선을 박을 때 늘어나거나 모나지 않도록 조심해야 한다. 시접을

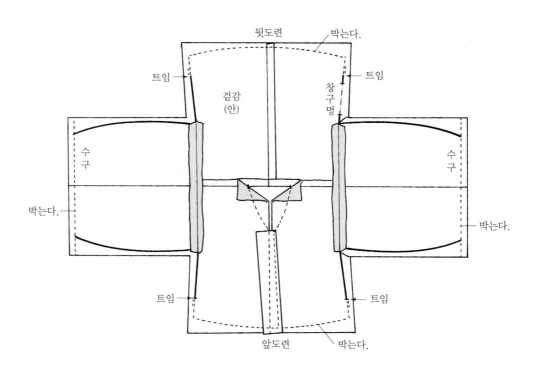

그림 2-6-7 남자 마고자의 겉과 안 맞추기

1~1.5cm 정도로 정리하여 자르고 겉감쪽으로 0.1cm 넘겨 꺾어 다린다.

⑥ 겉감쪽으로 한 번 뒤집어서 옷매무새를 확인한 다음 다시 시접이 보이는 안쪽으로 뒤집는다.

(6) 배래와 옆선 박기

① 앞길을 뒤집은 후 뒷길 겉감과 안감 사이로 밀어넣어 소매 중심선을 접으면 배래가 4장이 된다. 옷을 잘 정리하여 배래와 옆선을 맞추어 시침한다.

② 이때 옆선은 배래와 이어져서 박게 되므로 특별히 진동끝점과 옆선이 만나는 부분은 세심하게 시침한 후 네 겹을 한꺼번에 박는다.

③ 옆선에 창구멍을 낼 경우는 한쪽 옆선을 4겹 박기하다가 옆선의 중간 부분에서 5~6cm 정도를 안감 한 장만 젖히고 세 겹을 박은 후 다시 4겹 박기를 해준다.

④ 옆선의 트임 부분 시접에 정확하게 가윗집을 넣고 트임 윗부분의 옆선 시접은 겉감쪽으로 꺾어 다리고 배래 부분의 시접은 옆선과 같은 방향으로 꺾어 다린다.

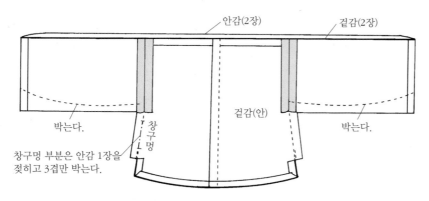

그림 2-6-8 남자 마고자의 배래와 옆선 박기

(7) 뒤집기

창구멍으로 뒤집은 후 창구멍의 시접은 안감쪽에서 공그르기한다.

(8) 단추 달기

① 단추를 다는 실과 단춧고리는 옷감과 같은 색으로 한다. 구체적인 방법은 52쪽 제1장 한복 만들기의 기초 '6. 부분 바느질'을 참조한다.

② 마고자의 단추는 여러 가지 재료가 있는데 호박, 밀화, 자만옥, 금, 은 등을 주로
사용하며 옷감의 색상에 맞추어 선택한다.

2. 여자 마고자

여자 마고자는 개성지방에서 많이 착용되었다. 또한 어린이나 비교적 높은 연령층
에서 애용한 반면, 젊은 여성들이나 서울 이남지방에서는 즐겨 입지 않았다. 겨울철에
는 동물의 모피를 안에 댄 갖마고자를 입기도 하였다.

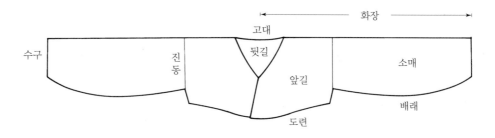

그림 2-6-9 여자 마고자의 구조

1) 본뜨기

필요한 치수는 가슴둘레, 마고자길이, 화장이다.

항목＼크기(신장)	소(155)	중(160)	대(165)	저고리와의 관계
가슴둘레(B)	82	86	90	
마고자길이	26	28	29	저고리길이 + 1~2
화장	73	75	77	저고리화장 + 1
진동(B/4+1.5)	22	23	24	저고리진동 + 1
고대/2(B/10−0.7)	7.5	7.9	8.3	저고리고대 − 0.2

표 2-6-3 여자 마고자의 참고치수 (단위: cm)

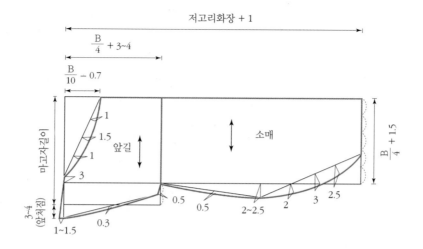

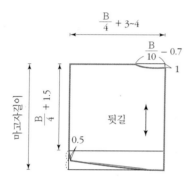

그림 2-6-10 여자 마고자 본뜨기의 실제

2) 마름질

마고자의 옷감은 저고리의 색깔과 옷감과의 조화를 생각하여 정한다. 봄·가을용으로는 갑사, 숙고사, 국사, 자미사, 항라 등으로 하며, 겨울용으로는 공단, 양단, 모본단 등을 사용한다.

표 2-6-4 여자 마고자의 옷감 계산방법 및 필요량

옷감 너비	옷감 계산방법	옷감 필요량
55cm	마고자길이 × 2 + 소매너비 × 4 + 시접	160~170cm
110cm	소매너비 × 4 + 시접	100~110cm

■ 마름질의 실제

마고자는 주로 방한용이나 외출용으로 입기 때문에 고급 소재로 만드는 경우가 많다. 저고리와 마찬가지로 모두 직선으로 마름질하는데, 시접은 1.5cm 내외로 한다. 남자 마고자와 달리 여자 마고자의 섶은 따로 재단하지 않고 길에 붙여 한 장으로 마름질한다.

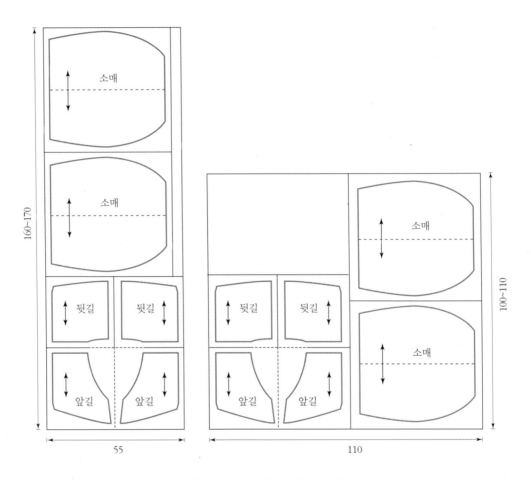

그림 2-6-11 여자 마고자 마름질의 실제

3) 바느질

남자 마고자 바느질 방법과 같으며, 구체적인 바느질 방법은 남자 마고자의 그림을 참조한다. 또한 겹저고리의 바느질 방법과도 같으나 깃, 섶, 고름은 달지 않고 안감의 등솔에 창구멍을 만들어 뒤집는다.

(1) 등솔 · 어깨솔 박기

① 뒷길의 겉을 마주 대고 등솔선을 맞추어 시침한 후 고대쪽에서 도련쪽으로 끝까지 박는다. 시접은 입어서 오른쪽 방향으로 꺾는다.
② 앞길과 뒷길의 겉을 마주 대고 어깨선을 맞추어 시침한 후 고대점부터 진동쪽으로 어깨선을 박는다. 이때 고대점은 시작 부분을 정확하게 해야 하며 반드시 되돌아 박기를 한다. 시접은 뒷길쪽으로 꺾는다.

(2) 소매 달기

길의 겉과 소매의 겉을 마주 대고 길의 어깨점과 소매의 중심점을 잘 맞추어 시침한 후 완성선을 박는다. 이때 진동의 끝점까지만 정확하게 박고 양끝이 풀리지 않게 되돌아 박는다. 시접은 가름솔로 깨끗하게 눌러 다린다.

(3) 안 만들기

① 겉감과 같은 방법으로 마름질하여 만든다.
② 섶솔과 어깨솔을 이어서 재단한 경우에는 등솔의 시접이 많이 들어갔으므로, 완성선을 박은 후 겉감의 등솔시접 분량에 맞추어 시접을 잘라낸다. 여자 마고자는 등솔에 창구멍을 만들어야 뒤집는 데 용이하므로 안감의 등솔을 박을 때 창구멍 부분을 미리 남기고 박는다. 이때 창구멍이 터지지 않도록 양끝을 되돌아 박는다.
③ 등솔시접은 겉감과 반대로 꺾어 입었을 때 같은 방향이 되도록 한다.

(4) 겉과 안 맞추기

① 겉감의 겉과 안감의 겉을 마주 대어 평평하게 펴놓고 등솔, 어깨솔, 진동솔, 도련, 수구들을 차례로 맞춘 후 정확하게 시침하여 놓는다.
② 수구를 잘 맞추어 완성선을 박은 후 시접은 1.5cm 내외로 정리하여 자르고 겉감쪽으로 0.1cm 넘겨서 꺾어 다린다.
③ 뒷도련을 잘 맞추어 박는다.

④ 앞도련선은 도련선, 겉섶선, 고대, 안섶선, 도련선의 순서로 한 번에 박아야 한다.

⑤ 깃둘레 부분의 곡선을 박을 때 늘어나거나 모나지 않도록 주의한다. 시접을 1～1.5cm 정도로 정리하여 자르고 겉감쪽으로 0.1cm 넘겨 꺾어 다린다.

⑥ 겉감쪽으로 한 번 뒤집어서 옷매무새를 확인한 다음 다시 시접이 보이는 안쪽으로 뒤집는다.

(5) 배래와 옆선 박기

① 앞길을 뒤집은 후 뒷길 겉감과 안감 사이로 밀어넣어 소매 중심선을 접으면 배래가 4장이 된다. 옷을 잘 정리하여 배래와 옆선을 맞추어 시침한다.

② 이때 옆선은 배래와 이어져서 박게 되므로 특별히 진동끝점과 옆선이 만나는 부분은 세심하게 시침한 후 네 겹을 한꺼번에 박는다.

③ 앞길과 뒷길은 겉감쪽으로 꺾어 다리고 배래 부분의 시접은 옆선과 같은 방향으로 꺾어 다린다.

(6) 뒤집기

창구멍으로 뒤집은 후 창구멍의 시접은 안감의 겉쪽에서 공그르기로 감친다.

(7) 단추 달기

① 단추를 다는 실과 단춧고리는 옷감과 같은 색으로 한다. 구체적인 방법은 52쪽 제1장 한복 만들기의 기초 '6. 부분 바느질'을 참조한다.

② 마고자의 단추는 여러 가지 재료가 있는데 호박, 밀화, 자만옥, 금, 은 등을 주로 사용하며 옷감의 색상에 맞추어 선택한다.

3. 남아 마고자

남자 어린이의 마고자는 평소에는 많이 입지 않지만, 돌이나 명절 등에 주로 입는다. 보통 연두색을 많이 쓰며, 때로는 소매를 색동으로 달기도 한다.

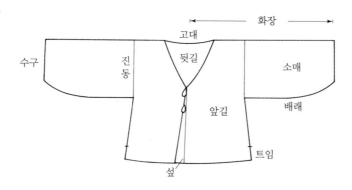

그림 2-6-12 남아 마고자의 구조

1) 본뜨기

남아 마고자는 남자 마고자와 마찬가지로 조끼 위에 덧입는 옷이므로 저고리보다 조금 크게 만들어야 한다. 저고리의 치수를 참고로 하여 길이와 품 등을 조절하며, 길이·품·화장은 모두 저고리보다 크게 한다. 저고리 깃솔기나 조끼 깃선이 감추어지도록 하고 한복을 입었을 때 단정해 보이려면 저고리보다 짧게 해야 한다.

표 2-6-5 남아 마고자의 참고치수						(단위: cm)
연령(신장) 항목	돌(80)	3~4세(105)	5~6세(115)	7~8세(128)	9~10세(138)	저고리와의 관계
가슴둘레(B)	50	56	60	66	72	
마고자길이	32	35	38	41	43	저고리길이 + 1~2
화장	37	45	51	57	63	저고리화장 + 1
진동(B/4+1.5)	14	15.5	16.5	18	19.5	저고리진동 + 0.5
고대/2(B/10)	5	5.6	6	6.6	7.2	저고리고대
옆트임	4	4	4.5	4.5	5	

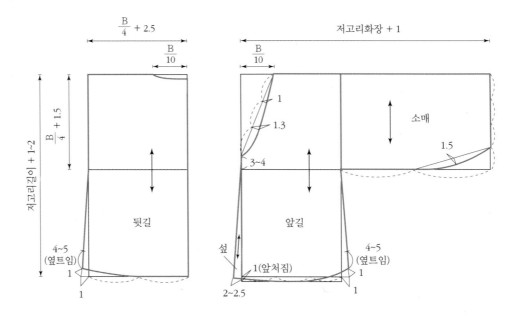

그림 2-6-13 남아 마고자 본뜨기의 실제

2) 마름질

남아 마고자는 바지, 저고리와의 배색을 고려하여 보통 조끼와 같은 옷감으로 한다.
겨울에는 양단과 같이 두꺼운 견직물을, 봄·가을에는 숙고사, 국사, 자미사, 갑사 등
의 얇은 견직물을 사용한다. 안감은 겨울용으로는 보통 얇은 면직물을, 봄·가을용으
로는 겉감과 동일한 옷감 또는 노방을 사용한다. 옷의 맵시를 더하기 위하여 심감을
넣기도 한다.

표 2-6-6 남아 마고자의 옷감 계산방법 및 필요량

옷감 너비	옷감 계산방법	옷감 필요량
55cm	마고자길이 × 2 + 소매너비 × 4 + 시접	132~180cm
110cm	마고자길이 × 2 + 시접	66~90cm

■ 마름질의 실제

마고자는 주로 방한용이나 외출용으로 입기 때문에 고급 소재로 만드는 경우가 많
다. 시접은 넉넉하게 하여 직선으로 마름질하는데, 1.5cm 내외로 한다.

마름질할 때에는 옷감의 안쪽에 옷본을 시침핀으로 고정하고 각 부분의 여유분과 시접을 붙여서 직선으로 마른다. 심감을 댈 경우에는 겉감과 똑같이 마름질하여 겉감의 안쪽에 시침실로 고정한 후 한 장으로 생각하고 바느질한다.

안감은 겉감과 같은 방법으로 마름질하는데 어깨솔, 진동솔, 섶솔을 이어서 한 장으로 마르는 것이 바느질하기에 편리하다.

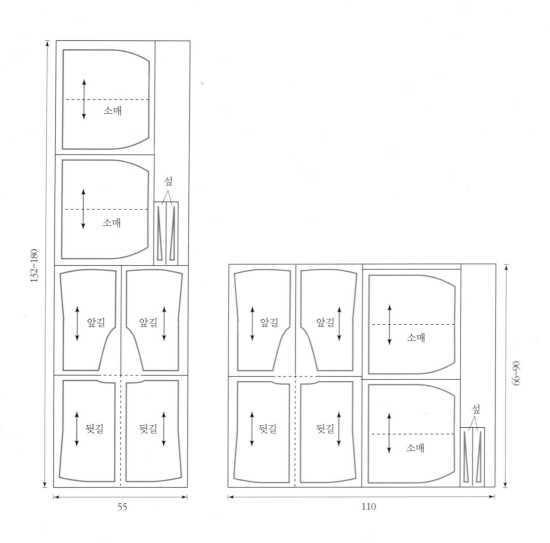

그림 2-6-14 남아 마고자 마름질의 실제

3) 바느질

남자 마고자 방법과 같으며, 구체적인 바느질 방법은 남자 마고자의 그림을 참조한다. 또한 겹저고리의 바느질 방법과도 같으나 깃과 섶고름을 달지 않고 안감의 등솔이나 옆선에 창구멍을 만들어 뒤집는다.

(1) 등솔 · 어깨솔 박기

① 뒷길의 겉과 겉을 마주 대고 등솔선을 맞추어 시침한 후 고대쪽에서 도련쪽으로 끝까지 홑솔로 박는다. 시접은 입어서 오른쪽 방향으로 꺾는다.
② 앞길과 뒷길의 겉을 마주 대고 어깨선을 맞추어 시침한 후 고대점부터 진동쪽으로 어깨선을 홑솔로 박는다. 이때 고대점은 시작 부분을 정확하게 해야 하며 반드시 되돌아 박기를 한다. 시접은 뒷길쪽으로 꺾는다.

(2) 섶 달기

마고자는 양쪽 섶의 모양이 대칭이므로 양쪽 섶을 다는 방법은 동일하다.
그림 2-6-5와 같이 섶감 안쪽에 심감을 붙이고 앞길 곧은솔기선에 섶의 어슨솔기를 대고 홑솔로 박은 후 시접은 길쪽으로 꺾는다. 이때 어슨솔기인 섶을 곧은솔인 길의 밑에 놓고 박아야 섶선이 늘어나지 않는다.

(3) 소매 달기

길의 겉과 소매의 겉을 마주 대고 길의 어깨점과 소매의 중심점을 잘 맞추어 시침한 후 완성선을 박는다. 이때 진동의 끝점까지만 정확하게 박고 양끝이 풀리지 않게 되돌아 박는다. 시접은 가름솔로 깨끗하게 눌러 다린다.

(4) 안 만들기

겉감과 같은 방법으로 바느질한다. 앞길과 뒷길의 소매와 섶을 한 장으로 마름질하여 등솔만 박아 완성하기도 한다.

(5) 겉과 안 맞추기

① 겉감의 겉과 안감의 겉을 마주 대어 평평하게 펴놓고 등솔, 어깨솔, 진동솔, 도련, 수구들을 차례로 맞춘 후 정확하게 시침하여 놓는다.

② 수구를 잘 맞추어 완성선을 박은 후 시접은 1.5cm 내외로 정리하여 자르고 겉감 쪽으로 0.1cm 넘겨서 꺾어 다린다.

③ 뒷도련을 잘 맞추어 박는데, 이때 옆선의 트임이 끝나는 부분은 바늘땀이 풀리지 않도록 되돌아 박기를 한다.

④ 앞도련은 옆선의 트임부터 도련, 겉섶선, 깃선까지 한 번에 박아야 한다. 이때 옆 선의 앞, 뒤트임 부분을 정확하게 맞추어야 한다.

⑤ 깃둘레 부분의 곡선을 박을 때 늘어나거나 모나지 않도록 조심해야 한다. 시접을 1~1.5cm 정도로 정리하여 자르고 겉감쪽으로 0.1cm 넘겨 꺾어 다린다.

⑥ 겉감쪽으로 한 번 뒤집어서 옷매무새를 확인 한 다음 다시 시접이 보이는 안쪽으로 뒤집는다.

(6) 배래와 옆선 박기

① 앞길을 뒤집은 후 뒷길 겉감과 안감 사이로 밀어넣어 소매 중심선을 접으면 배래가 4장이 된다. 옷을 잘 정리하여 배래와 옆선을 맞추어 시침한다.

② 이때 옆선은 배래와 이어져서 박게 되므로 특별히 진동끝점과 옆선이 만나는 부분은 세심하게 시침한 후 네 겹을 한꺼번에 박는다.

③ 옆선에 창구멍을 낼 경우는 한쪽 옆선을 4겹 박기하다가 옆선의 중간 부분에서 5~6cm 정도를 안감 한 장만 젖히고 세 겹을 박은 후 다시 4겹 박기를 해준다.

④ 옆선의 트임 부분 시접에 정확하게 가윗집을 넣고 트임 윗부분의 옆선 시접은 겉감쪽으로 꺾어 다리고 배래 부분의 시접은 옆선과 같은 방향으로 꺾어 다린다.

(7) 뒤집기

① 창구멍으로 뒤집은 후 창구멍의 시접은 안감쪽에서 공그르기한다.

② 뒤집기 전에 밀려나오기 쉬운 단과 섶선, 고대 등은 모두 안감쪽에서 돌아가며 새발뜨기로 고정시키고, 다림질로 눌러 다려 시접선을 고정시킨다.

(8) 단추 달기

단추를 다는 실과 단춧고리는 옷감과 같은 색으로 한다. 구체적인 방법은 52쪽 제1장 한복 만들기의 기초 '6. 부분 바느질'을 참조한다.

어린이용은 은칠보나 은으로 만든 천도 모양이나 방울 모양을 주로 사용한다.

두루마기

두루마기는 옷 전체가 두루 막혔다는 것에서 유래한 이름으로, 남자의 마고자나 여자의 치마 · 저고리 위에 덧입는 겉옷이다. 갑오개혁 이후 도포 대신 상하 구별 없이 입기 시작하면서 여자들에게도 보급되어 방한용 · 의례용으로 현재까지 착용되고 있다. 종류에는 홑두루마기 · 겹두루마기 · 솜두루마기 등이 있으며, 계절에 따라 맞추어 입는다. 어린이의 두루마기로는 오방장두루마기(까치두루마기)가 있는데, 어른용과 형태는 같으나 여러 가지 색의 옷감을 사용하여 화려하게 만들어 돌이나 명절 때에도 입었다.

1. 남자 두루마기

남자 두루마기는 외출할 때 또는 예의를 갖추어야 할 자리에 마고자 위에 덧입는다. 구조는 저고리와 같으나, 길이가 길고 양옆에 무가 달렸다. 전통적인 방법은 아니지만, 현대에는 두루마기 옆선 양옆에 아귀를 터서 만들기도 한다.

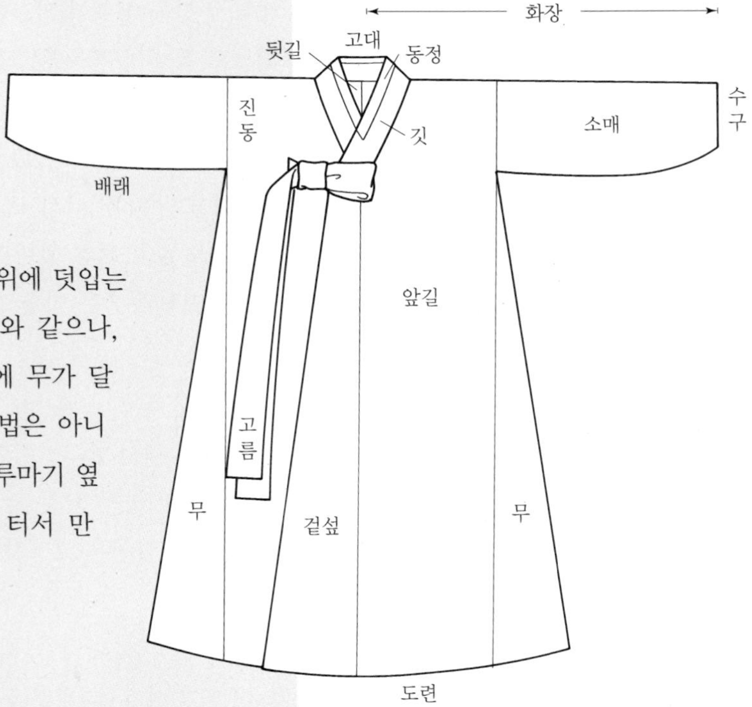

그림 2-7-1 남자 두루마기의 구조

1) 본뜨기

필요한 치수는 가슴둘레, 두루마기 길이, 화장이다.

<table>
<tr><th colspan="2">표 2-7-1 남자 두루마기의 참고치수</th><th></th><th></th><th colspan="2" align="right">(단위: cm)</th></tr>
<tr><td colspan="2">항목 \ 크기(신장)</td><td>소(170)</td><td>중(175)</td><td>대(180)</td><td>저고리와의 관계</td></tr>
<tr><td colspan="2">가슴둘레(B)</td><td>92</td><td>96</td><td>100</td><td></td></tr>
<tr><td colspan="2">두루마기길이</td><td>125</td><td>130</td><td>135</td><td></td></tr>
<tr><td colspan="2">화장</td><td>80</td><td>82</td><td>84</td><td>저고리화장 + 2</td></tr>
<tr><td colspan="2">진동(B/4+4)</td><td>27</td><td>28</td><td>29</td><td>저고리진동 + 2</td></tr>
<tr><td colspan="2">고대/2(B/10+0.5)</td><td>9.7</td><td>10.1</td><td>10.5</td><td>저고리고대 + 1</td></tr>
<tr><td rowspan="2">겉섶</td><td>윗너비</td><td>9.5</td><td>10</td><td>10.5</td><td></td></tr>
<tr><td>아랫너비</td><td>18</td><td>18.5</td><td>19</td><td></td></tr>
<tr><td rowspan="2">안섶</td><td>윗너비</td><td>6</td><td>6.5</td><td>7</td><td></td></tr>
<tr><td>아랫너비</td><td>13</td><td>13.5</td><td>14</td><td></td></tr>
<tr><td colspan="2">깃너비</td><td>8.3</td><td>8.5</td><td>8.7</td><td>저고리 깃너비 + 1.5</td></tr>
<tr><td colspan="2">겉깃길이(B/4+7)</td><td>30</td><td>31</td><td>32</td><td>저고리 겉깃길이 + 2</td></tr>
<tr><td colspan="2">고름너비</td><td>7</td><td>7</td><td>8</td><td></td></tr>
<tr><td rowspan="2">고름길이</td><td>긴고름</td><td>110</td><td>115</td><td>120</td><td></td></tr>
<tr><td>짧은고름</td><td>95</td><td>100</td><td>105</td><td></td></tr>
</table>

2) 마름질

두루마기의 옷감으로는 봄·가을용으로는 숙고사, 생고사, 국사, 항라, 자미사 등을 사용하고, 여름용으로는 모시나 삼베를, 겨울용으로는 명주, 공단, 양단 등을 사용한다.

<table>
<tr><th colspan="3">표 2-7-2 남자 두루마기의 옷감 계산방법 및 필요량</th></tr>
<tr><td>옷감 너비</td><td>옷감 계산방법</td><td>옷감 필요량</td></tr>
<tr><td>55cm</td><td>두루마기길이 × 2 + 소매폭 × 4 + 무길이
+ 겉섶길이 + 긴고름길이 + 시접</td><td>700~720cm</td></tr>
<tr><td>110cm</td><td>두루마기길이 × 2 + 무길이 + 시접</td><td>350~360cm</td></tr>
</table>

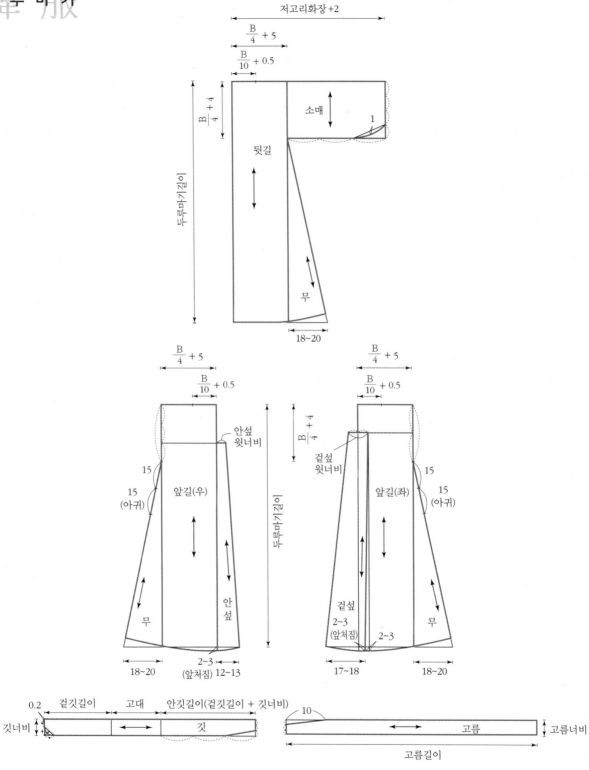

저고리화장+2

$\frac{B}{4} + 5$

$\frac{B}{10} + 0.5$

$\frac{B}{4} + 4$

두루마기길이

소매

1

뒷길

무

18~20

$\frac{B}{4} + 5$

$\frac{B}{10} + 0.5$

안섶
윗너비

15

15
(아귀)

앞길(우)

안
섶

무

두루마기길이

$\frac{B}{4} + 4$

$\frac{B}{4} + 5$

$\frac{B}{10} + 0.5$

겉섶
윗너비

15

15
(아귀)

앞길(좌)

겉섶
2~3
(앞처짐)

2~3

무

18~20   2~3
(앞처짐) 12~13

17~18   18~20

0.2

겉깃길이   고대   안깃길이(겉깃길이 + 깃너비)

깃너비

깃

10

고름

고름너비

고름길이

그림 2-7-2 남자 두루마기 본뜨기의 실제

■ 마름질의 실제

두루마기는 크기가 크기 때문에 마름질할 때 본을 잘 배치하여 옷감이 낭비되지 않
도록 주의한다. 시접은 1.5cm 내외로 한다.

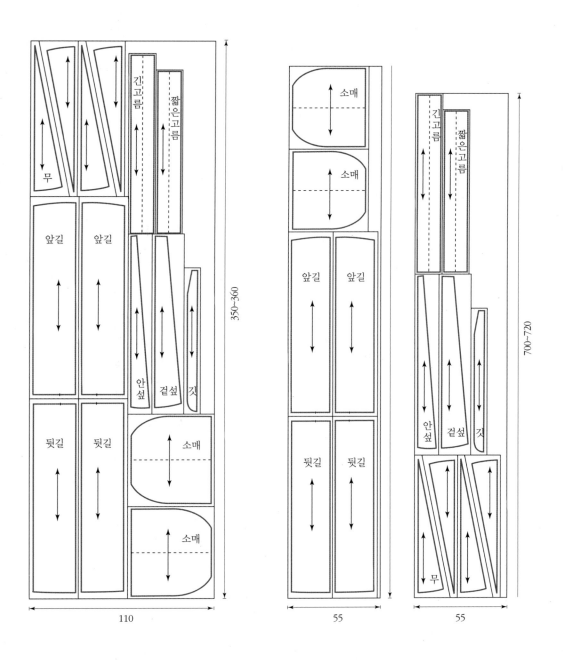

그림 2-7-3 남자 두루마기 마름질의 실제

3) 바느질

(1) 심 대기

겉감의 안쪽에 심을 대고 완성선에서 시접쪽으로 0.5cm 나아가 어슷시침한다.

(2) 등솔 · 어깨솔 박기

① 뒷길의 겉을 마주 대고 등솔선을 맞추어 시침한 후 고대에서 도련 끝까지 박는다. 시접은 입어서 오른쪽 방향으로 꺾어 다린다.

② 앞길과 뒷길의 겉을 마주 대고 어깨선을 맞추어 시침한 후 고대점부터 진동쪽으로 어깨선을 박는다. 이때 고대점은 시작 부분을 정확하게 해야 하며 반드시 되돌아 박기를 한다. 시접은 뒷길쪽으로 꺾어 다린다.

(3) 섶 달기

① 겉섶의 곧은솔을 꺾어 앞길의 겉섶선에 대고 한올시침을 한 후 겉섶을 젖혀서 박는다. 시접은 겉섶쪽으로 꺾는다.

② 안섶의 어슨솔을 꺾어 앞길의 안섶선(앞중심선)에 대고 한올시침을 한 후 젖혀서 박고, 시접은 앞길쪽으로 꺾는다.

(4) 무 달기

무의 어슨올을 앞길과 뒷길의 옆선에 대고 박는다. 무의 윗부분은 진동점까지 정확하게 박고 되돌아 박아야 한다. 이때 어슨올은 늘어나기 쉬우므로 길의 곧은올을 무의 어슨올 위에 놓고 박는 것이 좋다.

(5) 소매 달기

어깨솔과 소매의 중심점을 잘 맞추어 진동선을 박는다. 이때 진동 끝점까지만 박고 진동끝점은 되돌아 박음질한 후 시접은 가름솔로 처리한다.

(6) 옆선 박기

진동 아래의 진동점에서부터 아귀의 트임 윗부분까지 박은 후, 아귀를 남기고 옆솔기를 박는다. 이때 아귀의 끝은 터지지 않도록 되돌아 박고 가름솔한다.

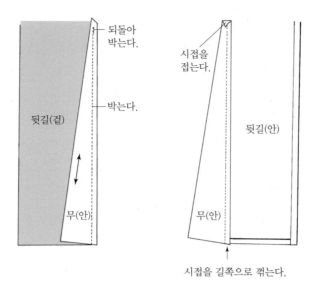

되돌아
박는다.

박는다.

뒷길(겉)

무(안)

시접을
접는다.

뒷길(안)

무(안)

시접을 길쪽으로 꺾는다.

그림 2-7-4 남자 두루마기의 무 달기

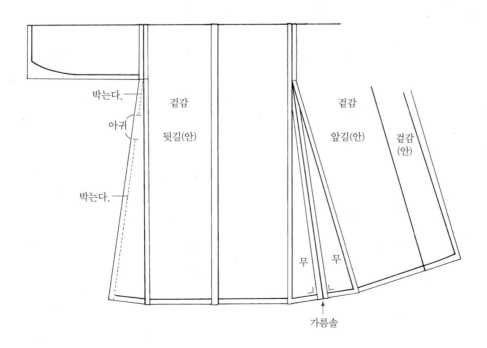

박는다.

아귀

겉감

뒷길(안)

박는다.

겉감

앞길(안)

겉감
(안)

무

무

가름솔

그림 2-7-5 남자 두루마기의 옆선 박기

(7) 안 만들기

겉감과 같은 방법으로 바느질한다. 단, 겉섶과 안섶의 위치를 겉감과 반대로 붙여야 안팎을 맞출 때 섶의 위치가 겉감과 같게 된다. 어깨솔, 진동솔, 섶솔을 붙여 앞·뒷길을 한 감으로 마름질한 후, 등솔만 박아 완성하기도 한다.

(8) 섶선과 도련 박기

겉감의 겉과 안감의 겉을 마주 대어 평평하게 펴놓고 등솔, 어깨솔, 진동솔, 도련, 수구들을 차례로 맞춘 후 핀 시침한다. 겉섶선, 앞도련, 뒷도련, 다시 앞도련, 안섶선까지 한 번에 이어 박는다.

(9) 수구 박기

섶과 도련을 박은 후 겉감의 겉과 안감의 겉이 서로 마주 닿게 포개어 놓는다. 소맷부리도 겉감의 겉과 안감의 겉을 마주 대어 두 겹이 되게 한 다음 박아서 시접은 겉감 쪽으로 꺾어 다린다. 두루마기는 저고리와 달리 무가 이어진 상태에서 수구를 박게 되므로 수구를 박을 때에 소매 옷감이 꼬이지 않도록 방향을 주의해서 박음질한다.

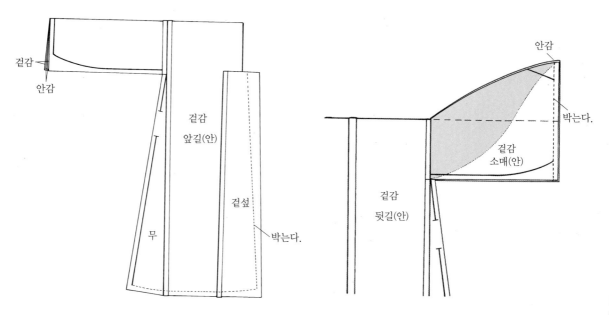

그림 2-7-6 남자 두루마기의 섶선과 도련 박기 **그림 2-7-7** 남자 두루마기의 수구 박기

(10) 배래 박기

겉감과 안감의 뒷길 사이에 앞길을 접어넣어 겉감과 겉감, 안감과 안감이 마주 닿도록 한다. 이때 배래의 진동 끝점과 옆선이 만나는 부분은 세심하게 시침한 후 배래의 네 겹을 한 번에 박는다. 배래의 둥근 시접은 모가 나지 않도록 겉감쪽으로 꺾어 다린다.

(11) 뒤집기

시접 정리를 하고 모든 시접은 겉감쪽으로 꺾어 다린다. 겉감의 고대로 뒤집은 후, 안감이 빠져 나오지 않도록 겉에서 다린다.

(12) 깃 만들어 달기

저고리 부분 그림 2-1-9의 ㉠과 같이 겉깃 안에 심을 대고 완성선에서 0.2cm 바깥쪽을 박아 고정시킨다. 깃의 시접을 안쪽으로 꺾어 다린다. 깃머리둘레는 완성선 바깥쪽을 곱게 홈질한 후 완성선에 깃본을 대고 실을 잡아당겨 시접을 안쪽으로 오그린다. 주름 사이에 살짝 풀을 발라 다리면 형태가 고정된다.

만든 깃을 깃 위치에 놓는다. 깃을 만들 때 표시해 둔 고대점을 두루마기의 고대에 맞춘 후 ㉡과 같은 순서로 시침핀을 꽂고 겉에서 숨은시침을 한다. 깃을 길쪽으로 젖힌 후 시침선을 따라 박는다. 깃머리는 바늘땀이 보이지 않도록 겉에서 곱게 공그르기한다. 고대의 시접을 정리하여 깃 사이에 넣는다. 두루마기 안쪽에서 안깃을 따라 공그르기 또는 새발뜨기를 한다.

(13) 고름 만들어 달기

고름은 저고리 부분 그림 2-1-10의 ㉠과 같이 안에서 접어 박은 후 시접을 꺾고 다림질하여 뒤집는다. 긴고름은 박은 솔기가 위로 가게 하여 겉깃과 겉섶의 중간에 단다. 짧은고름은 안섶쪽에 다는데, ㉡과 같이 고대점에서 바로 내리거나 1cm 정도 밖으로 나가서 내린 선과 긴고름의 높이에서 나간 직선이 만나는 지점에 단다.

안고름은 ㉢과 같이 안깃 안쪽과 왼쪽 겨드랑이 안쪽에 단다.

(14) 동정 달기

그림 2-1-11의 ㉠과 같이 동정의 끝을 깃 끝에서 깃너비만큼 올라간 위치에 닿게

한다. 깃 안쪽에 동정의 겉을 대고 동정 시접의 1/2 또는 1/2보다 약간 작은 위치를 재봉틀로 박거나 곱게 홈질한다. 동정을 깃 겉쪽으로 넘겨서 매만진 후 ⓛ과 같이 안쪽은 1cm 간격으로, 겉에 나오는 땀은 0.2cm 정도로 숨뜨기한다. 동정너비나 깃너비는 유행을 많이 따른다. 시중에 파는 동정을 사용하기도 하지만 그림 2-1-22의 '동정 만들기'를 참조하여 만들어 달면 저고리가 훨씬 품위 있어 보인다.

2. 여자 두루마기

여자 두루마기는 방한용으로 치마·저고리 위에 입는다. 구조는 남자 두루마기와 같으나 화사한 색을 사용하며 선물림·자수 등의 장식을 더하기도 한다. 현대에는 서양식 하프 코트(half coat) 길이로 짧게 디자인된 두루마기도 입고 있다. 전통적인 방법은 아니지만 옆선 양 옆에 주머니를 만들거나 안단을 대어 만들기도 한다.

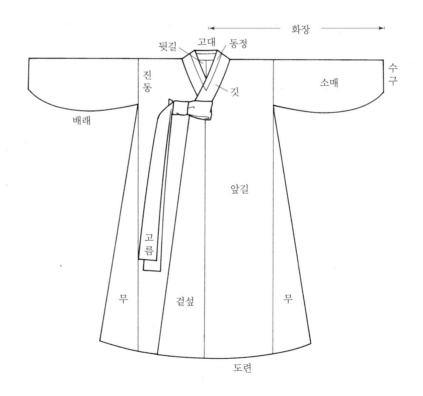

그림 2-7-8 여자 두루마기의 구조

1) 본뜨기

필요한 치수로는 가슴둘레, 두루마기 길이, 화장이다. 저고리 위에 입는 옷이므로 품, 진동, 화장을 약간 크게 한다.

표 2-7-3 여자 두루마기의 참고치수 (단위: cm)

항목		소(155)	중(160)	대(165)	저고리와의 관계
가슴둘레(B)		82	86	90	
두루마기길이		105	110	115	
화장		74	76	78	저고리화장 + 2
진동(B/4+2.5)		23	24	25	저고리진동 + 2
고대/2(B/10+0.5)		8.7	9.1	9.5	저고리고대 + 1
겉섶	윗너비	7	7.5	8	
	아랫너비	16	17	18	
안섶	윗너비	5	5.5	6	
	아랫너비	10	11	12	
깃너비		5.8	5.9	6	저고리 깃너비 + 1.5
겉깃길이(B/4+2.5)		23	24	25	저고리 겉깃길이 + 2
고름너비		6	6.3	6.5	
고름길이	긴고름	100	105	110	
	짧은고름	90	95	100	

2) 마름질

두루마기 옷감으로는 봄·가을용으로 숙고사, 생고사, 갑사, 자미사, 항라 등을 사용하고, 겨울용으로는 공단, 양단, 모본단 등을 사용한다.

표 2-7-4 여자 두루마기의 옷감 계산방법 및 필요량

옷감 너비	옷감 계산방법	옷감 필요량
55cm	두루마기길이 × 2 + 소매폭 × 4 + 무길이 + 겉섶길이 + 긴고름길이 + 시접	315~325cm
110cm	두루마기길이 × 2 + 무길이 + 시접	630~650cm

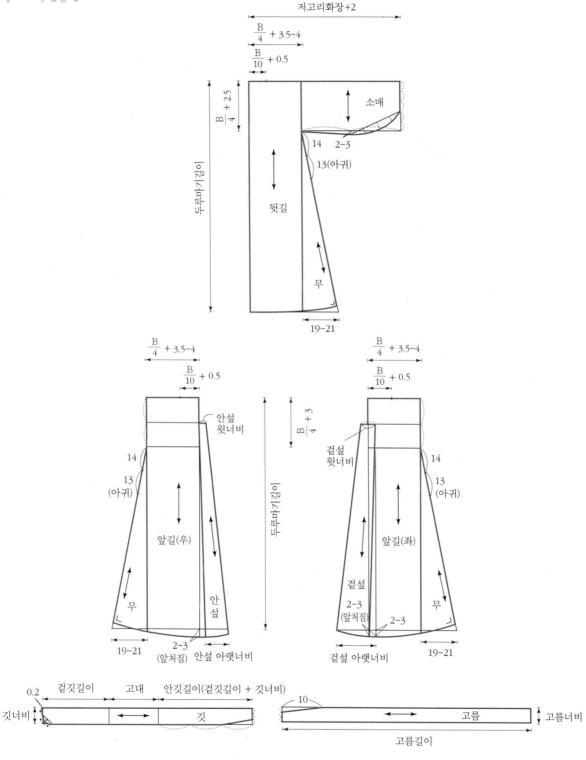

저고리화장+2

$\frac{B}{4}$ + 3.5~4

$\frac{B}{10}$ + 0.5

$\frac{B}{4}$ + 2.5

소매

14   2~3

13(아귀)

두루마기길이

뒷길

무

19~21

$\frac{B}{4}$ + 3.5~4

$\frac{B}{10}$ + 0.5

$\frac{B}{4}$ + 3.5~4

$\frac{B}{10}$ + 0.5

안섶
윗너비

$\frac{B}{4}$ + 3

겉섶
윗너비

14

13
(아귀)

14

13
(아귀)

두루마기길이

앞길(우)

앞길(좌)

무

안섶

겉섶

2~3
(앞처짐)

2~3

무

19~21   2~3
(앞처짐) 안섶 아랫너비

겉섶 아랫너비

19~21

0.2

겉깃길이   고대   안깃길이(겉깃길이 + 깃너비)

10

깃너비

깃

고름

고름너비

고름길이

그림 2-7-9 여자 두루마기 본뜨기의 실제

■ 마름질의 실제

두루마기는 크기가 크기 때문에 마름질할 때 본을 잘 배치하여 옷감이 낭비되지 않
도록 주의한다. 시접은 1.5cm 내외로 한다.

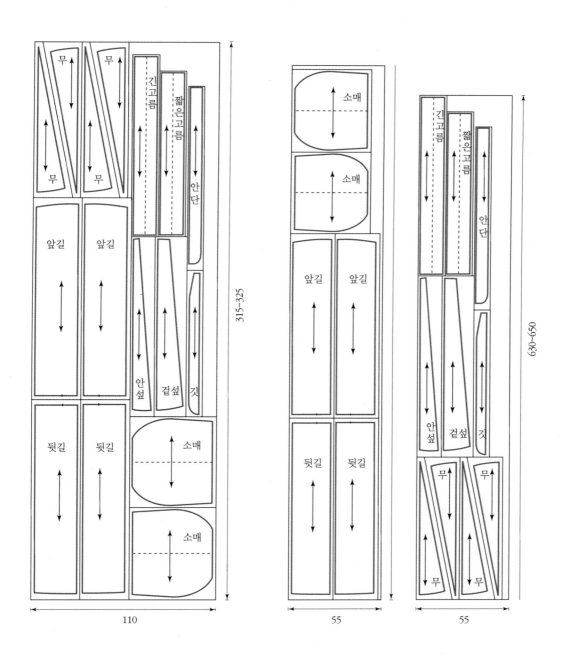

그림 2-7-10 여자 두루마기 마름질의 실제

3) 바느질

(1) 심 대기

겉감의 안쪽에 심을 대고 완성선에서 시접쪽으로 0.5cm 나아가 어슷시침한다.

(2) 등솔·어깨솔 박기

① 뒷길의 겉을 마주 대고 등솔선을 맞추어 시침한 후 고대에서 도련 끝까지 박는다. 시접은 입어서 오른쪽 방향으로 꺾어 다린다.

② 앞길과 뒷길의 겉을 마주 대고 어깨선을 맞추어 시침한 후 고대점부터 진동쪽으로 어깨선을 박는다. 이때 고대점은 시작 부분을 정확하게 해야 하며 반드시 되돌아 박기를 한다. 시접은 뒷길쪽으로 꺾어 다린다.

(3) 섶 달기

① 겉섶의 어슷솔에 싸개천을 댄 안단을 대고 박는다.

② 겉섶의 곧은솔을 꺾어 앞길의 겉섶선에 대고 한올시침을 한 후 겉섶을 넘겨서 박는다. 시접은 겉섶쪽으로 꺾는다.

③ 안섶의 곧은올을 안단 분량만큼 꺾은 후 싸개천을 두른다.

④ 안섶의 어슷솔을 꺾어 앞길의 안섶선(앞중심선)에 대고 한올시침을 한 후 넘겨서 박고, 시접은 앞길쪽으로 꺾는다.

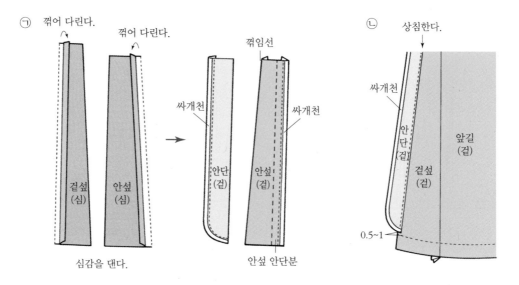

그림 2-7-11 여자 두루마기의 섶 달기

(4) 무 달기

앞길, 뒷길 좌우에 무를 단다. 무의 어슨솔을 길에 대고 시침하여 박는다. 시접은 길 쪽으로 꺾는다. 이때 어슨올은 늘어나기 쉬우므로 길의 곧은올을 무의 어슨올 위에 놓고 박는 것이 좋다.

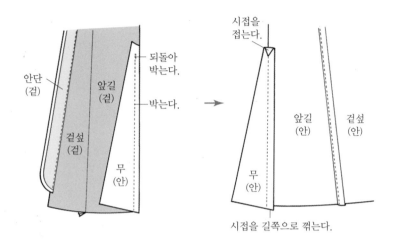

그림 2-7-12 여자 두루마기의 무 달기

(5) 소매 달기

소매의 중심과 어깨솔의 중심을 맞추어 시침질한 후 진동 크기만큼만 박는다. 진동 의 양 끝은 반드시 되돌아 박는다.

(6) 옆선 박기

① 옆선의 아귀를 겨드랑이에서 14cm 밑으로 13cm 정도(입는 사람의 손이 드나들 수 있는 크기)로 잡는다.
② 겉감의 앞, 뒷자락을 맞추어 아귀를 남기고 옆솔기를 박는데 아귀의 끝은 터지지 않도록 되돌아 박고 가름솔로 한다.

(7) 안 만들기

길을 겉감과 같이 섶과 무를 따로 마름질하거나, 길과 섶을 붙여서 한 장으로 마름 질하기도 한다. 섶의 방향을 반대로 다는 것 외에는 겉감과 같은 방법으로 만든다.

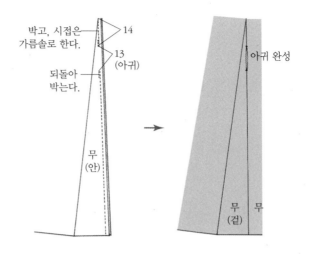

박고, 시접은
가름솔로 한다.

14

13
(아귀)

되돌아
박는다.

무
(안)

아귀 완성

무   무
(겉)

그림 2-7-13 여자 두루마기의 옆선 박기

(8) 수구 박기

섶과 도련을 박고 나서 겉감의 앞길과 안감의 앞길이 서로 마주 닿게 포개어 놓고 소맷부리도 겉감의 겉과 안감의 겉을 마주 대어 두 겹이 되게 한 다음 박아서, 시접은 겉감쪽으로 꺾어 다린다.

(9) 배래 박기

겉감과 안감의 뒷길 사이에 앞길을 접어넣어 겉감과 겉감, 안감과 안감이 마주 닿도록 한다. 이때 배래의 진동 끝점과 옆선이 만나는 부분은 세심하게 시침한 후 배래의 네 겹을 한 번에 박는다. 배래의 둥근 시접은 모가 나지 않도록 겉감쪽으로 꺾어 다린다.

(10) 뒤집기

시접 정리를 하고 모든 시접은 겉감쪽으로 꺾어 다린다. 겉감의 고대로 뒤집은 후, 안감이 빠져 나오지 않도록 겉에서 다린다.

(11) 섶단과 안감 잇기

겉감과 안감을 잘 맞추어 시침하고 안감을 섶의 안단 밑으로 밀어넣은 후 눌러 박는다.

(12) 밑단하기

① 겉감의 밑단 가장자리에 싸개천을 두른 후 접어 올린다. 이때 싸개천의 천을 당기면서 박아야 밑단이 약간 오그라들어 단을 접었을 때 주름이 생기지 않는다.

② 안감을 여유 있게 접은 상태가 겉감보다 2cm 정도 짧게 되도록 하여 시침한 후 박는다.

(13) 깃 만들어 달기

저고리 부분 그림 2-1-9의 ㉠과 같이 겉깃 안에 심을 댄 후 완성선에서 0.2cm 바깥쪽을 박아 고정시킨다. 깃의 시접을 안쪽으로 꺾어 다린다. 깃머리둘레는 완성선 바깥쪽을 곱게 홈질하여 깃본을 대고 실을 조여 안쪽으로 꺾는다. 주름 사이로 살짝 풀을 발라 다리면 형태가 고정된다.

만든 깃을 깃 위치에 놓는다. 깃을 만들 때 표시해 둔 고대점을 두루마기의 고대에 맞춘 후 시침핀을 꽂고 겉에서 한올시침을 한다. 깃을 길쪽으로 제친 후 시침선을 따라 박는다. 깃머리는 겉에서 곱게 공그르기한다. 길의 시접을 정리하여 깃 사이에 넣는다. 두루마기 안쪽에서 안깃을 따라 공그르기 또는 새발뜨기를 한다.

안깃은 시접을 없애고 싸개천을 두르기도 한다.

(14) 아귀 마무리하기

안감의 아귀가 겉으로 나오지 않도록 겉감보다 0.2~0.3cm 작게 꺾어 놓은 후, 겉감과 안감의 아귀를 마주 대고 겉에서 곱게 공그른다.

(15) 고름 만들어 달기

고름은 저고리 부분 그림 2-1-10의 ㉠과 같이 안에서 접어 박은 후 시접을 꺾고 다림질하여 뒤집는다. 긴고름은 박은 솔기가 위로 가게 하여 겉깃과 겉섶의 중간에 단다. 짧은 고름은 안섶쪽에 다는데, ㉡과 같이 고대점에서 바로 내리거나 1cm 정도 밖으로 나가서 내린 선과 긴고름의 높이에서 나간 직선이 만나는 지점에 단다.

안고름은 ㉢과 같이 안깃 안쪽과 왼쪽 겨드랑이 안쪽에 단다.

(16) 동정 달기

그림 2-1-22의 ㉠과 같이 동정의 끝을 깃 끝에서 깃너비만큼 올라간 위치에 닿게

한다. 깃 안쪽에 동정의 겉을 대고 동정 시접의 1/2 또는 1/2보다 약간 작은 위치를 재봉틀로 박거나 곱게 홈질한다. 동정을 겉쪽으로 넘겨서 매만진 후 ㉡과 같이 안쪽은 1cm 간격으로, 겉에 나오는 땀은 0.2cm 정도로 숨뜨기한다. 동정너비나 깃너비는 유행을 많이 따른다. 시중에 파는 동정을 사용하기도 하지만 그림 2-1-22의 '동정 만들기'를 참조하여 만들어 달면 저고리가 훨씬 품위 있어 보인다.

3. 오방장두루마기

오방장두루마기는 남녀 어린이에게 입힌 것으로 어른 두루마기와 형태는 같으나 색깔을 다양하게 사용하여 만들었다.

주로 아이들의 돌이나 명절에 많이 입혔는데 길은 연두색, 소매는 홍색이나 색동(오방장두루마기의 소매가 색동일 경우에는 까치두루마기라고도 한다), 섶은 노랑색, 무는 자주색, 깃과 고름은 남아는 남색, 여아는 자주색으로 한다.

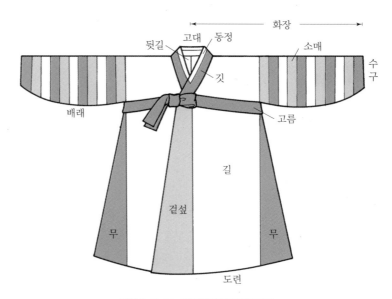

그림 2-7-14 오방장두루마기의 구조

1) 본뜨기

필요한 치수는 가슴둘레, 화장, 두루마기길이이다.

저고리나 마고자의 위에 입는 옷이므로 저고리나 마고자보다 품, 진동, 화장을 약간 크게 만들어야 한다. 저고리 치수를 기준으로 계산한다.

표 2-7-5 오방장두루마기의 참고치수(남아 기준)　　　　　　　　　　　　　　　　　　(단위: cm)

항목 / 연령(신장)		돌(80)	3~4세(105)	5~6세(115)	7~8세(128)	9~10세(138)	저고리와의 관계
가슴둘레(B)		50	56	60	66	72	
두루마기길이		53	60	70	80	90	
화장		38	46	52	58	64	저고리화장 + 2
진동 (B/4+2)		14.5	16	17	18.5	20	저고리진동 + 1
고대/2 (B/10)		5	5.6	6	6.6	7.2	저고리고대
겉섶	위 (깃너비 +1)	5.5	6	6.3	6.7	7	
	아래 (깃너비+5)	9.5	10	10.3	10.7	11	
안섶	위	3.5	3.5	3.8	4	7	
	아래	7	7	7.5	7.8	7.8	
무		8.5	9	9.5	10	10.5	
겉깃길이		15	15.5	16.5	18	19.5	
깃너비		4.5	5	5.3	5.7	6	저고리 깃너비 + 0.5
고름너비		4	4	5	6	6	
고름길이	긴고름	105	55	60	70	75	
	짧은고름	45	50	55	65	70	

2) 마름질

두루마기의 옷감으로 봄·가을용으로는 숙고사, 생고사, 갑사, 항라, 자미사 등을 사용하고, 겨울용으로는 명주, 공단, 양단, 모본단 등을 사용한다.

표 2-7-6 오방장두루마기의 옷감 계산방법 및 필요량(돌쟁이 치수 기준)

옷감 너비	옷감 계산방법	옷감 필요량
55cm	두루마기길이 × 2 + 시접	110~120cm
110cm	두루마기길이 + 시접	55~60cm
무감	무길이 + 시접	42~45cm
섶감	섶길이 + 시접	42~45cm
소매감	소매너비 × 2 + 시접	32cm
회장감	긴고름길이 + 시접	92cm

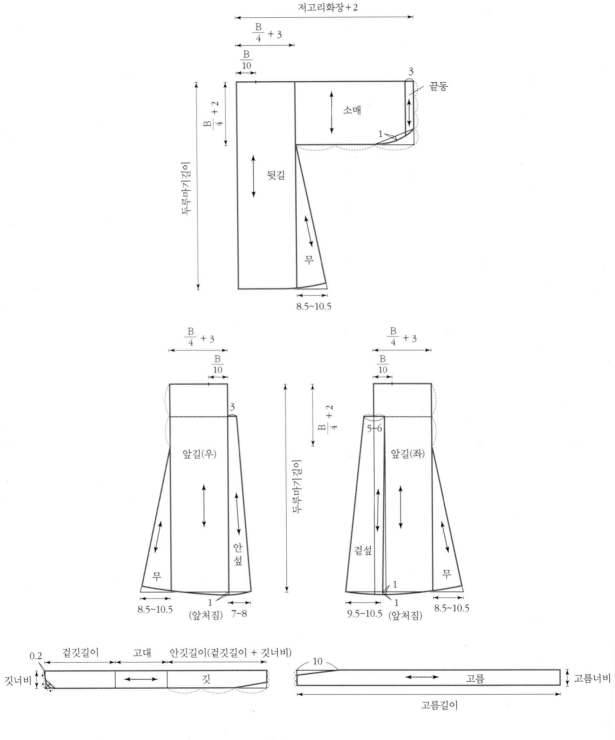

저고리화장+2

$\frac{B}{4}+3$

$\frac{B}{10}$

3

끝동

소매

$\frac{B}{4}+2$

두루마기길이

뒷길

1

무

8.5~10.5

$\frac{B}{4}+3$

$\frac{B}{10}$

3

앞길(우)

두루마기길이

$\frac{B}{4}+2$

무

안섶

8.5~10.5

1

(앞처짐) 7~8

$\frac{B}{4}+3$

$\frac{B}{10}$

5~6

앞길(좌)

겉섶

1

무

1

9.5~10.5 (앞처짐)

8.5~10.5

0.2

겉깃길이

고대

안깃길이(겉깃길이 + 깃너비)

깃너비

깃

10

고름

고름너비

고름길이

그림 2-7-15 오방장두루마기 본뜨기의 실제

■ 마름질의 실제

심감을 댈 경우 겉감과 똑같이 마름질하여 겉감의 안쪽에 대고 시침핀으로 고정하거나 시침질하여 한 장으로 생각한다. 안감은 보통 저고리처럼 마른다. 고름감에서 깃, 고름을 마른다. 돌쟁이의 긴고름은 가슴에서 등을 한 바퀴 돌려 매므로 길게 마름질한다. 시접은 1.5cm 내외로 한다.

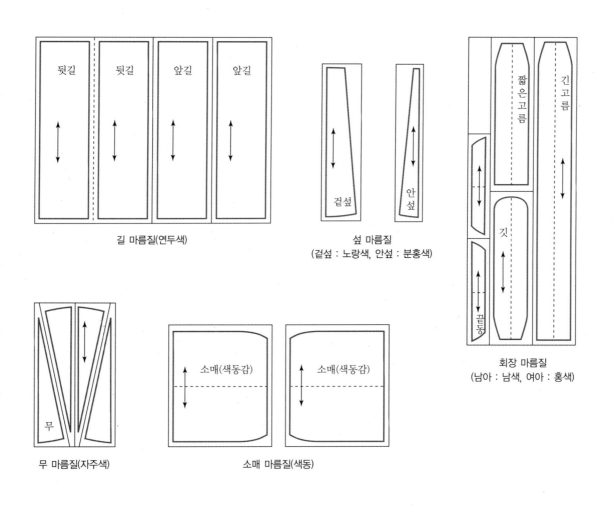

길 마름질(연두색)

섶 마름질
(겉섶 : 노랑색, 안섶 : 분홍색)

회장 마름질
(남아 : 남색, 여아 : 홍색)

무 마름질(자주색)

소매 마름질(색동)

그림 2-7-16 오방장두루마기 마름질의 실제

3) 바느질

남자 두루마기의 바느질 방법을 참조하면서 바느질한다.

(1) 심 대기

겉감의 안쪽에 심을 대고 완성선에서 시접쪽으로 0.5cm 나아가 어슷시침한다.

(2) 등솔 · 어깨솔 박기

① 뒷길의 겉을 마주 대고 등솔선을 맞추어 시침한 후 고대에서 도련 끝까지 박는다. 시접은 입어서 오른쪽 방향으로 꺾어 다린다.

② 앞길과 뒷길의 겉을 마주 대고 어깨선을 맞추어 시침한 후 고대점부터 진동쪽으로 어깨선을 박는다. 이때 고대점은 시작 부분을 정확하게 해야 하며 반드시 되돌아 박기를 한다. 시접은 뒷길쪽으로 꺾어 다린다.

(3) 섶 달기

① 겉섶의 곧은솔을 꺾어 앞길의 겉섶선에 대고 한올시침을 한 후 겉섶을 젖혀서 박는다. 시접은 겉섶쪽으로 꺾는다.

② 안섶의 어슨솔을 꺾어 앞길의 안섶선(앞중심선)에 대고 한올시침을 한 후 젖혀서 박고, 시접은 앞길쪽으로 꺾는다.

(4) 무 달기

무의 어슨올을 앞길과 뒷길의 옆선에 대고 박는다. 무의 윗부분은 진동점까지 정확하게 박고 되돌아 박아야 한다. 이때 어슨올은 늘어나기 쉬우므로 길의 곧은올을 무의 어슨올 위에 놓고 박는 것이 좋다.

(5) 색동 잇기

색동저고리의 색동 잇는 방법을 참조하면서 바느질한다.

① 색동의 색상 배열을 정한다. 예전에는 주로 오방색을 사용하였으나, 현대에는 개인의 취향에 따라 비슷한 계열의 색상들을 모아서 색동을 잇기도 한다.

② 색동의 처음 시작이 되는 두 장의 색동감을 겉끼리 마주 대고 직선으로 곧게 박고, 시접은 가름솔로 한다. 색동 부분의 다림질은 하나의 색동을 이을 때마다 한

번씩 해주어야 색동의 폭을 일정하게 할 수 있다.

③ 가름솔로 다려진 색동의 선부터 색동의 폭을 다시 재서 정확하게 그린다. 다음에 이어질 색동감을 대고 직선으로 곧게 박는다. 색동의 폭은 보통 2~3cm로 하나 개인의 취향과 유행에 따라 색동 폭은 조절할 수 있다.

④ 위의 방법을 반복해서 색동을 끝까지 이어준다.

(6) 끝동 잇기

색동 소매의 중심과 끝동의 중심은 맞춰 시침하고 완성선을 박는다. 이때 시접은 소매쪽으로 꺾거나 가름솔로 처리한다.

(7) 소매 달기

어깨솔과 소매의 중심점을 잘 맞추어 진동선을 박으며, 이때 진동 끝점까지만 박고 진동끝점은 되돌아 박음질한 후 시접은 가름솔로 처리한다.

(8) 옆선 박기

진동 아래의 진동점에서부터 도련까지 옆솔기를 박는다. 시접은 가름솔로 한다.

(9) 안 만들기

겉감과 같은 방법으로 바느질한다. 단, 겉섶과 안섶의 위치를 겉감과 반대로 붙여야 안팎을 맞출 때 섶의 위치가 겉감과 같게 된다. 어깨솔, 진동솔, 섶솔을 붙여 앞·뒷길을 한 감으로 마름질한 후, 등솔만 박아 완성하기도 한다.

(10) 섶선과 도련 박기

겉감의 겉과 안감의 겉을 마주 대어 평평하게 펴놓고 등솔, 어깨솔, 진동솔, 도련, 수구들을 차례로 맞춘 후 핀 시침한다. 겉섶선, 앞도련, 뒷도련, 다시 앞도련, 안섶선까지 한 번에 이어 박는다.

(11) 수구 박기

섶과 도련을 박은 후 겉감의 겉과 안감의 겉이 서로 마주 닿게 포개어 놓는다. 소맷부리도 겉감의 겉과 안감의 겉을 마주 대어 두 겹이 되게 한 다음 박아서 시접은 겉감쪽으로 꺾어 다린다. 두루마기는 저고리와 달리 무가 이어진 상태에서 수구를 박게 되므로 수구를 박을 때에 소매 옷감이 꼬이지 않도록 방향을 주의해서 박음질한다.

(12) 배래 박기

겉감과 안감의 뒷길 사이에 앞길을 접어넣어 겉감과 겉감, 안감과 안감이 마주 닿도록 한다. 이때 배래의 진동 끝점과 옆선이 만나는 부분은 세심하게 시침한 후 배래의 네 겹을 한 번에 박는다. 배래의 둥근 시접은 모가 나지 않도록 겉감쪽으로 꺾어 다린다.

(13) 뒤집기

시접 정리를 하고 모든 시접은 겉감쪽으로 꺾어 다린다. 겉감의 고대로 뒤집은 후, 안감이 빠져 나오지 않도록 겉에서 다린다.

(14) 깃 만들어 달기

저고리 부분 그림 2-1-9의 ㉠과 같이 겉깃 안에 심을 대고 완성선에서 0.2cm 바깥쪽을 박아 고정시킨다. 깃의 시접을 안쪽으로 꺾어 다린다. 깃머리둘레는 완성선 바깥쪽을 곱게 홈질한 후 완성선에 깃본을 대고 실을 잡아당겨 시접을 안쪽으로 오그린다. 주름 사이에 살짝 풀을 발라 다리면 형태가 고정된다.

만든 깃을 깃 위치에 놓는다. 깃을 만들 때 표시해 둔 고대점을 두루마기의 고대에 맞춘 후 ㉡과 같은 순서로 시침핀을 꽂고 겉에서 숨은시침을 한다. 깃을 길쪽으로 젖힌 후 시침선을 따라 박는다. 깃머리는 바늘땀이 보이지 않도록 겉에서 곱게 공그르기 한다. 고대의 시접을 정리하여 깃 사이에 넣는다. 두루마기 안쪽에서 안깃을 따라 공그르기 또는 새발뜨기를 한다.

(15) 고름 만들어 달기

고름은 저고리 부분 그림 2-1-10의 ㉠과 같이 안에서 접어 박은 후 시접을 꺾고 다림질하여 뒤집는다. 긴고름은 박은 솔기가 위로 가게 하여 겉깃과 겉섶의 중간에 단다. 짧은고름은 안섶쪽에 다는데, ㉡과 같이 고대점에서 바로 내리거나 1cm 정도 밖으로 나가서 내린 선과 긴고름의 높이에서 나간 직선이 만나는 지점에 단다.

안고름은 ㉢과 같이 안깃 안쪽과 왼쪽 겨드랑이 안쪽에 단다.

(16) 동정 달기

그림 2-1-22의 ㉠과 같이 동정의 끝을 깃 끝에서 깃너비만큼 올라간 위치에 닿게 한다. 깃 안쪽에 동정의 겉을 대고 동정 시접의 1/2 또는 1/2보다 약간 작은 위치를 재봉틀로 박거나 곱게 홈질한다. 동정을 겉쪽으로 넘겨서 매만진 후 ㉡과 같이 안쪽은 1cm 간격으로, 겉에 나오는 땀은 0.2cm 정도로 숨뜨기한다. 동정너비나 깃너비는 유행을 많이 따른다. 시중에 파는 동정을 사용하기도 하지만 그림 2-1-22의 '동정 만들기'를 참조하여 만들어 달면 저고리가 훨씬 품위 있어 보인다.

韓 服

당의(唐衣)는 조선시대 궁중이나 반가에서 여자들이 입었던 소례복으로 저고리 위에 덧입는 옷이다. 보통 겉은 초록이나 연두색으로 하고 안은 다홍색을 넣으며 자주색 고름을 달고 소매 끝에는 흰색 거들지를 단다. 형태는 저고리와 비슷하나 저고리보다 길이가 길고 도련이 둥글고 옆이 트여 있는 아름다운 곡선을 지닌 옷이다. 계절에 따라 겹당의와 홑당의가 있다. 겨울에는 주로 겹당의를 입고 여름에는 홑당의를 입는데, 홑당의는 당적삼·당한삼이라고도 한다. 조선시대 궁중에서는 오월 단오 전날 왕비가 흰 당적삼으로 갈아입으면 단옷날부터 모든 궁중의 여자들은 당적삼으로 갈아입었으며, 추석 전날 왕비가 다시 겹당의로 갈아입으면 추석날부터 궁중의 여자들은 일제히 겹당의로 갈아입었다고 한다.

1. 당 의

당의의 형태는 조선 말기의 궁중복식을 기준으로 한 것이다. 당의의 도련선은 시대에 따라 곡선의 정도가 조금씩 다르므로 기호에 따라 당의의 길이나 도련의 곡선을 수정하여도 무방하다. 이 책에서는 당의의 깃으로 당코깃을 제시하였으나 동그래깃을 달기도 한다.

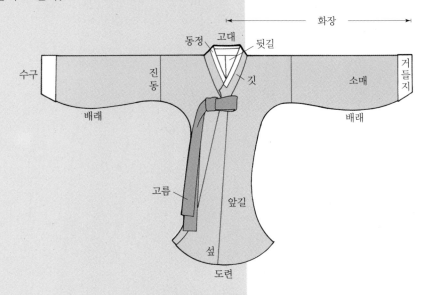

그림 2-8-1 당의의 구조

1) 본뜨기

필요한 치수는 가슴둘레, 화장, 당의길이이다.

표 2-8-1 당의의 참고치수 (단위: cm)

항목		크기(신장)	소(155)	중(160)	대(165)
가슴둘레(B)			82	86	90
길이		앞	68	70	73
		뒤	66	68	71
화장			73	75	77
진동(B/4+0.5)			21	22	23
고대/2(B/10)			8.2	8.6	9
겉깃길이(B/4+0.5)			21	22	23
겉섶		위	5.5	5.8	6
		아래	18	18	19
안섶		위	4	4	5
		아래	18	18	19
깃너비			4.8	4.9	5
겉고름너비			5.5	5.5	6
겉고름길이		긴고름	75	85	90
		짧은고름	70	80	85
안고름너비			3	3	3
안고름길이			50	55	60

2) 마름질

당의의 옷감으로는 숙고사, 자미사, 은조사, 갑사, 생고사 등을 주로 사용한다. 배색은 전통적으로 겉감의 경우 연두색이나 자주색, 안감은 다홍색으로 하고 자주색 고름과 흰색의 거들지를 다는 것이 일반적이다. 전통적인 배색은 아니지만 분홍색이나 옥색 당의의 경우, 단색(單色)으로 만들거나 자주색으로 깃, 고름, 끝동을 장식하기도 한다. 다만 거들지는 흰색으로 다는 것이 원칙이다.

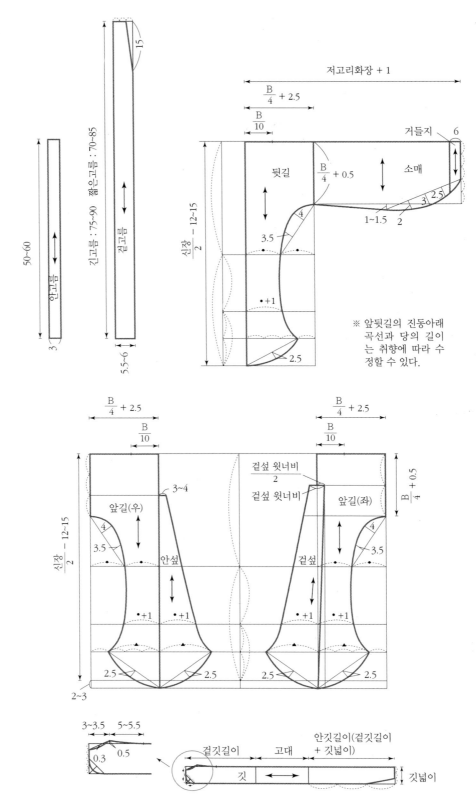

韓服

50-60

3

안고름

긴고름 : 75-90 짧은고름 : 70-85

겉고름

15

5.5-6

저고리화장 + 1

$\dfrac{B}{4}$ + 2.5

$\dfrac{B}{10}$

거들지 6

뒷길 $\dfrac{B}{4}$ + 0.5 소매

$\dfrac{신장}{2}$ − 12-15

4

3.5

1~1.5 2 3 2.5

•+1

2.5

※ 앞뒷길의 진동아래
   곡선과 당의 길이
   는 취향에 따라 수
   정할 수 있다.

$\dfrac{B}{4}$ + 2.5

$\dfrac{B}{10}$

$\dfrac{B}{4}$ + 2.5

$\dfrac{B}{10}$

겉섶 윗너비 / 2

겉섶 윗너비

$\dfrac{B}{4}$ + 0.5

앞길(우) 3~4 앞길(좌)

$\dfrac{신장}{2}$ − 12-15

4 4

3.5 3.5

안섶 겉섶

•+1 •+1 •+1 •+1

2.5 2.5 2.5 2.5

2~3

3~3.5 5~5.5

0.3 0.5

겉깃길이 고대 안깃길이(겉깃길이 + 깃넓이)

깃

깃넓이

그림 2-8-2 당의 본뜨기의 실제

표 2-8-2 당의의 옷감 계산방법 및 필요량		
옷감 너비	옷감 계산방법	옷감 필요량
55cm	당의길이 × 2 + 소매너비 × 4 + 깃길이 + 시접	320~360cm
110cm	당의길이 + 소매너비 × 4 + 시접	160~180cm
고름감	긴고름길이 + 시접	90cm
거들지감	거들지길이 + 시접	40cm

■ 마름질의 실제

당의는 직선으로 마름질하는데, 옷감이 부족할 경우에는 도련 부분의 시접은 곡선으로 재단하여도 무방하다. 시접은 직선 부분은 1.5cm 내외로 하고 깃과 도련 부분은 1cm 이내로 한다.

3) 바느질

(1) 등솔 · 어깨솔 박기

① 뒷중심선을 겉과 겉이 마주 닿게 하여 뒷목점에서 도련선까지 박는다. 시접은 입어서 오른쪽으로 꺾어 다린다.
② 앞길과 뒷길의 어깨선을 겉과 겉이 마주 닿게 맞추어 핀으로 시침하고, 고대점에서 진동끝까지 정확하게 박는다. 이때 박은선이 풀리지 않도록 되돌아 박는다.
③ 시접은 뒷길쪽으로 꺾고 다림질한다.
④ 옷감의 여유가 있을 때에는 앞길과 뒷길을 따로 재단하지 않고 어깨시접 없이 붙여서 한 장으로 마름질한다.

(2) 섶 달기

① 겉섶의 섶선(곧은솔)을 꺾은 후 앞길 겉의 겉섶선에 댄다. 겉에서 한올뜨기를 한 후 젖혀서 안에서 홀솔로 박는다. 요즘에는 겉섶에 심을 대기도 한다.
② 안섶은 겉섶을 달 때와 같은 방법으로 섶선(어슨올)을 길의 안섶선에 붙인다. 시접은 길쪽으로 꺾는다.

韓服

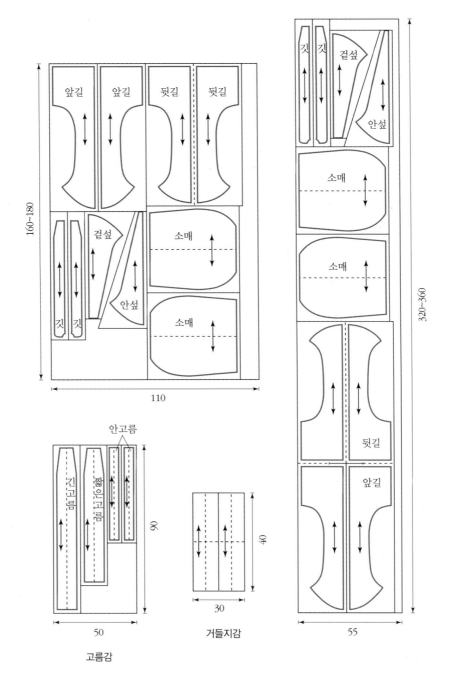

앞길 앞길 뒷길 뒷길

겉섶

소매

안섶

소매

깃 깃

160~180

110

안고름

긴고름

짧은고름

50

고름감

90

거들지감

30

40

깃 깃 겉섶

안섶

소매

소매

뒷길

앞길

320~360

55

그림 2-8-3 여자 당의 마름질의 실제

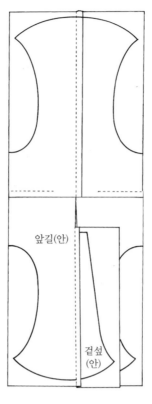

그림 2-8-4 당의의 등솔·어깨솔 박기   **그림 2-8-5** 당의의 섶 달기

(3) 소매 달기

① 길의 어깨선과 소매의 중심선을 겉과 겉이 마주 닿게 시침한다.

② 길의 진동선과 소매의 진동선을 맞추어 시침한다. 소매쪽에서 박는데 진동끝점
   까지만 정확하게 박도록 주의한다. 끝부분은 풀리지 않도록 되돌아 박는다.

③ 가름솔로 시접처리한 후 다린다.

(4) 안 만들기

① 겉감과 같은 방법으로 바느질한다. 안감은 겉섶, 안섶의 위치를 겉과 반대로 붙
   여야 완성된 후에 서로 같은 위치가 된다. 앞뒷길의 어깨선을 맞추어 소매쪽 끝
   에서 고대점까지 박고, 시접을 뒷길쪽으로 넘긴다.

② 겉감 소매 달기와 같은 방법으로 소매를 길의 진동선에 맞추어 박는다.

③ 안감은 섶과 소매를 따로 재단하지 않고 한 장으로 마름질할 수도 있다.

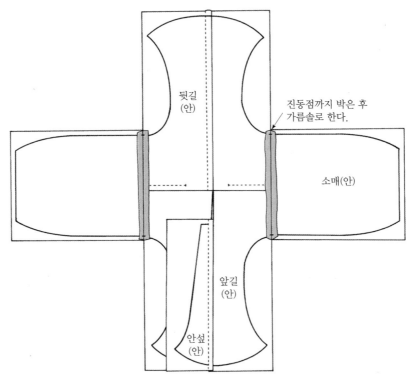

뒷길
(안)

진동점까지 박은 후
가름솔로 한다.

소매(안)

앞길
(안)

안섶
(안)

그림 2-8-6 당의의 소매 달기

(5) 겉과 안 맞추기

① 안감의 겉에 겉감의 겉이 마주 닿게 놓고 고대, 등솔선, 어깨선을 맞추어 핀으로 시침한 후 수구, 도련선을 맞추어 시침한다.

② 그림 2-8-7과 같이 양쪽 수구를 박고 시접을 겉감쪽으로 꺾는다.

③ 앞길과 뒷길의 도련선을 섶끝에서 진동선까지 곡선으로 박는다.

④ 시접을 0.7~1cm로 자르고, 곡선에 가윗집을 넣어 시접을 겉감쪽으로 꺾어서 다린다. 이때 가윗집은 오목한 부분에 2~3개 정도만 주고, 너무 완성선에 가까이 넣지 않도록 주의한다.

(6) 배래 박기

① 앞길을 뒤집은 후 뒷길의 겉감과 안감 사이로 밀어넣는다.

② 겉감과 안감의 소매는 따로따로 중심선을 접는다. 네 겹의 천 겨드랑이 점과 수

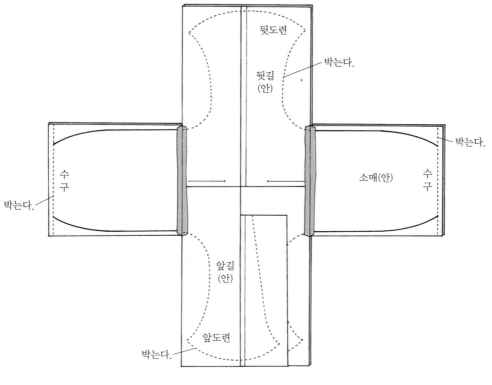

그림 2-8-7 당의의 겉과 안 맞추기

구 끝을 잘 맞추어 손으로 시침한다.

③ 그림 2-8-8과 같이 네 겹의 배래선을 시침하여 수구에서부터 진동선까지 박고 풀리지 않게 되돌아 박는다.

④ 배래의 곡선 시접을 홈질하여 당겨 모양을 잡은 후 시접을 1cm 정도로 정리한다.

⑤ 고대쪽에서 손을 넣어 겉으로 뒤집어 수구와 도련으로 안감이 밀려나오지 않게 손질하여 다리미질한다.

(7) 깃 만들어 달기

① 겉깃 안에 심을 댄 후 완성선에서 0.2cm 바깥쪽을 박아 고정시킨다.

② 그림 2-8-9의 ㉠과 같이 겉깃과 안깃을 마주 대고 깃 중심선을 박는다. 당코 부분의 시접을 0.5cm 정도로 잘라낸 후, 겉으로 뒤집어 당코 모양을 만든다. 겉에서 당코 끝에 실을 꿰어 잡아당기면 더욱 예쁜 모양을 만들 수 있다.

③ 깃의 시접을 안쪽으로 꺾어 다린다. 깃머리둘레는 완성선 바깥쪽을 곱게 홈질하

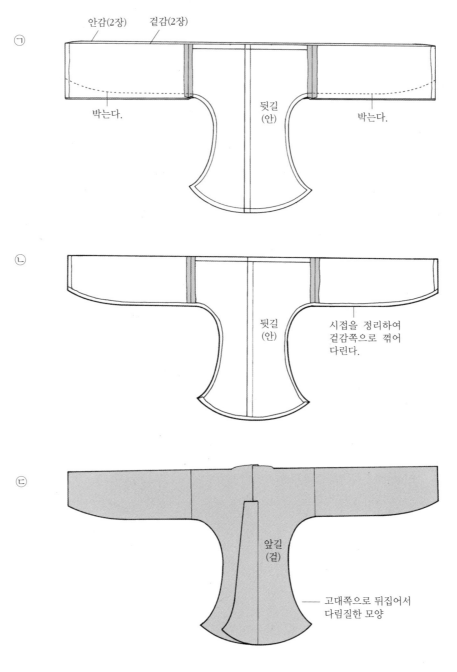

ㄱ

안감(2장)   겉감(2장)

박는다.

뒷길
(안)

박는다.

ㄴ

뒷길
(안)

시접을 정리하여
겉감쪽으로 꺾어
다린다.

ㄷ

앞길
(겉)

—— 고대쪽으로 뒤집어서
다림질한 모양

그림 2-8-8 당의의 배래 박기

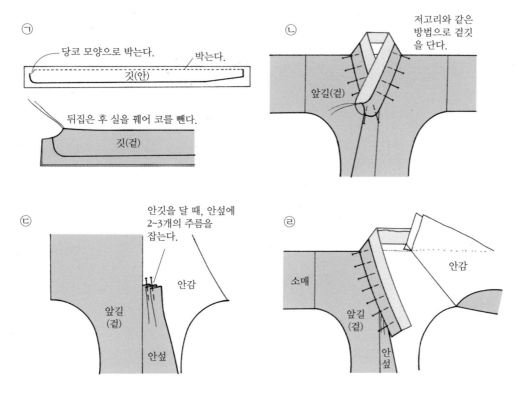

그림 2-8-9 당의의 깃 만들어 달기

여 깃본을 대고 실을 조여 안쪽으로 꺾는다. 주름 사이로 살짝 풀칠을 하여 다리면 형태가 고정된다.

④ 만든 깃을 깃 위치에 놓는다. 깃을 만들 때 표시해 둔 고대점을 당의의 고대에 맞춘 후 겉깃, 고대, 안깃의 순서로 시침핀을 꽂는다. 안깃을 달 때에는 안섶에 주름 2~3개를 잡는데, 이것은 당의를 입었을 때 안쪽 자락이 바깥쪽으로 나오지 않도록 하는 것이다. 겉에서 한올뜨기 시침을 한 후 깃을 길쪽으로 젖히고 시침선을 따라 박는다. 깃머리는 겉에서 곱게 공그르기한다. 길의 시접을 정리하여 깃 사이에 넣는다. 당의 안쪽에서 안깃을 따라 공그르기 또는 새발뜨기를 한다.

(8) 고름 만들어 달기

① 옷고름을 안에서 박아 시접을 꺾은 후 다림질하여 뒤집는다. 박은 솔기가 위로 가게 하여 긴고름을 겉깃쪽에 단다. 짧은고름을 그 반대쪽 위치에 다는데, 고대점에서 바로 내리거나 1cm 정도 나가서 내린 선과 긴고름의 높이에서 나간 직선

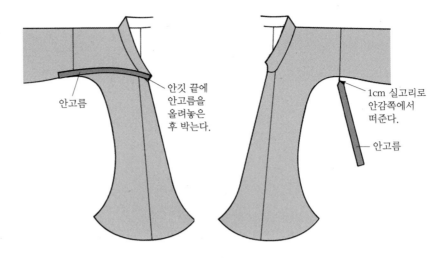

안고름

안깃 끝에
안고름을
올려놓은
후 박는다.

1cm 실고리로
안감쪽에서
떠준다.

안고름

그림 2-8-10 당의의 안고름 만들어 달기

과 만나는 지점에 단다.

② 안고름은 홍색이나 자주색으로 만들어 단다. 그림 2-8-10과 같이 하나는 왼쪽 겨드랑이에 또 하나는 안깃 끝에 단다.

(9) 동정 달기

그림 2-1-22의 ㉠과 같이 동정의 끝을 깃 끝에서 깃너비만큼 올라간 위치에 닿게 한다. 깃 안쪽에 동정의 겉을 대고 동정 시접의 1/2 또는 1/2보다 약간 작은 위치를 재봉틀로 박거나 곱게 홈질한다. 동정을 겉쪽으로 넘겨서 매만진 후 ㉡과 같이 안쪽은 1cm 간격으로, 겉에 나오는 땀은 0.2cm 정도로 숨뜨기한다. 동정너비나 깃너비는 유행을 많이 따른다. 시중에 파는 동정을 사용하기도 하지만 그림 2-1-22의 '동정 만들기'를 참조하여 만들어 달면 저고리가 훨씬 품위 있어 보인다.

(10) 거들지 만들어 달기

① 거들지는 완성된 당의의 소맷부리를 덧씌우는 것으로 소매 원형보다 0.2~0.3cm 정도 크게 만든다.

② 흰색감으로 그림 2-9-11과 같이 재단하여 접어 박은 다음 소맷부리에 대고 소매 안에서 홈질하여 꿰맨다.

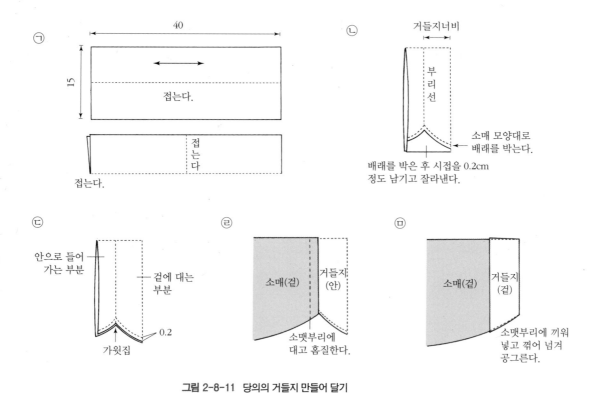

ㄱ

40

15

접는다.

접는다.

접는다.

ㄴ

거들지너비

부리선

소매 모양대로 배래를 박는다.

배래를 박은 후 시접을 0.2cm 정도 남기고 잘라낸다.

ㄷ

안으로 들어 가는 부분

겉에 대는 부분

0.2

가윗집

ㄹ

소매(겉)

거들지 (안)

소맷부리에 대고 홈질한다.

ㅁ

소매(겉)

거들지 (겉)

소맷부리에 끼워 넣고 꺾어 넘겨 공그른다.

그림 2-8-11 당의의 거들지 만들어 달기

2. 여아 당의

여아 당의는 어른의 당의와 같은 색상과 디자인으로 하며 제작법도 어른의 것과 같다. 어린아이의 옷이므로 박쥐매듭이나 잣물림 등으로 부분 장식을 하여 귀염성을 살리는 것도 좋다. 근래에는 여아의 당의를 첫돌이나 명절, 생일 등의 축하연에 입힌다.

화장

고대

동정

뒷길

깃

진동

수구

소매

배래

배래

거들지

고름

앞길

섶

도련

그림 2-8-12 여아 당의의 구조

1) 본뜨기

필요한 치수는 가슴둘레, 화장, 당의길이이다.

표 2-9-3 여아 당의의 참고치수 (단위: cm)

항목	연령(신장)	돌(78)	3~4세(102)	5~6세(115)	7~8세(127)	9~10세(139)
가슴둘레(B)		48	54	58	64	70
길이	앞	31	39	46	51	57
	뒤	30	38	45	50	56
화장		36	45	51	57	63
진동(B/4+0.5)		12.5	14	15	16.5	18
고대/2(B/10)		4.8	5.4	5.8	6.4	7
겉깃길이(B/4+0.5)		12.5	14	15	16.5	18
겉섶	위	4	4	4.2	4.4	4.4
	아래	8	8	10	12	12
안섶	위	3	3	3.2	3.4	3.4
	아래	8	8	10	12	12
깃너비		3.5	3.5	3.5	4	4
겉고름너비		4	4	4.5	4.5	4.5
겉고름길이	긴고름	50	50	55	60	60
	짧은고름	40	40	45	50	50
안고름너비		2.5	2.5	2.5	2.5	2.5
안고름길이		35	35	40	45	45

2) 마름질

당의의 옷감으로는 숙고사, 자미사, 갑사, 생고사 등을 주로 사용한다. 여아의 당의도 성인의 당의와 같이 겉감은 연두색, 안감은 다홍색으로 하는 것이 일반적이나, 분홍색이나 노란색과 같은 화사한 색을 사용해도 무방하다.

표 2-9-4 여아 당의의 옷감 계산방법 및 필요량

옷감 너비	옷감 계산방법	옷감 필요량
55cm	당의길이 × 2 + 소매너비 × 4 + 시접	180~210cm
110cm	당의길이 × 2 + 시접	120~140cm
고름감	긴고름길이 + 시접	52~62cm
거들지감	거들지길이	25cm

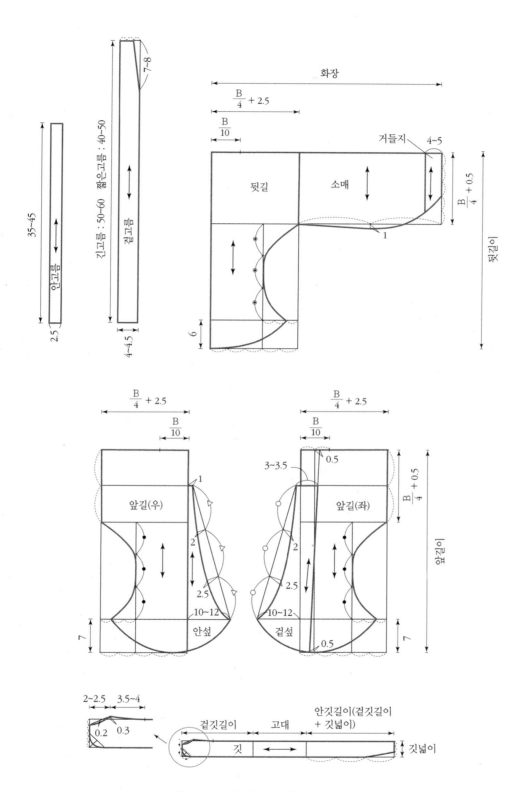

그림 2-8-13 여아 당의 본뜨기의 실제

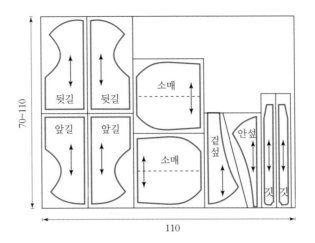

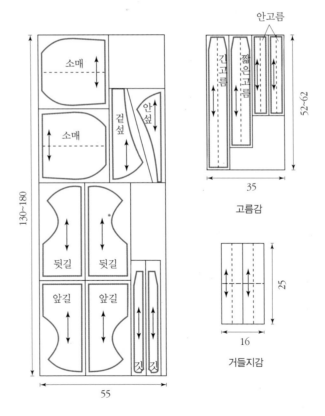

그림 2-8-14 여아 당의 마름질의 실제

■ 마름질의 실제

당의는 직선으로 마름질하는데, 옷감이 부족할 경우에는 도련 부분의 시접은 곡선으로 재단하여도 무방하다. 시접은 직선 부분은 1.5cm 내외로 하고 깃과 도련 부분은 1cm 이내로 한다.

3) 바느질

당의 바느질 방법과 같으며 더 구체적인 바느질 방법은 당의 바느질 그림을 참조한다. 어린이 당의의 경우 겨드랑이에 보색으로 박쥐장식을 달아주면 귀엽다.

(1) 등솔 · 어깨솔 박기

① 뒷중심선을 겉과 겉이 마주 닿게 하여 뒷목점에서 도련선까지 박는다. 시접은 입어서 오른쪽으로 꺾어 다린다.
② 앞길과 뒷길의 어깨선을 겉과 겉이 마주 닿게 맞추어 핀으로 시침하고, 고대점에서 진동 끝까지 정확하게 박는다. 이때 박은선이 풀리지 않게 되돌아 박는다.
③ 시접은 뒷길쪽으로 꺾고 다림질한다.
④ 옷감의 여유가 있을 때에는 앞길과 뒷길을 따로 재단하지 않고 어깨시접 없이 붙여서 한 장으로 마름질하기도 한다.

(2) 섶솔 박기

① 겉섶의 섶선(곧은솔)을 꺾은 후 앞길 겉의 겉섶선에 댄다. 겉에서 한올뜨기를 한 후 펴서 안에서 홑솔로 박는다. 요즘에는 겉섶에 심을 대기도 한다.
② 안섶은 겉섶을 달 때와 같은 방법으로 섶선(어슨올)을 길의 안섶선에 붙인다. 시접은 길쪽으로 꺾는다.

(3) 소매 달기

① 길의 어깨선과 소매의 중심선을 겉과 겉이 마주 닿게 시침한다.
② 길의 진동선과 소매의 진동선을 맞추어 시침한다. 소매쪽에서 박는데 진동끝점까지만 정확하게 박도록 주의한다. 끝부분은 풀리지 않도록 되돌아 박는다.
③ 가름솔로 시접처리한 후 다린다.

(4) 안 만들기

① 겉감과 같은 방법으로 바느질한다. 안감은 겉섶, 안섶의 위치를 겉과 반대로 붙여야 완성된 후에 서로 같은 위치가 된다. 앞뒷길의 어깨선을 맞추어 소매쪽 끝에서 고대점까지 박고, 시접을 뒷길쪽으로 넘긴다.

② 겉감 소매 달기와 같은 방법으로 소매를 길의 진동선에 맞추어 박는다.

③ 안감은 섶과 소매를 따로 재단하지 않고 한 장으로 마름질할 수도 있다.

(5) 겉과 안 맞추기

① 안감의 겉에 겉감의 겉이 마주 닿게 놓고 고대, 등솔선, 어깨선을 맞추어 핀으로 시침한 후 수구, 도련선을 맞추어 시침한다.

② 그림 2-8-7과 같이 양쪽 수구를 박고 시접을 겉감쪽으로 꺾는다.

③ 앞길과 뒷길의 도련선을 섶끝에서 진동선까지 곡선으로 박는다.

④ 시접을 0.7~1cm로 가르고, 곡선에 가윗집을 넣어 시접을 겉감쪽으로 꺾어서 다린다. 이때 가윗집은 오목한 부분에 2~3개 정도만 주고, 너무 완성선에 가까이 넣지 않도록 주의한다.

(6) 배래 박기

① 앞길을 뒤집은 후 뒷길의 겉감과 안감 사이로 밀어넣는다.

② 겉감과 안감의 소매는 따로따로 중심선을 접는다. 네 겹의 천 겨드랑이 점과 수구 끝을 잘 맞추어 손으로 시침한다.

③ 그림 2-8-8과 같이 네 겹의 배래선을 시침하여 수구에서부터 진동선까지 박고 풀리지 않게 되돌아 박는다.

④ 배래의 곡선 시접을 홈질하여 당겨 모양을 잡은 후 시접을 1cm 정도로 정리한다.

⑤ 고대쪽에서 손을 넣어 겉으로 뒤집어 수구와 도련으로 안감이 밀려나오지 않게 손질하여 다리미질한다.

(7) 깃 만들어 달기

① 겉깃 안에 심을 댄 후 완성선에서 0.2cm 바깥쪽을 박아 고정시킨다.

② 그림 2-8-9의 ㉠과 같이 겉깃과 안깃을 마주 대고 깃 중심선을 박는다. 당코 부분의 시접을 0.5cm 정도로 잘라낸 후, 겉으로 뒤집어 당코 모양을 만든다. 겉에서 당코 끝에 실을 꿰어 잡아당기면 더욱 예쁜 모양을 만들 수 있다.

③ 깃의 시접을 안쪽으로 꺾어 다린다. 깃머리둘레는 완성선 바깥쪽을 곱게 홈질하여 깃본을 대고 실을 조여 안쪽으로 꺾는다. 주름 사이로 살짝 풀칠을 하여 다리면 형태가 고정된다.

④ 만든 깃을 깃 위치에 놓는다. 깃을 만들 때 표시해 둔 고대점을 당의의 고대에 맞춘 후 겉깃, 고대, 안깃의 순서로 시침핀을 꽂는다. 안깃을 달 때에는 안섶에 주름 2~3개를 잡는데, 이것은 당의를 입었을 때 안쪽 자락이 바깥쪽으로 나오지 않도록 하는 것이다. 겉에서 한올뜨기 시침을 한 후 깃을 길쪽으로 젖히고 시침선을 따라 박는다. 깃머리는 겉에서 곱게 공그르기한다. 길의 시접을 정리하여 깃 사이에 넣는다. 당의 안쪽에서 안깃을 따라 공그르기 또는 새발뜨기를 한다.

(8) 고름 만들어 달기

① 옷고름을 안에서 박아 시접을 꺾은 후 다림질하여 뒤집는다. 박은 솔기가 위로 가게 하여 긴고름을 겉깃쪽에 단다. 짧은고름을 그 반대쪽 위치에 다는데, 고대점에서 바로 내리거나 1cm 정도 나가서 내린 선과 긴고름의 높이에서 나간 직선과 만나는 지점에 단다.

② 안고름은 홍색이나 자주색으로 만들어 단다. 그림 2-8-10과 같이 하나는 왼쪽 겨드랑이에 또 하나는 안깃 끝에 단다.

(9) 동정 달기

그림 2-1-22의 ㉠과 같이 동정의 끝을 깃 끝에서 깃너비만큼 올라간 위치에 닿게 한다. 깃 안쪽에 동정의 겉을 대고 동정 시접의 1/2 또는 1/2보다 약간 작은 위치를 재봉틀로 박거나 곱게 홈질한다. 동정을 겉쪽으로 넘겨서 매만진 후 ㉡과 같이 안쪽은 1cm 간격으로, 겉에 나오는 땀은 0.2cm 정도로 숨뜨기한다. 동정너비나 깃너비는 유행을 많이 따른다. 시중에 파는 동정을 사용하기도 하지만 그림 2-1-22의 '동정 만들기'를 참조하여 만들어 달면 저고리가 훨씬 품위 있어 보인다.

(10) 거들지 만들어 달기

① 거들지는 완성된 당의의 소맷부리를 덧씌우는 것으로 소매 원형보다 0.2~0.3cm 정도 크게 만든다.

② 흰색감으로 그림 2-9-11과 같이 재단하여 접어 박은 다음 소맷부리에 대고 소매 안에서 홈질하여 꿰맨다.

韓 <ruby>服<rt>쓰</rt></ruby> 개

쓰개란 머리를 보호하고 장식하기 위해 또는 신분이나 의례에 따라 격식을 갖추기 위해 쓰는 두의(頭衣)의 총칭으로, 신분을 나타내기 위한 관(冠)이나 건(巾)은 물론 빛을 가리기 위한 입모(笠帽)와 각종 방한모, 내외용 쓰개가 포함된다. 쓰개 중 직물로 만든 것에는 복건·호건 등의 건과 여러 종류의 외출용 방한모가 있다. 조선시대 방한모의 특징은 정수리 부분이 트인 것이다. 방한모 중에는 옷감만을 이용한 것도 있지만 안이나 겉의 일부에 모피를 대어 더욱 따뜻하게 만들기도 하였다. 여성용은 자수나 금박은 물론 각종 패물을 달아 장식하기도 하였다.

1. 복 건

머리에 쓰는 건(巾)의 한 가지이다. 주로 검정색 사(紗)를 사용해서 홑겹으로 만들고 가장자리에는 수복(壽福), 부귀(富貴) 등의 한자를 금박으로 찍기도 한다. 조선시대에 사대부나 유생들이 심의나 학창의와 함께 썼으며, 초립동은 상투 위에 복건을 쓰고 그 위에 초립을 쓰기도 하였다. 조선조 말에는 어린이를 포함한 미혼의 남자들이 일상적인 복식에 착용하였으며, 오늘날에는 어린이들의 첫돌 복식으로 전복·오방장두루마기와 함께 장식적인 용도로 머리에 쓴다.

그림 2-9-1 복건의 구조

1) 본뜨기

복건을 만드는 데 필요한 치수는 머리둘레, 복건길이이다.

표 2-9-1 복건의 참고치수			(단위: cm)
항목 ＼ 연령(신장)	돌(80)	3~4세(105)	5~6세(115)
복건길이(신장/2 + 5)	45	57.5	62.5
머리둘레	47	50	53
선단너비	3	3	3.5
아랫단너비	3.5	3.5	4
끈길이	55	60	65
끈너비	3	3	3.5

2) 마름질

복건의 옷감은 검정색으로 준비하는데 겨울철에는 명주 등 따뜻한 소재를, 여름철에는 생고사나 갑사 등 얇고 성근 소재를 사용하여 만든다.

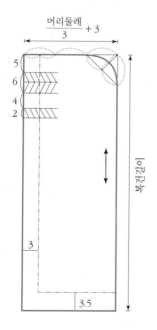

그림 2-9-2 복건 본뜨기의 실제

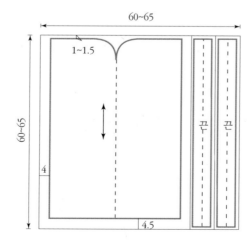

그림 2-9-3 복건 마름질의 실제

표 2-9-2 복건의 옷감 계산방법 및 필요량		
옷감 너비	옷감 계산방법	옷감 필요량
55cm	복건길이 + 끈길이 + 시접 + 여유량	120~130cm
110cm	복건길이 + 시접 + 여유량	60~65cm

■ 마름질의 실제

뒷중심을 골로 하여 마름질한다. 끈은 2장을 마른다.

3) 바느질

(1) 머리 모양 만들기

① 옷감의 안과 안을 마주 대고, 머리의 윗부분을 맞추어 완성선에서 0.5cm 나간 곳을 박는다. 시접은 바싹 자른다.

② 박은 선을 다린 후 뒤집어서 옷감의 겉과 겉을 마주 대고 완성선을 박는다(45쪽 제1장 한복 만들기의 기초 '(3) 통솔' 참조).

③ 완성선의 시접은 머리에 썼을 때 오른쪽 방향으로 가도록 꺾어 다린다.

(2) 단하기

① 선단과 아랫단의 시접을 꺾어 넘기고 공그르기한다. 이때 선단, 아랫단의 순서로 공그르기한다.

② 양쪽의 모서리는 선단쪽에서 대각선으로 접어 놓고 공그르기한다.

③ 공그르기할 때는 겉감과 같은 색상의 실로 하며, 옷감의 제 올을 풀어서 공그르기하면 겉쪽에서 보았을 때 표시가 거의 나지 않아서 좋다.

(3) 끈 만들기

한쪽 끝을 남기고 끈의 둘레를 박아서 뒤집는다.

(4) 주름 잡기

① 머리의 중심선에서 5cm 내려 온 곳에서 3cm 간격의 맞주름을 잡아 안단선까지 박는다.

② 맞주름 아래로 4cm 내려 온 곳에 두 번째 주름을 잡는다. 이때 솔기는 위로 향하

게 하고 주름 사이에 끈을 끼워 넣어 안쪽에서 안단선까지 박는다.

③ 끈의 솔기는 뒤로 매었을 때 위로 향하도록 한다.

(5) 장식하기

선단과 아랫단, 끈에 금박을 찍어 장식한다. 금박무늬는 문자(文字)무늬가 많이 쓰이는데, 모서리 부분에는 박쥐무늬를 많이 사용한다. 문자무늬의 내용은 주로 부귀공명(富貴功名)과 장수(長壽)를 기원하는 글귀나 한시(漢詩)가 많다. 호사롭게 하는 사람들은 복건의 이마 부분에 반달 모양의 호박, 비취, 밀화, 옥 등을 달아 장식하기도 한다.

2. 호 건

머리에 쓰는 어린이용 건(巾)으로 호랑이 모습의 복건이다. 흔히 복건을 씌우지만 일부 상류층에서는 호건을 씌우기도 하였다. 남자아이에게 호건을 씌우는 것은 호랑이의 용맹스러움과 지혜로움을 본받으라는 뜻이 담겨 있다. 겉감은 주로 검정색 사(紗)로 하며 안쪽에 남색이나 홍색의 안감을 댄다.

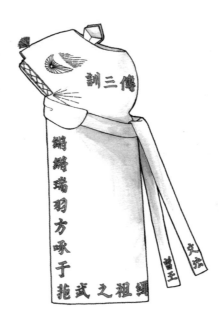

그림 2-9-4 호건의 구조

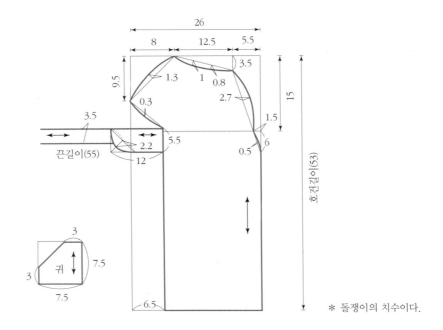

1) 본뜨기

호건을 만드는 데 필요한 치수는 머리둘레, 호건길이이다.

그림 2-9-5 호건 본뜨기의 실제

2) 마름질

호건의 옷감은 겨울철에는 명주 등 따뜻한 소재를, 여름철에는 생고사나 갑사 등 얇고 성근 소재를 사용한다. 겉감은 검정색으로 하고 안감은 남색이나 홍색으로 한다. 코와 귀의 안감은 반드시 홍색으로 한다.

표 2-9-3 호건의 옷감 계산방법 및 필요량

옷감 너비	옷감 계산방법	옷감 필요량
55cm	호건길이 + 끈길이 + 시접 + 여유량	120cm
110cm	복건길이 + 시접 + 여유량	60cm

■ **마름질의 실제**

뒷중심은 골로 마르고, 볼과 귀, 끈을 각각 2장씩 마른다. 안감은 단부분과 선부분

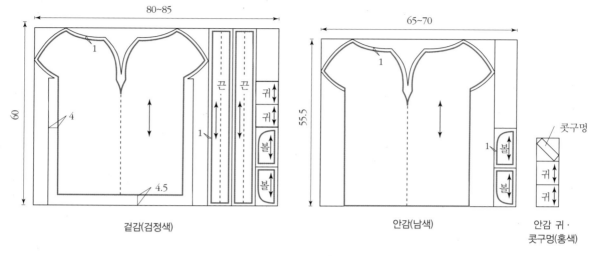

그림 2-9-6 호건 마름질의 실제

은 마름질하지 않는다.

3) 바느질

(1) 앞이마 · 뒷중심선 박기

① 그림 2-9-7과 같이 앞이마 중심선을 바느질하고, 시접은 머리에 썼을 때 오른쪽 방향으로 가도록 꺾어 다린다.
② 겉감의 머리 뒷중심선을 바느질하고 완성선의 시접은 머리에 썼을 때 시접이 오른쪽 방향으로 가도록 꺾어 다린다.

(2) 안 만들기

앞이마선과 머리 뒷중심선을 겉감과 같은 방법으로 바느질한다.

(3) 머리 윗둘레 박기

그림 2-9-8과 같이 겉감과 안감의 앞이마와 뒷중심선을 맞대어 핀 시침한 후 머리둘레선을 바느질한다. 시접은 겉쪽으로 꺾어 뒤집는다.

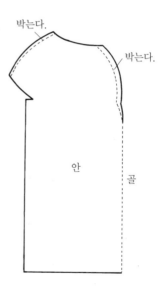

그림 2-9-7 호건의 앞이마 · 뒷중심선 박기

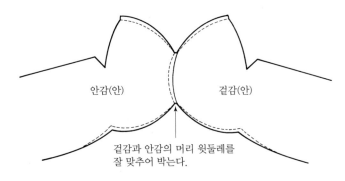

안감(안)   겉감(안)

겉감과 안감의 머리 윗둘레를
잘 맞추어 박는다.

그림 2-9-8 호건의 머리 윗둘레 박기

(4) 코 만들기

① 코 부분에 사용되는 4×2.5cm(크기는 콧구멍선의 크기에 따라 조정될 수 있다)의 홍색 천을 그림 2-9-9의 ㉠과 같이 바이어스로 재단하고 양끝의 시접을 접어 다려 놓는다.

② 겉감과 안감의 코 끝을 시침하고 코 부분의 선에서 0.2cm 올라간 선에 홍색 천을 대고 ㉢과 같이 박는다. 이때 콧구멍선은 끝에서 끝까지 정확하게 박는다.

③ ㉣과 같이 홍색 천을 댄 콧구멍 밑선을 ⌣ 모양으로 자른 다음 홍색 천을 그 사이로 밀어넣는다. ㉤과 같이 호건의 안감쪽에서 홍색 천의 시접을 정리한 다음 ㉥과 같이 안감에 대고 감침질한다.

④ ㉦과 같이 양코 끝선 아래를 세로로 연장하여 표시한 후 겉감은 겉감끼리 안감은 안감끼리 마주 잇는다. 시접은 방향에 관계없이 한쪽으로 넘겨 다린다.

(5) 입 만들기

코 밑부분과 아래 입둘레선의 시접을 깨끗하게 접어 다린 후 그림 2-9-10과 같이 겉감과 안감을 마주 잡고 공그르기한다.

(6) 단하기

그림 2-9-11과 같이 선단과 아랫단의 시접을 꺾어 넘기고 선단, 아랫단의 순서로 공그르기한다. 양쪽의 모서리는 선단쪽에서 대각선으로 접어 놓고 공그르기 한다. 겉감과 같은 색상의 실을 사용하며 옷감의 제 올을 풀어서 공그르기하면 겉쪽에서 보았을 때 표시가 거의 나지 않아서 좋다.

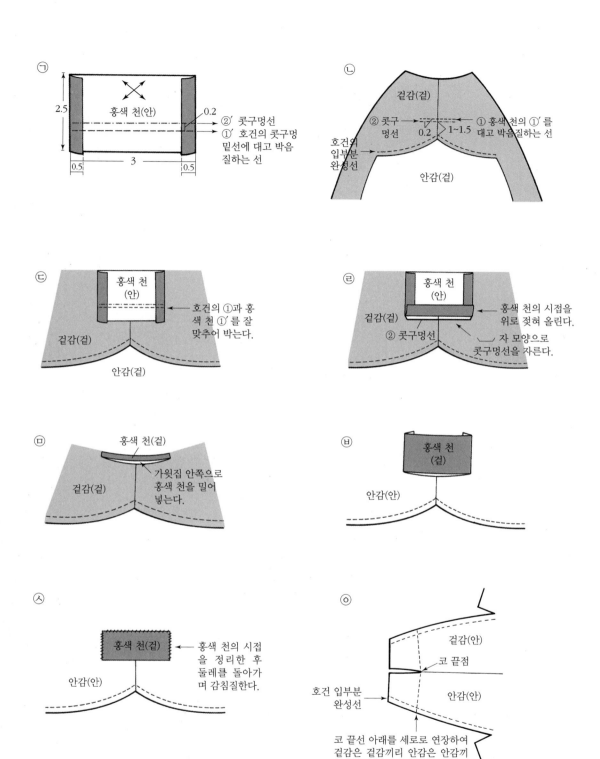

ㄱ

홍색 천(안)

2.5

0.5 3 0.5

0.2
②´ 콧구멍선
① 호건의 콧구멍
밑선에 대고 박음
질하는 선

ㄴ

겉감(겉)

② 콧구
멍선

0.2

1~1.5

① 홍색 천의 ①´를
대고 박음질하는 선

호건의
입부분
완성선

안감(겉)

ㄷ

홍색 천
(안)

겉감(겉)

안감(겉)

← 호건의 ①과 홍
색 천 ①´를 잘
맞추어 박는다.

ㄹ

홍색 천
(안)

겉감(겉)

② 콧구멍선

안감(겉)

← 홍색 천의 시접을
위로 젖혀 올린다.

└┘ 자 모양으로
콧구멍선을 자른다.

ㅁ

홍색 천(겉)

겉감(겉)

← 가윗집 안쪽으로
홍색 천을 밀어
넣는다.

ㅂ

홍색 천
(겉)

안감(안)

ㅅ

홍색 천(겉)

안감(안)

← 홍색 천의 시접
을 정리한 후
둘레를 돌아가
며 감침질한다.

ㅇ

겉감(안)

코 끝점

호건 입부분
완성선

안감(안)

코 끝선 아래를 세로로 연장하여
겉감은 겉감끼리 안감은 안감끼
리 박는다.

그림 2-9-9 호건의 코 만들기

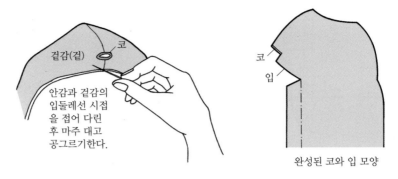

그림 2-9-10 호건의 입 만들기

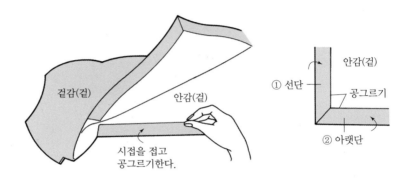

그림 2-9-11 호건의 단하기

(7) 옆볼 만들기

① 그림 2-9-12와 같이 검정색 사(紗)의 겉과 남색 안감(또는 홍색)의 겉을 마주 대고 옆볼의 둘레를 박아 뒤집은 후 창구멍은 공그르기하여 깨끗하게 막는다.

② 뒤집은 옆볼의 중심 부분에 1cm 정도의 주름 한 개를 잡는다.

③ 안감쪽에서 입 부분의 옆 끝에 옆볼의 직선 부분이 위로 가도록 놓은 다음 상침한다. 펴놓았을 때 안감(남색 또는 홍색)이 겉쪽으로 오도록 단다.

(8) 귀 만들기

① 그림 2-9-13의 ㉠과 같이 검정색 겉감과 홍색 안감의 겉을 마주 대고 가장자리를 박는다.

② ㉡과 같이 시접을 겉감쪽으로 꺾어 다리고 귀 끝이 뾰족하게 잘 나오도록 송곳이나 바늘로 매만지면서 뒤집는다.

③ ⓒ과 같이 귀를 반으로 접은 후 한쪽 끝을 박는다.

④ 시접은 갈라서 다리고 뒤집어서 귀 모양을 만든다.

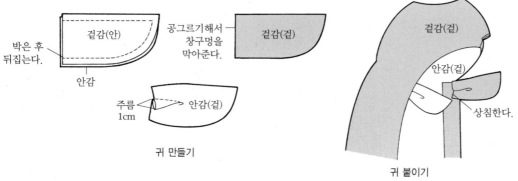

그림 2-9-12 호건의 옆볼 만들기

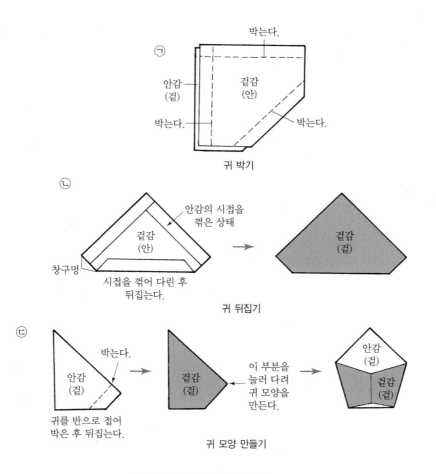

그림 2-9-13 호건의 귀 만들기

(9) 수놓기

- **눈** : 빳빳한 종이 위에 금박 종이를 붙인 후 눈동자 부분은 펀치를 사용해서 동그랗게 구멍을 낸다(금박 종이 대신에 홍색 공단을 덧씌워서 만들기도 한다). 만든 눈을 호건의 눈 위치에 붙이고 홍색 실(눈이 홍색일 경우는 금색 실을 사용한다)로 그림 2-9-14와 같이 눈망울을 수놓는다.

- **눈썹** : 눈썹의 모양을 표시한 후 흰색의 견사를 1cm 정도의 길이로 그림 2-9-14와 같이 수놓는다. 반대편에 눈썹을 수놓을 때는 모양이 좌우가 대칭이 되도록 핀을 꽂은 후 반대편 쪽에 눈썹의 위치를 정확하게 표시한 후 수를 놓는다. 호건

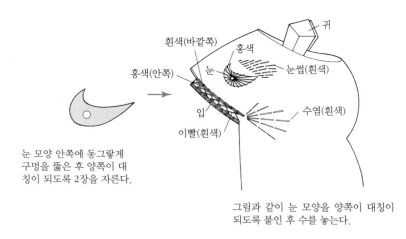

그림 2-9-14 호건의 수놓기

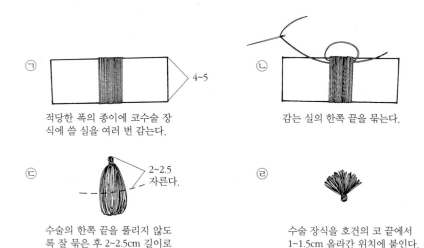

그림 2-9-15 호건의 코수술 장식 만들기

의 눈썹은 모양과 위치, 눈썹의 숱에 따라서 호랑이 표정이 순하거나 용맹스럽게 보이므로 이 점을 고려하여 수를 놓는다.

- **수염** : 흰색 견사로 수염 모양을 양쪽이 대칭이 되도록 수놓는다.
- **입** : 입둘레를 흰색 한 줄, 홍색 한 줄로 돌아가며 바느질한다. 입너비 1.5cm 사이는 흰색 견사를 사용하여 새발뜨기로 수를 놓아 이빨을 표현한다.
- **코수술** : 그림 2-9-15와 같이 흰색의 견사로 코수술 장식을 만든다. 코수술 장식은 코 끝에서 1~1.5cm 올라간 위치에 달아준다.

(10) 끈 만들어 달기

둘레를 박아 뒤집어서 골선이 밑으로 가도록하여 옆볼 안쪽 끝에 공그르기하여 붙인다.

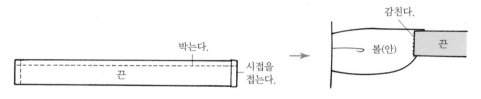

그림 2-9-16 호건의 끈 만들어 달기

3. 조바위

개화기 이후 등장한 부녀자들의 외출용 방한모 중의 하나로, 정수리가 트이고 귀를 가리는 모양이다. 요즘에는 방한의 목적보다는 장식적인 면이 강조되어 주로 어린이들의 돌이나 명절 때 쓴다. 전체 혹은 가장자리를 따라서 금박하거나, 자수로 장식한다. 구슬로 수를 놓은 것도 있다. 앞중심과 뒷중심에는 매듭술을 달고, 산호나 진주구슬을 줄줄이 꿰어 앞과 뒤를 느슨하게 연결하여 늘어뜨린다. 어린이용은 뒤에 댕기를 달기도 한다.

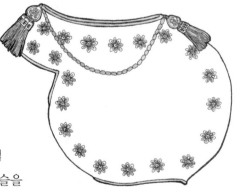

그림 2-9-17 조바위의 구조

1) 본뜨기

필요한 치수는 머리둘레이다(뒤통수의 가장 튀어나온 부분을 잰다).

표 2-9-4 조바위의 참고치수			(단위: cm)
항목 \ 연령	돌	3~4세	성인
머리둘레	46~48	49~50	55~57

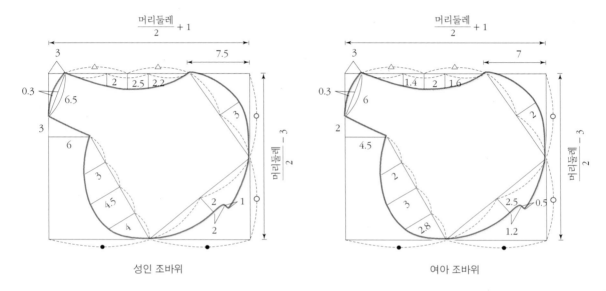

그림 2-9-18 조바위 본뜨기의 실제

2) 마름질

조바위의 겉감은 검정이나 자주색의 숙고사, 국사, 명주나 단(緞) 종류를 사용하며, 안감은 검정이나 홍색, 남색의 숙고사, 국사, 명주나 단(緞) 종류를 사용한다. 심감은 면아사나 노방으로 한다.

표 2-9-5 조바위의 옷감 계산방법 및 필요량		
옷감 너비	옷감 계산방법	옷감 필요량
55 · 110cm	$\frac{머리둘레}{2}$ + 시접 + 여유량	25~30cm

■ **마름질의 실제**

　겉감, 안감, 심감의 안쪽에 각각 좌우가 마주 보도록 본을 대고 마름질한다. 겉감과 같은 천으로 2cm 너비의 정바이어스 천을 120~150cm정도 준비한다. 수를 놓을 경우에는 마름질 이후, 바느질하기 이전에 한다. 정수리와 목부분은 싸개천으로 두르기 때문에 별도의 시접이 필요없고, 나머지는 1cm 내외의 시접을 둔다.

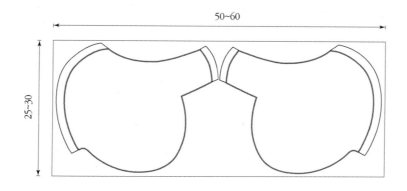

그림 2-9-19 조바위 마름질의 실제

3) 바느질

(1) 겉감과 심감 붙이기

겉감에 심감을 핀으로 고정시킨다.

(2) 이마 중심선 박기

　겉감은 겉감끼리 안감은 안감끼리 겉을 마주 대고 앞이마 중심선을 박은 후 시접을 가른다.

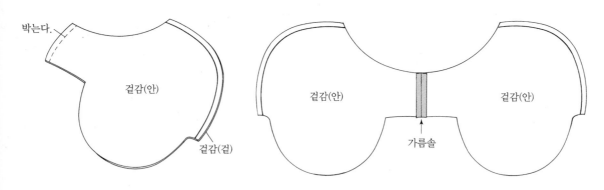

그림 2-9-20 조바위의 이마 중심선 박기

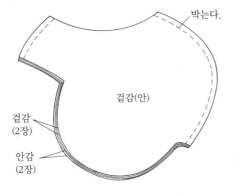

박는다.

겉감(안)

겉감
(2장)

안감
(2장)

그림 2-9-21 조바위의 겉과 안 붙이기

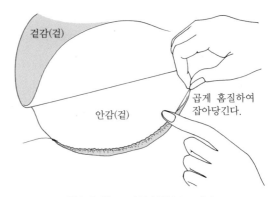

겉감(겉)

안감(겉)

곱게 홈질하여
잡아당긴다.

그림 2-9-22 조바위의 볼선 오그리기

(3) 겉과 안 붙이기

① 그림 2-9-21과 같이 안감 2장 위에 겉감 2장을 포개어 놓고 4겹의 뒷중심선을
박은 후 시접을 겉감쪽으로 꺾어 다린다.

② 겉감 1장과 나머지 3장 사이로 뒤집는다.

(4) 볼선 오그리기

그림 2-9-22와 같이 양쪽 볼선 중간 부분을 곱게 홈질하여 볼부분이 볼록하게 되도
록 약간 안으로 오그려 놓는다.

(5) 선 두르기

① 볼선과 정수리 가장자리에 싸개천(정바이어스)을 두른다.

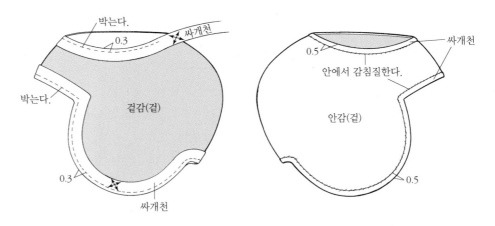

박는다.

0.3

싸개천

박는다.

겉감(겉)

0.3

싸개천

싸개천

0.5

안에서 감침질한다.

안감(겉)

0.5

그림 2-9-23 조바위의 싸개천 박기

② 싸개천의 겉을 조바위의 겉에 대고 0.3cm 시접을 두어 박는다.

③ 싸개천을 조바위의 안쪽으로 넘긴 후 시접을 0.5cm로 꺾는다.

④ 안에서 감침질하거나, 겉에서 눌러 박는다.

⑤ 겉에서 눌러 박을 때는 바느질선을 따라서 싸개천이 박히지 않도록 주의한다.

(6) 금박 · 술 장식하기

전체 또는 가장자리만 따라서 금박을 한다. 머리의 앞중심과 뒷중심에 작은 술을 달고, 산호나 진주구슬을 실에 꿰어 옆으로 느슨하게 늘인다. 매듭술은 직접 매듭을 하거나 시중에서 판매하는 것을 그대로 사용해도 좋다. 견사와 금전지를 이용하여 손쉽게 만들 수도 있다.

4. 아 얌

그림 2-9-24 아얌의 구조

개화기 이후 등장한 부녀자들의 외출용 방한모 중의 하나이다. 실제 유물을 보면 말총으로 짜여진 것도 있는 것으로 보아 엄격히 겨울에만 국한되어 착용한 것은 아닌 것 같다. 형태는 운두가 낮아서 이마는 덮으나 귀를 덮지 못하며, 뒤에는 아얌드림(댕기)을 길게 늘어뜨린다. 아얌드림에는 석웅황 · 밀화 · 옥판 등을 달아 장식하기도 하였다. 앞중심과 뒷중심은 매듭술로 장식을 하며, 산호나 진주구슬을 꿰어 옆으로 늘어뜨린다. 머리 부분의 윗부분은 검정색 단으로 하고 아랫부분은 모피를 대었으나, 현재는 벨벳 · 우단 등으로 대신하기도 한다.

1) 본뜨기

아얌을 만드는 데 필요한 치수는 머리둘레이다.

표 2-9-6 아얌의 참고치수			(단위: cm)
항목 \ 연령	돌	3~4세	성인
머리둘레	46~48	49~50	55~57

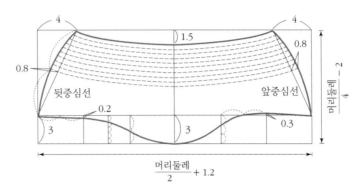

그림 2-9-25 아얌 본뜨기의 실제

2) 마름질

아얌의 겉감은 검정 공단, 안감은 홍색 양단을 사용하며 모피 또는 벨벳·우단으로 아얌 아랫부분을 장식한다.

표 2-9-7 아얌의 옷감 계산방법 및 필요량		
용도	옷감 계산방법	옷감 필요량
아얌	머리둘레/4 − 2 + 시접	20cm
아얌드림	아얌길이	80~90cm, 너비(10cm)

■ 마름질의 실제

겉감 2장을 직사각형으로 자른다. 겉감의 안과 안을 마주 대고, 그 사이에 솜을 얇게 두거나 융을 깔고 0.1cm 간격으로 곱게 누빈다. 누빈천 위에 아얌본을 좌우 마주 보도록 놓고 한 장씩 마름질한다. 벨벳 안쪽에 벨벳 부분의 본을 좌우 마주보도록 놓고 한 장씩 마름질한다. 안감 안쪽에 아얌본을 대고 좌우 한 장씩 마름질한다. 아얌드림은 원래 한 장으로 길게 마름질하나, 옷감이 넉넉하지 않을 때에는 길이를 반으로 나누어 두 장으로 마름질할 수도 있다.

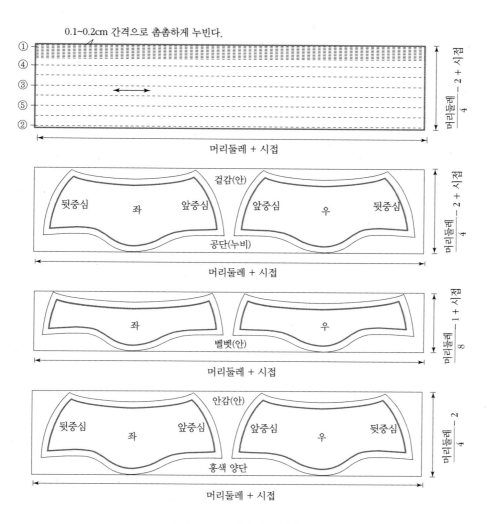

그림 2-9-26 아얌 마름질의 실제

3) 바느질

(1) 누빈천 연결하기

그림 2-9-27과 같이 겉감의 모피를 대는 선에 맞추어 벨벳감을 댄다. 저고리의 깃
을 시침할 때와 마찬가지로 겉에서 시침하고 겉감을 젖힌 후 안에서 박는다.

(2) 앞중심선 연결하기

겉감 좌우 2장을 겉끼리 마주 대고 앞중심선을 박는다. 이때 벨벳을 붙인 선이 어긋
나지 않도록 잘 고정시킨 후 박는다. 시접은 가름솔로 한다.

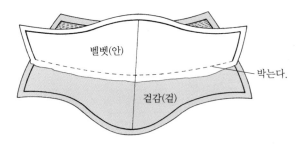

그림 2-9-27 아얌의 누빈천 연결하기

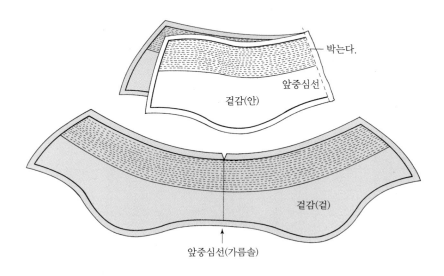

그림 2-9-28 아얌의 앞중심선 연결하기

(3) 안 만들기

안감도 겉끼리 마주 대고 앞중심선을 박는다. 시접은 가름솔로 한다.

(4) 겉과 안 붙이기

겉감의 겉과 안감의 겉을 마주 대고 밑둘레를 박는다. 시접은 겉감쪽으로 꺾는다. 겉감 시접이 두껍기 때문에 시접은 바짝 자른다.

(5) 4겹 박기

그림 2-9-31과 같이 겉감은 겉감끼리, 안감은 안감끼리 마주 닿도록 반으로 접는다. 4겹의 뒷중심선을 한꺼번에 박는다. 정수리로 뒤집어서 겉감과 안감을 같이 둘러 박는다. 정수리의 시접은 0.2cm로 자른다.

그림 2-9-29 아얌의 안 만들기

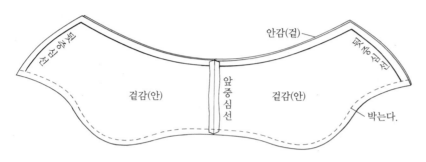

그림 2-9-30 아얌의 겉과 안 붙이기

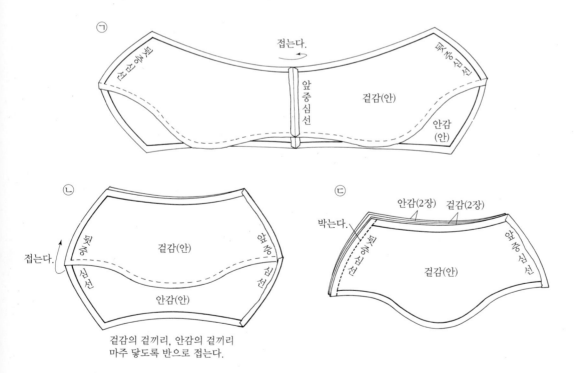

겉감의 겉끼리, 안감의 겉끼리
마주 닿도록 반으로 접는다.

그림 2-9-31 아얌의 4겹 박기

(6) 선 두르기

검정색 공단을 너비 3cm 정바이어스로 잘라 아얌의 위를 두른다. 싸개천은 겉에서 박은 후 안쪽으로 넘겨 감침질한다. 싸개천을 두른 바로 밑을 한 번 눌러 박는다. 형태가 완성이 되면 안감이 빠져나오지 않도록 밑둘레를 한 번 박는다.

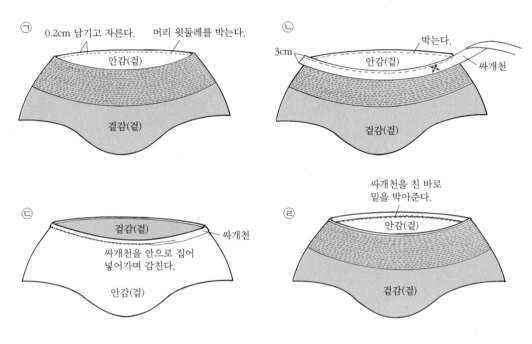

그림 2-9-32 아얌의 선 두르기

(7) 아얌드림 만들어 연결하기

아얌드림은 검정색 숙고사, 국사, 단으로 하고 홍색 노방을 심감으로 넣어 만든다.

그림 2-9-34와 같이 머리의 뒷중심 안쪽에 아얌드림의 모난 부분이 들어가도록 한 다음 안에서 감침질하여 고정시킨다.

(8) 장식하기

아얌드림 두 가닥의 중심선을 따라 옥판 · 석웅황 · 밀화 등을 달기도 한다. 조바위와 마찬가지로 머리의 앞중심과 뒷중심에 작은 매듭술을 달고 산호나 진주구슬을 연결하여 옆으로 늘어지도록 장식한다. 매듭술은 직접 만들 수도 있다.

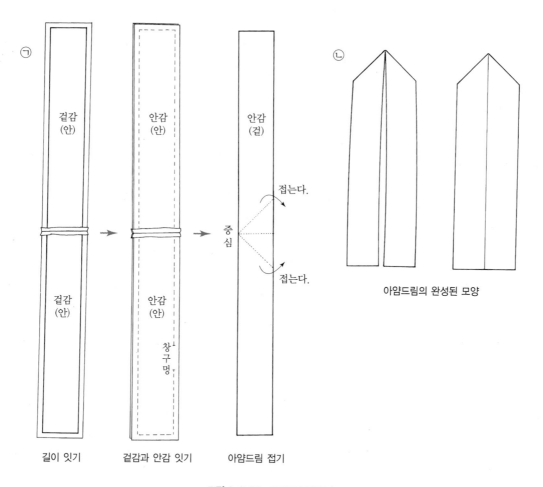

겉감 (안)	안감 (안)	안감 (겉)
겉감 (안)	안감 (안) 창구멍	중심

ㄱ

접는다.

접는다.

ㄴ

길이 잇기 　　　겉감과 안감 잇기 　　　아얌드림 접기

아얌드림의 완성된 모양

그림 2-9-33 아얌드림 만들기

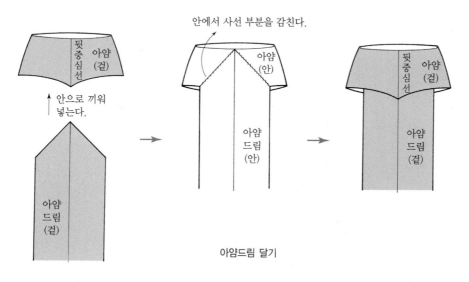

안에서 사선 부분을 감친다.

뒷중심선 아얌(겉)

안으로 끼워 넣는다.

아얌(안)

아얌드림(안)

뒷중심선 아얌(겉)

아얌드림(겉)

아얌드림(겉)

아얌드림 달기

그림 2-9-34 아얌드림 연결하기

韓服

버선은 한자로 '말(襪)'이라고 하며, 우리나라에 서양의 버선인 양말(洋襪)이 들어오기 전까지 우리 조상들의 족의(足衣)로서 유구한 역사를 가지고 있다. 조선시대 왕실의 예복용 버선은 화려한 색의 비단을 사용하였지만, 일반적으로 무명이나 광목과 같은 흰색의 면직물을 사용하여 만들었다. 또한 서민들은 방한용으로 버선을 신었으나, 양반들은 예의를 갖추기 위해 신었으며 한여름에도 버선을 벗지 않았다. 작고 날씬한 버선발을 선호하여 각 가정에서는 개인별로 버선본을 마련해 두고 직접 만들어 신었다.

1. 여자 버선

버선에는 홑버선, 겹버선, 솜버선, 누비 버선 등이 있다. 솜버선은 발 맵시를 돋보이게 하므로 예전에는 남녀를 막론하고 한여름에도 솜버선을 신었다고 한다. 홑버선은 더러움을 방지하기 위해 솜버선이나 겹버선 위에 덧신었던 것이다. 버선은 형태에 따라 수눅이 비교적 직선에 가까운 곧은 버선과 수눅이 어슷한 뉜버선이 있다.

버선 만드는 방법으로는 수눅으로 뒤집는 법과 목으로 뒤집는 법이 있는데, 수눅으로 뒤집는 것이 만들기는 까다로우나 훨씬 맵시가 있고 단정해 보인다.

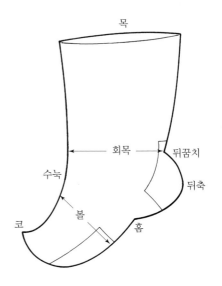

그림 2-10-1 여자 버선의 구조

1) 본뜨기

버선을 만드는 데 필요한 기본치수는 발길이, 발둘레이다.

■ **발길이와 발둘레 계측방법**

① 평평한 바닥에 종이를 펴놓고 그 위에 발을 얹는다.

② 연필을 직각으로 세워 가볍게 발을 둘러가며 그린다.

③ 그려진 발 모양에서 가장 긴 부분을 재어 기록한다.

④ 발둘레 계측 시 볼이 넓은 사람은 발둘레를 재어 버선폭을 조절해야 하므로 발에
서 가장 많이 튀어나온 부분을 둘러 재어 기록해 놓는다.

표 2-10-1 여자 버선의 참고치수			(단위: cm)
항목 \ 크기	소	중	대
발길이	23	24	25
발둘레	22	23	24
버선길이	33	34	35
회목너비	13.5	14	15
목너비	16	16.5	17

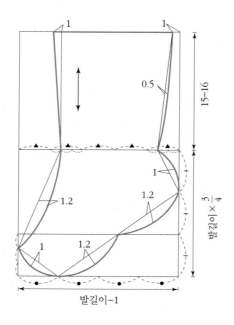

그림 2-10-2 여자 버선 본뜨기의 실제

2) 마름질

버선의 옷감으로는 세탁이 용이하고 튼튼한 흰색의 감을 사용한다. 버선은 발에 신는 것이므로 위생적이고 신축성이 심하지 않은 감을 사용한다. 버선감으로는 광목, 옥양목, 포플린 등의 면직물과 T/C 직물이 사용된다.

표 2-10-2 여자 버선의 옷감 계산방법 및 필요량		
옷감 너비	옷감 계산방법	옷감 필요량
110cm	버선길이 × 2 + 시접	90cm

■ 마름질의 실제

걸감과 안감이 같은 감일 경우에는 4겹을 접어 놓고 마름질한다. 걸감과 안감이 다른 경우에는 미리 걸감과 안감의 버선목을 박아 가름솔로 한 다음 4겹으로 접어 놓고 마름질한다.

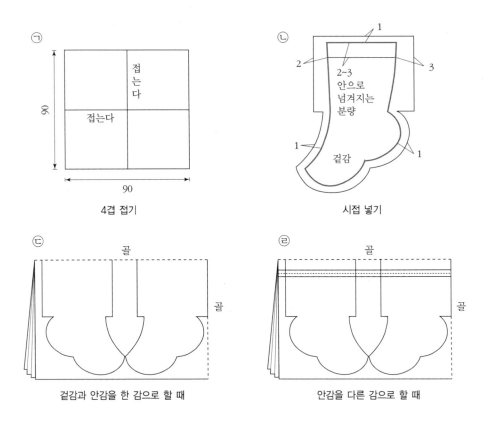

그림 2-10-3 여자 버선 마름질의 실제

3) 바느질

(1) 겉 창구멍분 박기

그림 2-10-4와 같이 겉감과 안감의 목을 붙인 것 두 겹을 겉 끼리 마주 대고 겉감쪽 수눅의 창구멍 15~20cm를 박는다.

(2) 4겹 둘러 박기

① 목선을 접어 4겹으로 겹쳐 놓고 코를 잘 맞댄다.

② 그림 2-10-5의 ㉠과 같이 안감쪽 수눅의 창구멍은 남기고 수눅이 있는 목 부분부터 시작하여 둘러 박는다. 창구멍 앞, 뒷부분은 되돌아 박기를 한다.

③ 터지기 쉬운 뒤꿈치와 홈 부분은 촘촘하게 두 번씩 박는다.

④ 시접을 0.7cm 정도로 정리하고 곡선 부분을 곱게 하기 위해 완성선의 0.3cm 밖에서 홈질하여 당긴다.

⑤ 홈 부분 시접에는 가윗집을 넣어 겉감쪽으로 꺾는다.

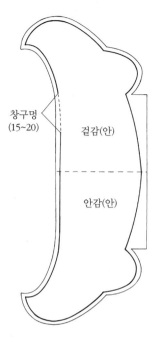

그림 2-10-4 버선의 겉 창구멍분 박기

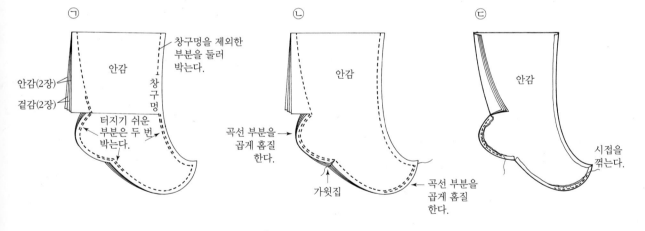

그림 2-10-5 여자 버선의 4겹 둘러 박기

(3) 솜 두기

① 솜은 겉감쪽에 두는데, 회목에서 5cm 정도 올라간 곳까지 둔다.

② 목 부분과 시접 부분은 솜을 더 얇게 펼친다.

③ 안감쪽으로 솜 시접을 꺾어 넘긴 후 실로 시친다.

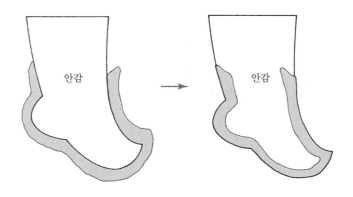

그림 2-10-6 여자 버선의 솜 두기

④ 겉과 안이 맞닿은 창구멍으로 뒤집은 후, 다시 같은 방법으로 겉감쪽에 솜을 두
   고 뒤집는다.

(4) 창구멍 막기와 코 빼내기

① 완전히 뒤집어진 버선을 잘 매만진 후 창구멍을 곱게 감친다.
② 겉감쪽으로 뒤집는다. 버선코는 바늘에 실을 꿰어 예쁘게 빼낸 후 다림질한다.
③ 볼과 볼이 맞닿게 하여 버선 좌우를 열십자(+) 혹은 별(✱) 모양으로 징거 놓는다.

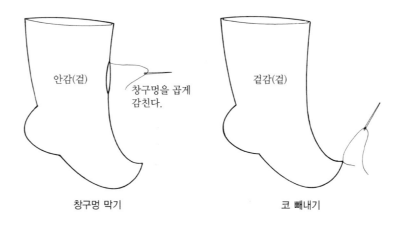

그림 2-10-7 여자 버선의 창구멍 막기와 코 빼내기

(5) 버선 보정하기

버선이 발에 잘 맞지 않은 경우 그림 2-10-9와 같은 방법으로 보정하여 착용한다.

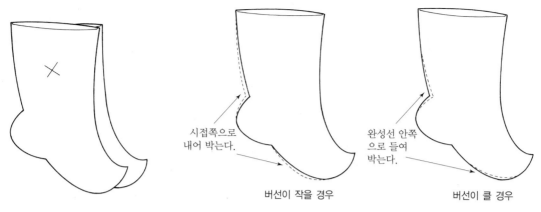

그림 2-10-8 여자 버선의 징그기

그림 2-10-9 여자 버선의 보정하기

시접쪽으로 내어 박는다.

버선이 작을 경우

완성선 안쪽으로 들여 박는다.

버선이 클 경우

2. 타래버선

타래버선은 돌부터 3~4세까지의 어린이들이 신는 버선이다. 솜을 두어 누비고 양 볼에 불로초나 석류같은 길상무늬를 수놓으며, 버선코에는 색실로 술을 단다. 발뒤꿈치에 대님을 달아서 신었을 때 묶을 수 있도록 만든다. 대님의 경우 남아는 남색, 여아는 다홍색으로 하여 남녀를 구별한다.

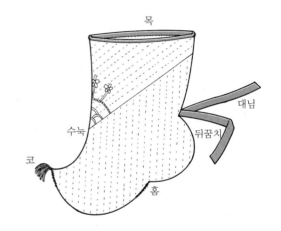

목

수눅

코

뒤꿈치

대님

홈

그림 2-10-10 타래버선의 구조

1) 본뜨기

필요한 치수는 발길이, 발둘레이다.

표 2-10-3 타래버선의 참고치수		(단위: cm)
항목 \ 연령	돌	3~4세
발길이	13	15
발둘레	14	14
버선길이	19	20
대님길이	35	40
대님너비	2	2

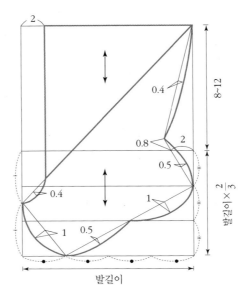

그림 2-10-11 타래버선 본뜨기의 실제

2) 마름질

타래버선의 옷감으로는 흰색의 옥양목이나 광목, 포플린, 명주를 사용한다. 대님은 남아는 남색, 여아는 다홍색을 사용한다.

표 2-10-4 타래버선의 옷감 계산방법 및 필요량		
옷감 너비	옷감 계산방법	옷감 필요량
110cm	버선길이 + 시접	25cm

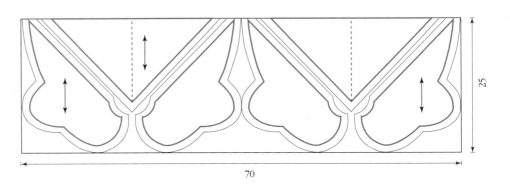

그림 2-9-12 타래버선 마름질의 실제

■ 마름질의 실제

안감은 어른 버선과 같이 좌우 2장으로 마른다. 버선목에 싸개천을 두르게 되므로
버선목에는 시접을 두지 않는다.

3) 바느질

(1) 수눅 박기

좌우 수눅을 맞대고 박은 후 시접에 가윗집을 준 다음 가름솔로 한다. 가윗집은 가
능한 한 적게 두는 것이 좋다.

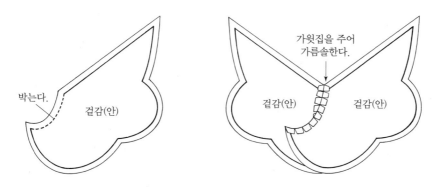

그림 2-10-13 타래버선의 수눅 박기

(2) 목 붙이기

그림 2-10-14와 같이 목 부분을 수눅에 맞
추어 대고 시침한다. 박아서 시접을 목쪽으로
꺾는다.

(3) 안 만들기

안감의 겉끼리 마주 대고 수눅을 박은 후 시
접은 가름솔로 한다.

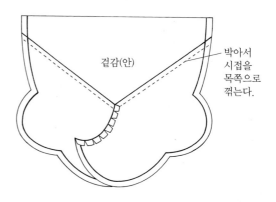

그림 2-10-14 타래버선의 목 붙이기

(4) 겉과 안 붙이기

겉감과 안감을 겉끼리 마주 대고 잘 맞추어 시침한다. 목 부분만 남기고 가장자리를
둘러 박는다. 시접은 0.3cm 정도만 남기고 바싹 베어낸다.

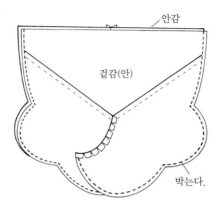

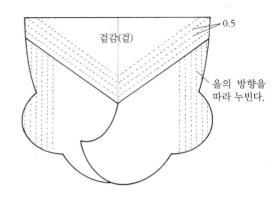

그림 2-10-15 타래버선의 겉과 안 붙이기   **그림 2-10-16** 타래버선의 누비기

(5) 솜 두기

겉감쪽에 솜을 두고 가장자리를 시침한 후 목으로 뒤집는다.

(6) 누비기

① 겉감과 안감의 목을 시침해 놓고 바늘로 올의 방향을 따라 누빔선을 표시해 가면 서 그림 2-10-16과 같이 0.5cm 간격으로 곧게 누빈다.

② 누비는 도중에 표시가 없어지기 쉬우므로 누빔선을 한꺼번에 표시해 놓지 말고 누벼가면서 한다.

③ 손으로 누빌 경우 홈질로 하는데 겉에서 보이는 땀을 0.1~0.2cm 정도로 작게 한 다. 가끔씩 반박음질하여 올이 풀리지 않도록 하는 것이 좋다. 손으로 누비면 촉 감이 부드러운 장점이 있다.

(7) 수놓기와 바닥 감치기

양볼에 모란이나 석류 등을 수놓은 후, 버선의 좌우를 마주 잡고 안쪽에서 튼튼한 실로 감쳐 겉으로 뒤집는다.

(8) 목에 선 두르기와 사뜨기로 장식하기

① 비단 헝겊으로 어슨올 싸개천을 너비 2cm에 버선 목둘레 길이가 되도록 준비하 여 반으로 접어 다린다.

② 그림 2-10-18과 같이 싸개천의 겉을 버선의 겉에 대고 박은 다음 안으로 꺾어

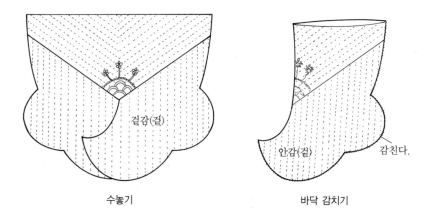

수놓기   바닥 감치기

그림 2-10-17 타래버선의 수놓기와 바닥 감치기

넘겨 곱게 감친다.
③ 발바닥의 버선코 주변이나, 움푹 파인 곳을 색실로 사뜨기하여 장식하면 화사하고 앙증맞다.

(9) 술과 대님 달기

① 버선코에 비단실로 술을 만들어 단다. 남아는 청실, 여아는 홍실로 만든다. 술 만드는 구체적인 방법은 280쪽 그림 2-9-15를 참조한다.
② 대님은 너비 2cm, 길이 35~40cm 정도로 만들어 뒤꿈치에 대고 감친다.

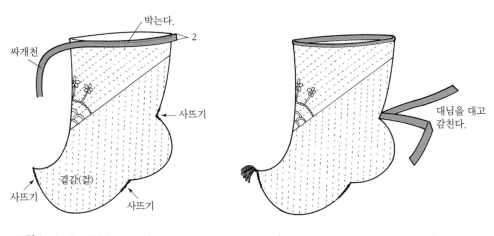

그림 2-10-18 타래버선 목에 선 두르기   **그림 2-10-19** 타래버선에 술과 대님 달기

韓 服

주머니는 돈이나 소지품을 넣기 위해 만든 작은 자루 모양의 물건을 말하며, 끈을 꿰어 남녀노소 관계없이 허리에 차고 다녔다. 둘레가 둥근 모양의 두루주머니(염낭 · 夾囊)와 양편에 삼각형의 귀가 달린 귀주머니(각낭 · 角囊)로 나뉘며, 부귀와 장생을 상징하는 길상(吉祥) 문양을 수놓거나 금박하여 화려하게 장식하기도 하였다. 주머니의 소재는 용도에 따라 달랐으며 보통 단(緞) · 사(紗) · 명주 · 무명 등으로 만들었다. 새해 첫 돼지일과 쥐날에는 궁(宮)에서 악귀를 쫓고 일년 내내 평안하라는 뜻으로 홍지(紅紙)에 황두(黃豆)를 볶은 것을 싸서 오방낭자에 넣어 선물하기도 하였다.

보자기는 물건을 싸서 보관하거나 운반할 때 사용하던 생활용품이면서, 아울러 예절과 격식을 갖추는 의례용으로 사용되어 왔다. 사용 계층에 따라 궁중에서 사용하던 궁보와 민간에서 사용된 민보로 나뉘며, 구조적 특징에 따라 홑보 · 겹보 · 누비보 · 조각보 그리고 바탕천에 식지(기름종이)를 대거나 식지만으로 만든 식지보로 나뉜다. 조각보는 일명 '쪽보'라고 하여 옷을 짓고 남은 자투리 천을 가지고 만들어 옷본을 넣어 두거나 밥상보 등의 용도로 일상생활에서 실용적으로 사용되었다. 옛날에는 여자 아이가 자라면 자투리 천을 내주어 조각조각 잇게 함으로써 어릴 때부터 자연스럽게 바느질에 손을 익히도록 하였다.

1. 귀주머니

긴 네모 주머니 양편에 삼각형의 귀가 나오도록 만든 각형 주머니이다.

구조상 가장 닳기 쉬운 양쪽 모서리인 두 '귀'와 중앙부 하단인 '배꼽'을 다른 배색의 감으로(혹은 같은 색으로) 따로 감싸듯 한 겹 덧대고 그 가장자리를 곱게 상침하여 주머니에 부착시켰는데, 이는 제일 마찰이 심한 부분을 보강하고 아울러 장식적인 효과를 가진다.

그림 2-11-1 귀주머니의 구조

1) 본뜨기

필요한 치수는 일정하지 않으며, 용도에 따라 달리할 수 있다.

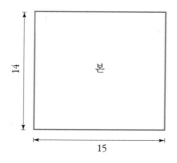

그림 2-11-2 귀주머니 본뜨기의 실제

2) 마름질

겉감은 부리에서 안으로 꺾어 들어가는 안단 3cm와 시접 1cm를 포함하여 상하 4cm씩 크게 마르고, 안감은 겉감보다 상하 6cm씩 짧게 마른다. 양옆의 시접은 겉·안 감 모두 1cm로 한다.

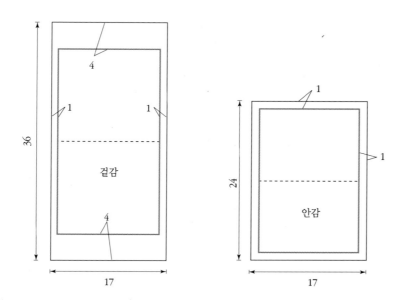

그림 2-11-3 귀주머니 마름질의 실제

귀주머니 장식하기

귀주머니를 장식하기 위해 자수, 금박, 모양천을 덧대는 방법을 사용한다. 금박은 주머니를 만든 후에 하지만, 자수와 모양천은 주머니를 만들기 전에 미리 해두어야 한다. 귀주머니의 닳기 쉬운 부분인 양귀와 중앙 아랫쪽에 모양천을 덧대어 실용성과 장식성을 겸비한다.

① 본을 떠서 마름질한다.
② 모양천은 시접을 안으로 접어 모양을 미리 만들어 놓는다.
③ 겉감에 모양천을 잘 맞추어 감친 후, 세 땀 상침으로 장식한다.

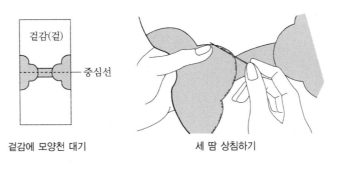

겉감에 모양천 대기   세 땀 상침하기

3) 바느질

(1) 겉감과 안감 잇기

겉감의 겉과 안감의 겉을 맞대고 부리를 박는다. 시접은 가름솔로 한다. 그림 2-

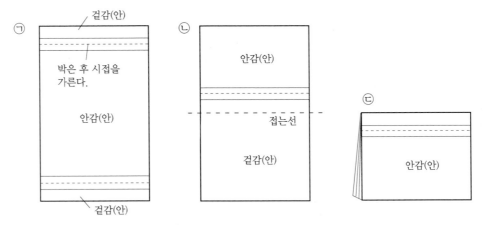

그림 2-11-4 귀주머니의 겉감과 안감 잇기

11-4의 ⓛ과 같이 겉감과 겉감, 안감과 안감이 마주 닿도록 접는다. ⓒ과 같이 반을 접어 네 겹이 되도록 한다.

(2) 둘레 박기

① 안감 부분 한 쪽에 5cm 내외의 창구멍을 표시한다. 창구멍 부분을 제외한 양옆을 박는다.
② 창구멍 부분은 안감 한 겹을 젖히고 3겹만 박는다.

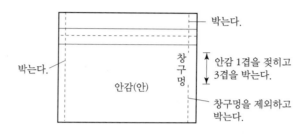

그림 2-11-5 귀주머니의 둘레 박기

(3) 뒤집기

창구멍으로 뒤집는다. 모서리 부분이 잘 나오도록 만진 후에 창구멍을 곱게 공그르거나 감친다.

(4) 주머니 접기

주머니 부리를 3등분한 후 그림 2-11-6과 같이 주름을 잡는다. 양쪽 귀 모양을 보기 좋게 만든다.

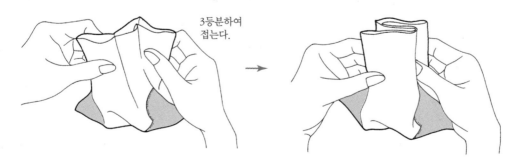

그림 2-11-6 귀주머니의 주머니 접기

(5) 끈 꿰기

그림 2-11-7과 같이 주머니에 송곳으로 구멍을 내어 매듭끈을 끼우고 매듭을 만든다.

귀주머니에 사용하는 매듭의 종류로는 잠자리매듭, 병아리매듭, 도래매듭 등이 있다.

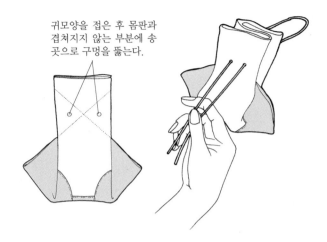

귀모양을 접은 후 몸판과 겹쳐지지 않는 부분에 송곳으로 구멍을 뚫는다.

그림 2-11-7 귀주머니의 끈 꿰기

2. 두루주머니

두루주머니는 가장 흔히 사용된 주머니로 '염낭' 이라고도 한다. 위는 모가 지고 아래는 둥근데 윗부분에 주름을 잡고 두 줄의 끈을 마주 꿰게 되어 있어 끈을 졸라매면 위가 오므려져 전체가 둥근 형태가 된다.

혼인할 때에 노랑색 두루주머니를 만들어 자주색 끈을 꿰어 씨 박힌 목화 한 송이, 팥 아홉 알을 넣어 아들 아홉에 딸 하나를 두라는 덕담을 담아 주머니를 신랑에게 차게 하였다.

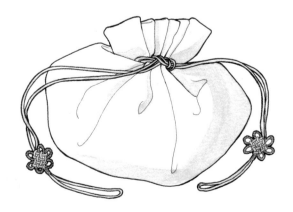

그림 2-11-8 두루주머니의 구조

1) 본뜨기

필요한 치수는 일정하지 않으며, 용도에 따라 달리할 수 있다.

2) 마름질

그림 2-11-10과 같이 겉감은 주머니 입구의 안단분(2cm)를 더하여 본보다 크게 마름질하고, 안감은 안단분을 제외한 만큼 작게 마름질한다. 각 시접은 1cm로 하며, 겉감과 안감을 2장씩 마른다.

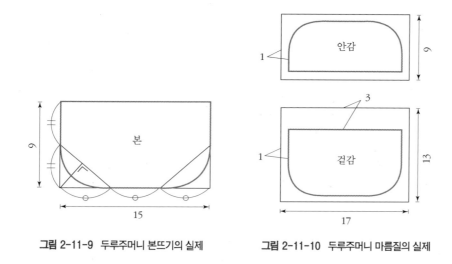

그림 2-11-9 두루주머니 본뜨기의 실제　　　그림 2-11-10 두루주머니 마름질의 실제

3) 바느질

(1) 겉감과 안감 잇기

그림 2-11-11의 ㉠과 같이 겉감의 겉과, 안감의 겉을 맞대고 1cm 시접선을 박는다. 이때 겉감②와 안감②의 경우에는 그림과 같이 4~5cm 정도의 창구멍을 남기고 박는다. 시접은 가름솔로 한다.

(2) 둘레 박기

① 그림 2-11-11의 ㉡과 같이 두 장의 천을 겉끼리 마주대고 화살표 방향으로 접어 네 겹이 되도록 만든다.

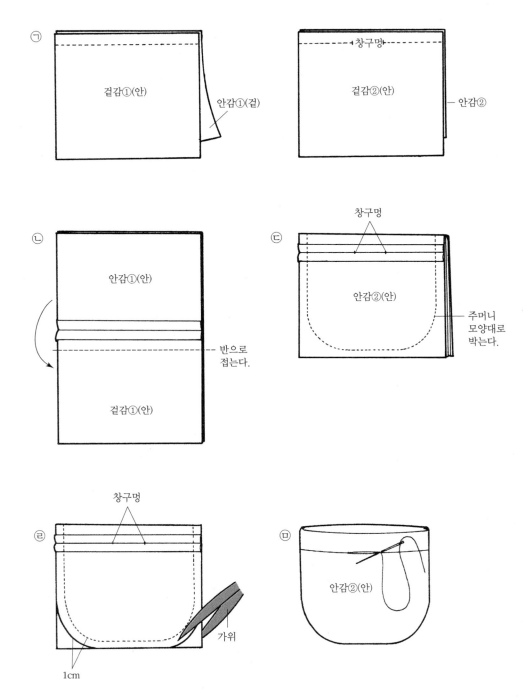

그림 2-11-11 두루주머니의 겉감과 안감 잇기, 둘레 박기

② 이때 그림 2-11-11의 ⓒ과 같이 주머니 입구부분에 창구멍을 남긴 쪽이 맨 위로 오도록 반을 접어야 한다.

③ 주머니의 네 겹을 잘 맞추고 그림 2-11-11의 ⓒ과 같이 주머니 모양을 따라 둥글게 박는다.

④ 그림 2-11-11의 ⓔ과 같이 시접을 1cm로 정리하여 자른다.

(3) 뒤집기

① 둥근 모양이 잘 나오도록 만진 후에 창구멍으로 뒤집다.

② 그림 2-11-11의 ⓜ과 같이 창구멍을 곱게 공그르거나 감친다.

(4) 주름 잡기와 끈 꿰기

① 주름 수는 한쪽에서 5~6개로 하고 그림 2-11-12의 ⓣ과 같이 등분선을 표시한다. 그림 2-11-12와 같이 접은 후 송곳으로 구멍을 뚫는다. 이때 주머니 입구가 움직이지 않도록 실로 시친 후 구멍을 뚫는 것이 좋다.

② 주머니 끈은 두 개를 끼우는데, 한 끈은 왼쪽 앞으로 끈을 넣어 오른쪽 앞과 뒤를 지나 왼쪽 뒤로 나오게 한다. 다른 한 끈은 오른쪽 앞으로 넣어 오른쪽 뒤로 나오게 한다.

③ 매듭끈을 풀리지 않게 묶어서 마무리 한다.

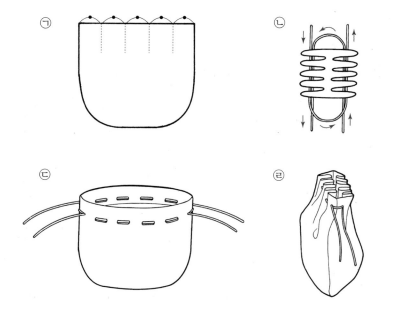

그림 2-11-12
두루주머니의
주름잡기

3. 겹조각보

가장 간단하게 만들 수 있는 조각보이
다. 보통 시접이 많이 비치지 않는 무
명·광목·숙고사·국사·항라·양단
을 사용한다. 두 조각천의 시접을 접어
겉에서 감침질한 후, 가름솔을 하는 것
이외에 시접처리는 하지 않는다. 대신
뒷면에서 시접이 보이지 않도록 별도의
천으로 싸거나, 두 장의 천을 같이 박아
뒤집어서 만든다.

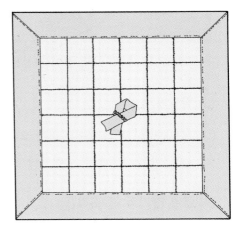

그림 2-11-13 겹조각보의 구조

조각을 배치하는 방법

방법 1

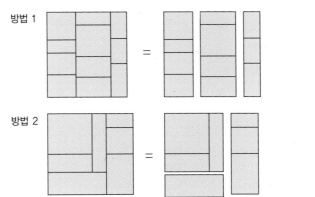

방법 2

방법 3

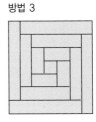

조각보는 위와 같이 여러 자투리 천을 조합하여 점차 크게 만드는 것이다. 따라서 솔기가 중간
에서 끊어지거나, 홀보일 경우 여러 솔기가 한 곳에 몰리면 만들기 어려울 뿐만 아니라 한쪽으
로 시선이 집중되어 미관상 균형이 깨지므로 좋은 구성이라고 할 수 없다.

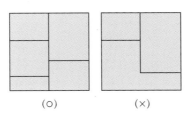
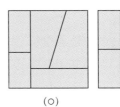
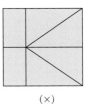

(○)　　　　(×)　　　　　　(○)　　　　(×)

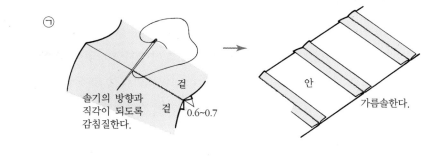

솔기의 방향과
직각이 되도록
감침질한다.

겉

겉 0.6~0.7

안

가름솔한다.

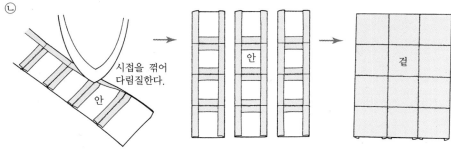

시접을 꺾어
다림질한다.

안

안

겉

그림 2-11-14 겹조각보의 조각 잇기

① 조각천의 시접을 0.6~0.7cm 정도 안으로 꺾어 다리미로 다린다.

② 그림 2-11-14의 ㉠과 같이 두 조각천을 마주 보도록 잡고 0.1cm 간격으로 촘촘하게 감침질한다. 디자인의 의도에 따라 굵은 실로 성글게 뜰 수도 있다. 바느질 간격은 고르게 하되, 바늘은 솔기의 방향과 직각이 되도록 떠준다. 실의 색깔과 굵기에 따라 다양한 느낌을 낼 수 있다. 시접은 가름솔로 하여 다리미로 다린다.

③ 위의 과정을 반복하여 한 모티브를 완성한다.

④ 위 그림의 ㉡과 같이 몇 개의 모티브가 완성되면 디자인에 맞게 배열한 후 감침질한다.

⑤ 윗감이 완성되면 시접을 가릴 수 있도록 밑감을 만든다. 밑감은 윗감의 치수와 똑같이 하는 방법과, 밑감을 윗감보다 크게 하여 가장자리에서 윗감을 싸주는 방법이 있다.

• 윗감과 밑감의 치수를 똑같이 했을 때
 − 겉과 겉을 마주 대고 창구멍을 제외한 네 가장자리를 모두 박은 후 뒤집는다.

• 밑감의 치수를 윗감보다 크게 하여 가장자리에서 윗감의 위로 덮어 쌀 때
 − 그림 2-11-15의 ㉠과 같이 윗감의 가장자리의 시접을 모두 접은 후, 밑감 안

쪽의 중앙에 놓고 시침하여 고정한다.

- ㉡과 같이 밑감의 가장자리 시접을 1cm 접고 윗감의 가장자리와 밑감의 가장자리를 마주보도록 하여 감침질한다. 한 면의 바느질이 끝나면 다리미로 눌러 준다.
- 같은 방법으로 나머지 가장자리를 완성한다. 네 모서리가 중복되어 겹쳐지는 부분은 ㉢과 같이 밑감의 모서리쪽으로 1cm 정도 여유를 남겨 두고 ㄴ형으로 잘라내어 접어 감친다.
- ㉣과 같이 가장자리의 터진 부분을 감친다.

⑥ ㉤과 같이 가장자리를 따라 상침하여 장식한다. 조각천을 이은 모서리에는 박쥐매듭을 달기도 한다.

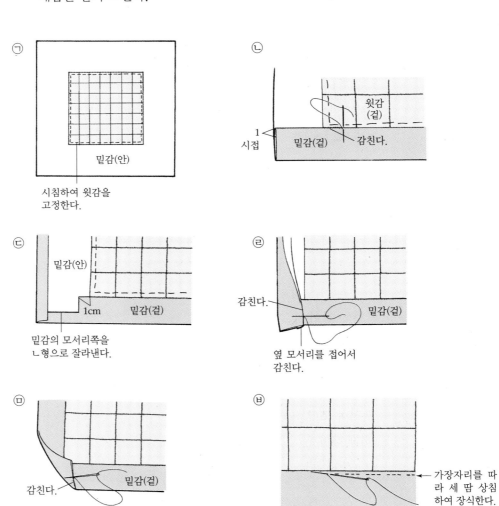

그림 2-11-15 겹조각보의 밑감 만들기

4. 홑조각보

홑조각보는 조각천을 이어 홑으로 만든 보자기이다. 겹조각보와 달리 조각천을 이은 시접이 뒷면에 그대로 보이므로, 시접을 깨끗하게 정리할 필요가 있다.

보통 두 시접을 차이 나도록 접은 후 큰 시접으로 작은 시접을 감싸도록 하여 바느질하는데, 이러한 쌈솔은 앞·뒷면의 바느질이 똑같이 나타나는 장점이 있다. 더욱 얇은 솔기를 위해서는 깨끼를 하기도 한다. 주로 모시·삼베나 생명주·노방 등 얇은 옷감을 이용한다.

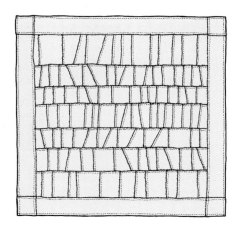

그림 2-11-16 홑조각보의 구조

① 그림 2-11-17의 ㉠과 같이 두 조각천의 시접을 각각 0.3, 0.7cm로 접는다.
② ㉡과 같이 두 조각천을 겉끼리 마주 보도록 잡고 0.1cm 간격으로 촘촘하게 감침질한다.
③ ㉢과 같이 0.7cm 시접으로 0.3cm 시접을 싼 후 감침질한다.
④ 위의 과정을 반복하여 조각을 크게 이어 나간다. 이때 쌈솔의 방향(천이 겹쳐지는 방향)을 일정하게 해야 완성 후 모양이 예쁘다.
⑤ 조각보가 완성되면 가장자리는 0.3cm 두께가 되도록 두 번 접어 곱게 감침질한다.

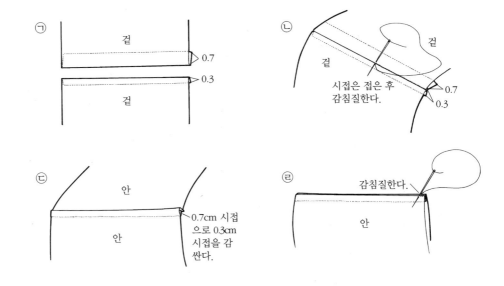

그림 2-11-17 홑조각보 만들기

5. 여의주문보

여의주문보는 원의 가장자리를 4개의 꽃잎 부분이 균일하게 겹쳐 있는 모양의 보자기로서, 조각보 중 가장 입체적이고 인위적인 구조를 가지고 있다. 배색에 따라 보자기 전체가 네 개의 꽃잎을 가진 꽃들이 만발한 것처럼 보이기도 하고, 여의주가 나열하고 있는 것처럼 보이기도 한다. 보통 명주·숙고사·생고사·항라 등을 사용한다.

여의주문보의 배색은 보통 3가지 방법이 있다. 첫째, 바탕천끼리 색을 통일하고, 덧대는 천끼리 색을 통일한다. 둘째, 바탕천의 색은 통일하고, 덧대는 천의 색을 여러 색으로 배치한다. 셋째, 바탕천의 색은 여러 색으로 하고, 덧대는 천의 색을 한 가지로 통일한다. 배색을 할 때 바탕천과 덧대는 천을 모두 여러 색으로 배치하면 시각적으로 어지러워 좋지 않다.

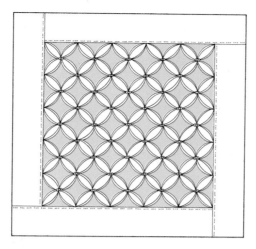

그림 2-11-18 여의주문보의 구조

① 조각천을 정사각형으로 준비한다. 이때 정사각형의 크기는 완성치수의 2배＋시
접(각 방향 0.5cm)으로 한다.

② 그림 2-11-19의 ㉠과 같이 네 가장자리를 0.5cm 간격으로 시접을 접고 화살표
방향으로 접는다.

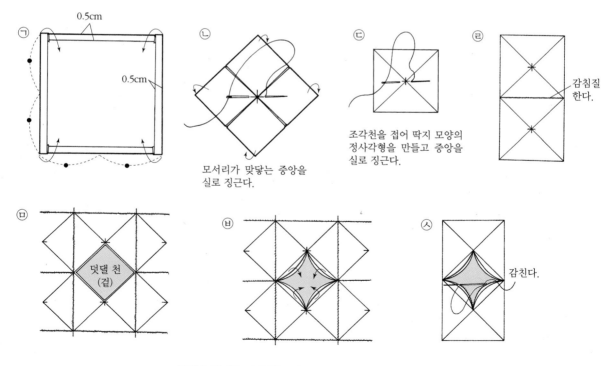

그림 2-11-19 여의주문보 만들기

③ 그림 2-11-19의 ㉡과 같이 접어놓은 사각형의 중심을 꼭맞추어 실로 징거 놓는다.

④ 완성된 정사각형을 화살표방향으로 접어 넘겨 그림 2-11-19의 ㉢과 같이 딱지 모양이 되도록 만든 후 꼭지점을 서로 꼭 맞추어 징거둔다. 가능하면 작게 징그 고, 움직이지 않도록 단단히 한다.

⑤ 위의 과정을 반복하여 딱지 모양의 모티프를 여러 개 만든다.

⑥ ㉣과 같이 배색을 고려하여 모티프를 순서대로 놓은 후 가장자리를 마주대고 감 침질하여 잇는다.

⑦ ㉤과 같이 모티프 사이에 덧댈 천을 올려놓고 ㉥과 같이 바탕천의 네 모서리를 접어올려 ㉦과 같이 곱게 감친다.

⑧ 그림 2-11-15의 겹조각보의 밑감 만들기를 참조하여 밑감을 댄다.

⑨ 징근 부분 위에 박쥐매듭을 달거나, 조각보 둘레를 상침으로 장식한다.

제 3 장
한복 입기와 관리

韓

服

한복 만들기

1. 한복 입기

1) 남자 한복

(1) 한복 입는 순서

① 속옷을 갖추어 입는다.

② 바지를 입는다. 이때 바지허리의 여유분은 앞중심에서 왼쪽으로 주름이 가도록 접고 허리띠를 돌려 맨다.

③ 저고리를 동정니가 잘 맞게 입는다.

④ 버선이나 양말을 신고 대님을 맨다.

⑤ 조끼를 입는다. 이때 조끼 밑으로 저고리가 빠지지 않도록 한다.

⑥ 마고자를 입는다. 저고리가 마고자의 소매 끝이나 도련 밑으로 보이지 않게 한다.

⑦ 두루마기를 입는다. 외출을 하거나 예를 갖추어야 할 때에는 두루마기를 입어야 한다.

(2) 바지 대님 매는 법

① 마루폭의 솔기를 발목 안쪽 복사뼈에 댄다.

② 안쪽 복사뼈에서 바짓부리의 남은 분량을 모아 쥐고, 뒤로 돌려 바깥 복사뼈에 댄다.

③ 대님을 대고 두 번 돌린 후, 안쪽 복사뼈에서 한 번 묶는다.

④ 대님 매듭을 저고리 고름처럼 고를 만들어 묶는다.

⑤ 바짓부리를 내려 보기 좋게 정리한다.

2) 여자 한복

(1) 겉옷과 속옷

한복의 속옷은 겉옷의 실루엣을 아름답고 유연하게 나타내주는 역할을 하므로 겉옷을 맵시 있게 입으려면 속옷부터 바르게 갖추어 입어야 한다. 전통적으로 옛 여인들은

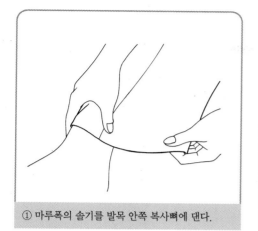

① 마루폭의 솔기를 발목 안쪽 복사뼈에 댄다.

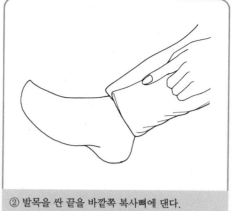

② 발목을 싼 끝을 바깥쪽 복사뼈에 댄다.

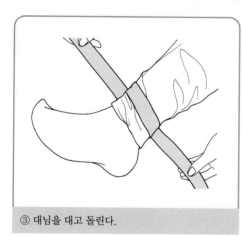

③ 대님을 대고 돌린다.

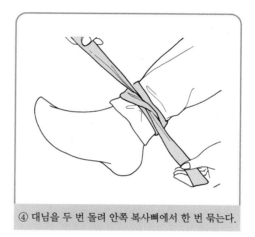

④ 대님을 두 번 돌려 안쪽 복사뼈에서 한 번 묶는다.

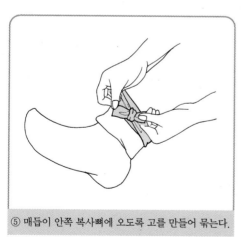

⑤ 매듭이 안쪽 복사뼈에 오도록 고를 만들어 묶는다.

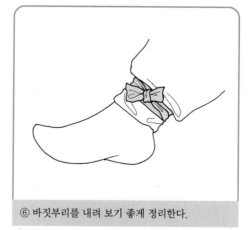

⑥ 바짓부리를 내려 보기 좋게 정리한다.

그림 3-1 남자 바지의 대님 매는 법

속속곳, 바지, 단속곳, 무지기, 대슘치마 등 여러 개의 속옷을 겹겹이 입었다. 요즘은 제일 안에 속바지를 입고, 그 위에 속치마를 입는데, 속치마는 겉치마 보다 2~3cm 짧게 입는다. 겉치마는 겉자락이 왼쪽으로 여며지게 입으며 여며지는 정도는 뒷중심에서 양쪽으로 약 7cm 정도이다.

파티복에 어울리도록 치마를 에이라인(A-line)의 넓은 폭으로 하였을 때에는 치마 속에 페티코트를 입으면 안정감 있고 풍성한 실루엣이 된다. 또한 상체는 가냘프고 작아 보이며, 하체는 볼륨을 주므로 더욱 아름답게 보인다.

옛 여인들은 속적삼, 속저고리, 겉저고리 순으로 3겹을 입었으나, 요즘은 속저고리 대신에 겉저고리 안에 심감을 대어 입는 경향이 있다. 그러나 이는 겉저고리의 부드럽고 유연한 맛을 감소시키므로, 지나치게 뻣뻣한 심감은 피하도록 한다.

(2) 한복 입는 순서

① 짧은 속바지를 입고 긴 속바지를 입는다.
② 속치마를 입는다. 파티용 치마일 경우에는 속에 페티코트를 입는다.
③ 치마를 입는다. 뒤트기 치마일 경우에는 입는 사람의 왼쪽으로 여며지게 입는다.
④ 속적삼을 입는다.
⑤ 버선을 신는다. 이때 수눅이 중앙을 마주 보도록 기울어지게 신는다.
⑥ 저고리는 동정니를 잘 맞추어 입고, 그림 3-2와 같이 고름을 바르게 맨다.
⑦ 진동선의 구김을 정리한다. 특히 고대와 어깨솔기가 뒤로 넘어가지 않게 약간 앞으로 숙여 입는데, 치마허리가 저고리 도련 밑으로 보이지 않게 한다.
⑧ 노리개를 단다. 노리개에 고리가 있을 때에는 긴 고름에 노리개 고리를 걸고 고름을 맨다. 띠돈이 있을 경우에는 고름을 맨 후에 노리개를 띠돈에 건 다음, 띠돈을 고름 위에 얹어 고정시킨다.
⑨ 두루마기를 입는다.

(3) 저고리 고름 매는 법

① 왼쪽 긴고름을 왼손으로 잡고, 오른쪽 짧은고름을 오른손으로 잡는다. 짧은고름을 긴고름 위에 놓고, 돌려 묶는다.
② 아래에 있는 긴고름으로 고를 만들고 위에 있는 짧은고름으로 고를 감싸면서 묶는다.
③ 고름을 잡아당기면서 적당한 크기의 고를 만든다.

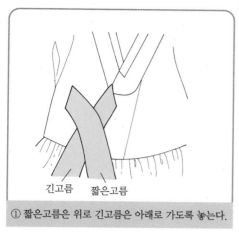

① 짧은고름은 위로 긴고름은 아래로 가도록 놓는다.

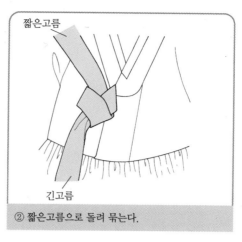

② 짧은고름으로 돌려 묶는다.

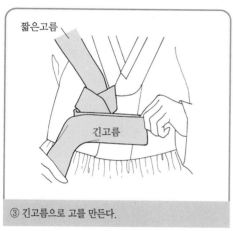

③ 긴고름으로 고를 만든다.

④ 짧은고름으로 고를 감싸면서 묶는다.

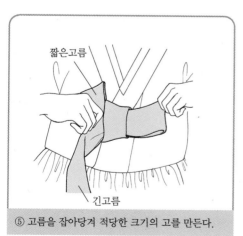

⑤ 고름을 잡아당겨 적당한 크기의 고를 만든다.

⑥ 바르게 고름을 정돈한다.

그림 3-2 여자 저고리의 고름 매는 법

④ 고름 매무새를 잘 정리한 다음 고름의 끝자락을 가지런히 밑으로 늘어뜨린다.

2. 한복 관리

올바른 세탁법과 보관법, 간단한 손질법을 알아두면 언제나 정갈한 한복을 입을 수 있다. 오늘날엔 한복을 큰 행사나 명절에만 입기 때문에 자칫 손질을 소홀히 하면 다시 만들어 입어야 하는 손실이 따르므로 보관하는 법을 제대로 아는 것이 좋다.

1) 한복의 세탁법

한복은 옷감이 얇기 때문에 잦은 드라이클리닝을 하면 탈색되거나 바느질이 상할 우려가 있다. 한복의 세탁법은 옷감에 따라 구분되는데, 천연섬유는 드라이클리닝을 하는 것이 좋으며 합성섬유는 손빨래를 해도 무방하다. 손빨래를 할 경우에는 세탁기를 사용하면 옷감의 올이 튀거나 모양이 손상되기 쉬우므로 손으로 직접 살살 비벼서 빨아야 한다.

2) 한복의 다림질법

다림질을 할 때는 섶을 양쪽으로 젖혀 놓은 후 도련이 겉으로 밀려 나오지 않도록 안쪽에서 다리며, 곡선 부분이 늘어나지 않도록 주의한다. 치마는 안자락을 먼저 다리고, 치마 주름을 너무 누르지 않도록 한다. 동정은 입기 바로 전에 반듯하게 달아야 목선이 아름다워 보인다.

3) 한복의 보관법

한복을 오랫동안 보관할 때 많은 옷을 눌러 넣으면 옷의 모양이 변하기 쉬우므로 눌리지 않게 적당히 넣어야 한다. 오동나무로 만든 옷장은 가볍고 뒤틀리지 않으며, 습기가 많을 때에는 자연히 팽창되어 외기의 침입을 막고 또 내부의 습기를 흡수하기 때문에 장 속의 옷은 항상 건조상태를 유지할 수 있어서 옷장으로는 가장 이상적이다. 옷을 장기간 보관할 때는 비닐이나 폴리에틸렌 주머니를 이용하는 경우가 있는데, 통기성 없이 밀폐할 수 있으나 충분히 건조시키지 못한 옷을 넣으면 오히려 좋지 않다.

옷을 보관할 때는 충해를 막기 위해 방충제를 반드시 종이에 싸서 옷갈피에 넣어 두도록 하고, 습기를 방지하는 방습제도 함께 넣어 두면 좋다. 맑은 날 통풍이 잘 되는 곳에서 자주 거풍하는 것도 충해를 방지하는 방법 중의 하나이다. 거풍된 옷은 부드러운 옷솔로 털고 다시 잘 개어 보관한다.

(1) 남자 한복

저고리는 곱게 펴 놓고 양소매를 진동에서 접어 포갠다. 고름을 나란히 병풍 접기로 접어서 아랫길을 2/3쯤 소매 위로 깃이 접히지 않도록 접어 올린다. 조끼는 등의 중심선을 접어 네 겹이 되도록 한다. 바지는 두 가랑이의 밑위선을 꺾어 포개고, 밑아래의 반과 밑위의 반을 접어 중앙으로 포개면 된다. 두루마기는 저고리와 같이 펼쳐 놓고 고름을 가지런히 하여 옆으로 놓은 다음에 진동선을 접어 두 소매를 마주 포개 놓는다. 위에서부터 전체 길이의 1/3선을 양손을 쥔 다음 접어 3층이 되게 하여 소매를 접은 것이 제일 위에 오도록 하면 된다. 대님과 허리띠는 따로 접어서 바지갈피나 주머니 속에 넣어 두면 분실의 우려가 적다.

(2) 여자 한복

저고리는 펼친 뒤에 고름을 가지런히 하여 길 위에 옆으로 포개 놓은 다음 양쪽 소매를 깃쪽으로 꺾어 접는다. 치마는 폭을 네 겹으로 접고 길이를 반으로 접어 놓는데, 많은 옷을 눌러 놓으면 모양이 변할 우려가 있으므로 되도록 눌리지 않도록 해야 한다.

참 고 문 헌

강순제 외, 한복의 표준치수 설정과 패턴 표준화를 위한 연구, 문화체육부, 1997

구혜자, 『한복만들기(구혜자의 침선노트 1)』, 한국문화재보호재단, 2001

구혜자, 『한복만들기(구혜자의 침선노트 2)』, 한국문화재보호재단, 2002

국립기술품질원(편), 국민표준체위조사결과에 따른 체형분류연구, 1998

김분칠, 『한복구성학』, 교문사, 1982

김숙당, 『조선재봉전서』, 민속원, 1992

김영숙, 『조선조말기왕실복식』, 민족문화문고간행회, 1987

김은영 · 김혜순, 『매듭』, 한국문화재보호재단, 2001

김정호 · 이미석, 『우리옷 만들기』, 2000

김현희, 『보자기』, 한국문화재보호재단, 2000

담인복식미술관(편), 『담인복식미술관 개관기념 도록』, 1999

박경자 · 임순영, 『한국의상구성』, 수학사, 1998

박선영, 『전통한복구성학』, 수학사, 2001

박영순, 『전통한복구성』, 신양사, 2000

백영자 · 최해율, 『한국의 전통봉제』, 교학연구사, 1999

석주선, 『衣』, 석주선기념민속박물관, 1985

손경자, 『전통한복양식』, 교문사, 1993

양숙향, 『전통의상디자인: 우리옷 만들기 기초−남자 한복』, 교학연구사, 2002

양숙향, 『전통의상디자인: 우리옷 만들기 기초−여자 한복』, 교학연구사, 2001

유희경 · 김문자, 『한국복식문화사』, 교문사, 1997

이주원, 『한복구성학』, 경춘사, 1999

이화여자대학교박물관(편), 『복식』, 1995

임상임 · 유관순, 『한복구성』, 교문사, 1999

한국산업인력공단, 『한복실기』, 1999

❀ 저자소개 ❀

홍나영

이화여자대학교 대학원 의류직물학과(가정학 석사)
이화여자대학교 대학원 의류직물학과(문학 박사)
신라대학교, 인천대학교 교수 역임
현재 이화여자대학교 의류학과 교수
　　　KBS-TV 프로그램 제작 의상 분야 고증 자문위원
저서 여성 쓰개의 역사(1995), 우리 옷과 장신구(2003),
　　　아시아 전통복식(2004)

김남정

이화여자대학교 대학원 의류직물학과(가정학 석사)
이화여자대학교 담인복식미술관 근무
현재 서울모드패션전문학교 강사
　　　FDMI 강사

김정아

이화여자대학교 대학원 의류직물학과(가정학 석사)
이화여자대학교 대학원 의류직물학과(박사과정 수료)
(주)E-Land Group 디자인실 근무
성균관대학교 생활과학연구소 궁중복식연구원 침선과정 수료
현재 한세대학교, 원광디지털대학교 강사

김지연

이화여자대학교 대학원 의류직물학과(가정학 석사)
이화여자대학교 대학원 의류직물학과(문학박사)
단국대학교 석주선기념박물관 근무
이화여자대학교 담인복식미술관 근무
현재 이화여자대학교, 전북대학교 강사

개정판

한복 만들기

2004년 5월 6일 초판 발행
2007년 5월 30일 개정판 발행
2022년 2월 11일 개정판 6쇄 발행

저 자 홍 나 영 외
펴낸이 류 원 식
펴낸곳 **교문사**

(10881) 경기도 파주시 문발로 116
전화 : 031) 955-6111(代)
FAX : 031) 955-0955
등록 1960. 10. 28. 제406-2006-000035호
홈페이지 : www.gyomoon.com
E-mail : genie@gyomoon.com

ISBN 978-89-363-0845-2(93590)

* 잘못된 책은 바꿔 드립니다.

값 20,000원